城镇工程监理

主　编　闫超君　王章虎

副主编　张晓战　沈久保　倪桂玲

　　　　张　志　费家仓

主　审　鹿中山　伍宛生

合肥工业大学出版社

内容提要

本书适应现代工程监理发展的需要，介绍了建筑工程和道路工程监理过程中的常用方法和常见问题。全书包括五个学习项目，主要内容为砖混结构工程监理、框架结构工程监理、水泥混凝土道路工程监理、沥青混凝土道路工程监理和监理综合实训。

本书体系完整，内容全面，语言通俗易懂。在注重理论联系实际的基础上，以重复训练的模式介绍主要内容，以启发学生进行自主学习，及时将知识转化为能力。

本书可供城镇工程专业高职学生使用，也可作为土木工程类、交通工程类各专业的监理教材，对建设监理单位、建设单位、勘察设计单位、施工单位等工作者也有一定的参考价值。

图书在版编目(CIP)数据

城镇工程监理/闫超君，王章虎主编．—合肥：合肥工业大学出版社，2010.4

ISBN 978-7-5650-0184-0

Ⅰ.城… Ⅱ.①闫…②王… Ⅲ.城镇—建筑工程—监督管理—高等学校—教材 Ⅳ.TU712

中国版本图书馆 CIP 数据核字(2010)第 064768 号

城镇工程监理

主编　闫超君　王章虎　　　　责任编辑　陆向军

出　版	合肥工业大学出版社	版　次	2010 年 4 月第 1 版
地　址	合肥市屯溪路 193 号	印　次	2010 年 4 月第 1 次印刷
邮　编	230009	开　本	787 毫米×1092 毫米　1/16
电　话	总编室：0551—2903038	印　张	16.25
	发行部：0551—2903198	字　数	395 千字
网　址	www.hfutpress.com.cn	印　刷	安徽江淮印务有限责任公司
E-mail	press@hfutpress.com.cn	发　行	全国新华书店

ISBN 978-7-5650-0184-0　　　　定价：27.00 元

前　言

本书是国家示范建设院校重点建设专业——城镇建设专业的专业建设与课程改革的重要成果之一。

它是根据教育部有关指导性精神和意见，充分吸收高职教育相关课程改革的成果，着力体现“职业性”与“高等性”的高职教育特色，依照国家示范性高职高专专业——城镇建设专业人才培养目标对本门课程的要求，遵循城镇建设专业的以项目为载体“工学交替任务驱动”的工学结合人才培养模式，以“工作过程为导向”进行开发的。在校企共同开发的课程标准与教学组织设计、教材编写大纲的基础上而编写的。

本书共分5个学习项目，分别为砖混结构工程监理、框架结构工程监理、水泥混凝土道路工程监理、沥青混凝土道路工程监理、监理综合实训。内容全面系统，重复训练学生对工程的监理能力，按从新手到熟手的思路，加强对学生动手能力的培养，可以使学生很容易地掌握知识要点，并能自主解决一些工程问题。

本书由安徽水利水电职业技术学院闫超君、合肥工业大学监理公司王章虎担任主编，安徽水利水电职业技术学院张晓战、和县通达监理公司沈久保、安徽水利水电职业技术学院倪桂玲、张志、费家仓担任副主编。具体章节编写分工为：项目1的监理知识概述由沈久保编写，项目3的公路监理基本知识、项目1到4的进度监理由闫超君编写，项目5由王章虎编写，项目1到4的安全监理由张晓战编写，项目1到4的质量监理由张志编写，项目1到4的费用监理由费家仓编写，项目1到4的合同管理、监理资料整理由倪桂玲编写。本书由闫超君统稿，合肥工业大学监理公司鹿中山、中水淮河规划设计研究有限公司教授级高级工程师伍宪生主审。

本书的编写，参考和引用了一些相关专业书籍的论述，编者在此一并谨向这些论述的作者们表示衷心的感谢！

由于时间仓促，编者水平有限，不足之处在所难免，恳请读者批评指正。

编　者

2010年4月

前　言

2010年4月

目　录

学习项目1　砖混结构工程监理

【学习目标】 通过本项目的学习，能够掌握建设工程的监理程序；掌握砖混结构工程的质量控制要点；掌握砖混结构工程的进度控制方法和控制程序；掌握砖混结构工程投资控制的工作流程和编制资金使用计划；掌握砖混结构工程安全设施的监理要点；能进行砖混结构工程的工程分包、工程变更、工程延期、费用索赔的管理等工作；掌握砖混结构工程监理资料的搜集方法、整理方法。

【项目描述】 本工程位于合肥市某繁华小区。总建筑面积：6404 m^2；结构类型：砖混结构；共7层：1层为商服网点及车库，2～7层为住宅；1层层高为3.6 m，2～7层层高为2.9 m；室内外高差0.15 m，工程总高度24.15 m。本工程采用砖混结构，一层楼板现浇，梁、柱、楼梯现浇；本工程采用一层（局部2层）框架—抗震墙结构，一层（局部2层）采用现浇板，A—D轴为2层混合结构与主体间设沉降缝。其他层采用预制楼板；墙体采用复合节能墙体（专威特系统）。厨房卫生间现浇楼板，屋面保温层采用100厚苯板保温。$\rho_{苯板}\geqslant 18\ kg/m^3$，导热系数$\leqslant 0.042\ W/m^2\cdot k$，压型钢板坡屋面，底板条形基础。工期要求：2009年5月1日～2009年11月30日。

参建单位有：

建设单位：盛达房地产开发有限责任公司；

施工单位：神勇建筑工程总承包有限公司；

监理单位：天兴工程建设监理有限责任公司。

学习情境1.1　监理知识概述

【情境描述】 随着我国工程建设事业的发展，我国的工程监理制度不断完善，这项制度进一步走上法制化轨道，开创了监理事业的新局面，作为新手，首先要了解哪些知识呢？

【情境剖析】 本情境需要了解国内外监理的发展概况、监理的流程、监理组织、监理文件、监理准备等。

【工作任务】 本情境的工作任务如表1.1.1所示。

表1.1.1　工作任务表

能力目标	主讲内容	学生完成任务	评价标准	
了解建设工程监理的基本概念	监理基本概念	学生分组讨论对监理的认识	优秀	熟悉建设工程监理的基本概念，并能正确认识工程监理
			良好	了解建设工程监理的基本概念
			合格	了解建设工程监理的基本概念

（续表）

能力目标	主讲内容	学生完成任务	评价标准	
了解监理组织的类型，了解监理的职责和权限	监理组织类型、监理的职责和权限	学生绘制组织结构图，分组（扮演）讨论各自的职责	优秀	熟悉监理组织的类型、监理的职责和权限，并能正确说出
			良好	了解监理组织的类型、监理的职责和权限，并基本正确说出
			合格	了解监理组织的类型、监理的职责和权限
了解监理文件	监理规划、监理实施细则概述	学生总结监理规划、监理实施细则的编制时间、编制人	优秀	能正确说出监理文件的种类，并能说出监理规划、监理实施细则的编制时间、编制人
			良好	能正确说出监理文件的种类，基本能说出监理规划、监理实施细则的编制时间、编制人
			合格	基本能说出监理规划、监理实施细则的编制时间、编制人
掌握施工准备阶段的监理	施工准备阶段的监理主要工作	学生分组讨论	优秀	掌握施工准备阶段的监理主要工作，并能正确填写施工组织设计（方案）报审表
			良好	掌握施工准备阶段的监理主要工作
			合格	基本掌握施工准备阶段的监理工作

1.1.1 建设工程监理的基本概念

1.1.1.1 建设工程监理制产生的背景

从新中国成立直至20世纪80年代，我国固定资产投资基本上是由国家统一安排计划，由国家统一财政拨款。一般建设工程，由建设单位自己组成筹建机构，自行管理；重大建设工程，从相关单位抽调人员组成工程建设指挥部，由其进行管理。投资“三超”、工期延长的现象较为普遍。

20世纪80年代，我国进入了改革开放的新时期，国务院决定在基本建设和建筑业领域采取一些重大的改革措施，例如，投资有偿使用（即“拨改贷”）、投资包干责任制、投资主体多元化、工程招标投标制等。

建设部于1988年发布了“关于开展建设监理工作的通知”，明确提出要建立建设监理制度。建设工程监理制于1988年开始试点，5年后逐步推开，1997年《中华人民共和国建筑法》以法律制度的形式作出规定，国家推行建设工程监理制度，从而使建设工程监理在全国范围内进入全面推行阶段。

1.1.1.2 建设工程监理的概念

1. 定义

建设工程监理是指具有相应资质的工程监理企业，接受建设单位的委托，承担其项目管理工作，并代表建设单位对承建单位的建设行为进行监督管理的专业化服务活动。

建设单位拥有确定建设工程规模、标准、功能以及选择勘察、设计、施工、监理单位等重大问题的决定权。

工程监理企业是指取得企业法人营业执照，具有监理资质证书的依法从事建设工程监理业务活动的经济组织。

2. 监理概念要点

(1)建设工程监理的行为主体。实施监理的建设工程，由建设单位委托具有相应资质条件的工程监理企业实施监理。建设工程监理的行为主体是工程监理企业。

建设工程监理不同于建设行政主管部门的监督管理，后者的行为主体是政府部门，它具有明显的强制性，是行政性的监督管理，它的任务、职责、内容不同于建设工程监理。同样，总承包单位对分包单位的监督管理也不能视为建设工程监理。

(2)建设工程监理实施的前提。建设工程监理的实施需要建设单位的委托和授权，工程监理企业应根据委托监理合同和有关建设工程合同的规定实施监理。

建设工程监理只有在建设单位委托的情况下才能进行，与建设单位订立书面委托监理合同，明确了监理的范围、内容、权利、义务、责任等，工程监理企业才能在规定的范围内行使管理权，合法地开展建设工程监理。工程监理企业在委托监理的工程中，拥有一定的管理权限，能够开展管理活动，是建设单位授权的结果。

承建单位根据法律、法规的规定和与建设单位签订的有关建设工程合同的规定，接受工程监理企业对其建设行为的监督管理，接受并配合监理是其履行合同的一种行为。

(3)建设工程监理的依据。建设工程监理的依据包括工程建设文件、有关的法律、法规规章和标准规范，建设工程委托监理合同和有关的建设工程合同。

(4)建设工程监理的范围：

① 工程范围。《建设工程质量管理条例》对实行强制性监理的工程范围作了原则性规定，《建设工程监理范围和规模标准规定》规定了必须实行监理的建设工程项目的具体范围和规模标准。

Ⅰ. 国家重点建设工程：依据《国家重点建设项目管理办法》所确定的对国民经济和社会发展有重大影响的骨干项目。

Ⅱ. 大中型公用事业工程：项目总投资额在3000万元以上的供水、供电、供气、供热等市政工程项目；科技、教育、文化等项目；体育、旅游、商业等项目；卫生、社会福利等项目，其他公用事业项目。

Ⅲ. 成片开发建设的住宅小区工程：建筑面积在5万平方米以上的住宅建设工程。

Ⅳ. 利用外国政府或者国际组织贷款、援助资金的工程：使用世界银行、亚洲开发银行等国际组织贷款资金的项目；使用国外政府及其机构贷款资金的项目；使用国际组织或者国外政府援助资金的项目。

Ⅴ. 国家规定必须实行监理的其他工程：项目总投资额在3000万元以上关系社会公共利益、公众安全的交通运输、水利建设、城市基础设施、生态环境保护、信息产业、能源等基础设施项目，以及学校、影剧院、体育场馆项目。

建设工程监理范围不宜无限扩大，从长远来看，对所有建设工程都实行强制监理的做法，既与市场经济要求不相适应，也不利于建设工程监理行业的健康发展。

② 阶段范围。建设工程监理适用于工程建设投资决策阶段和实施阶段,但目前主要是建设工程施工阶段。

在施工阶段委托监理,其目的是更有效地发挥监理的规划、控制、协调作用,为在计划目标内建成工程提供最好的管理。

1.1.1.3 建设工程监理的性质

1. 服务性

服务性是从它的业务性质方面定性的。建设工程监理的主要方法是规划、控制、协调,主要任务是控制建设工程的投资、进度和质量,最终应当达到的基本目的是协助建设单位在计划的目标内将建设工程建成并投入使用,这是建设工程监理管理服务的内涵。

工程监理企业不能完全取代建设单位的管理活动,它不具有工程建设重大问题的决策权,它只能在授权范围内代表建设单位进行管理。

建设工程监理的服务对象是建设单位,监理服务是按照委托监理合同的规定进行的,受法律约束和保护。

2. 科学性

科学性是由建设工程监理要达到的基本目的决定的,建设工程监理以协助建设单位实现其投资目的为己任,力求在计划的目标内建成工程。

科学性主要表现在:工程监理企业应当由组织管理能力强、工程建设经验丰富的人员担任领导;应当有足够数量的、有丰富的管理经验和应变能力的监理工程师组成的骨干队伍;要有一套健全的管理制度;现代化的管理手段;掌握先进的管理理论、方法和手段;积累足够的技术、经济资料和数据;具有科学的工作态度和严谨的工作作风,实事求是、创造性地开展工作。

3. 独立性

《建筑法》明确指出,工程监理企业应当根据建设单位的委托,客观、公正地执行监理任务。《工程建设监理规定》和《建设工程监理规范》要求工程监理企业按照“公正、独立、自主”原则开展监理工作。

按照独立性要求,工程监理单位应当严格地按照有关法律、法规、规章、工程建设文件、工程建设技术标准、建设工程委托监理合同、有关的建设工程合同等规定实施监理;在委托监理的工程中,与承建单位不得有隶属关系和其他利害关系;在开展工程监理的过程中,必须建立自己的组织,按照自己的工作计划、程序、流程、方法、手段,根据自己的判断,独立地开展工作。

4. 公正性

公正性是社会公认的职业道德准则,是监理行业能够长期生存和发展的基本职业道德准则。在开展建设工程监理的过程中,工程监理企业应当排除各种干扰,客观、公正地对待监理的委托单位和承建单位。特别是当双方发生利益冲突或矛盾时,应以事实为依据,以法律和有关合同为准绳,在维护建设单位的合法利益时,不损害承建单位的合法权益。

1.1.1.4 建设工程监理的作用

1. 有利于提高建设工程投资决策科学化水平

实施全方位、全过程监理时,工程监理企业可协助建设单位选择适当的工程咨询机构,管理工程咨询合同的实施，并对咨询结果(如项目建议书、可行性研究报告)进行评估，提出有价值的修改意见和建议；或者直接从事工程咨询工作，为建设单位提供建设方案。工程监理企业参与或承担项目决策阶段的监理工作，有利于提高项目投资决策的科学化水平，避免项目投资决策失误，也为实现建设工程投资综合效益最大化打下了良好的基础。

2. 有利于规范工程建设参与各方的建设行为

首先需要政府对工程建设参与各方的建设行为进行全面的监督管理，这是最基本的约束，也是政府的主要职能之一。还要建立一种约束机制——建设工程监理制。

建设工程监理制贯穿于工程建设的全过程，采用事前、事中和事后控制相结合的方式。一方面，可有效地规范各承建单位的建设行为，最大限度地避免不当建设行为的发生，或最大限度地减少其不良后果，这是约束机制的根本目的；另一方面，工程监理单位可以向建设单位提出适当的建议，从而避免发生建设单位的不当建设行为，起到一定的约束作用。

3. 有利于促使承建单位保证建设工程质量和使用安全

在加强承建单位自身对工程质量管理的基础上，由工程监理企业介入建设工程生产过程的管理，对保证建设工程质量和使用安全有着重要作用。

4. 有利于实现建设工程投资效益最大化

(1)在满足建设工程预定功能和质量标准的前提下，建设投资额最少；

(2)在满足建设工程预定功能和质量标准的前提下，建设工程寿命周期费用(或全寿命费用)最少；

(3)建设工程本身的投资效益与环境、社会效益的综合效益最大化。

1.1.1.5　建设工程监理现阶段的特点及发展趋势

1. 现阶段建设工程监理的特点

(1)建设工程监理的服务对象具有单一性，工程监理企业只接受建设单位的委托，即只为建设单位服务。可以认为，我国的建设工程监理就是为建设单位服务的项目管理。

(2)建设工程监理属于强制推行的制度，我国的建设工程监理是靠行政手段和法律手段在全国推行的。

(3)建设工程监理具有监督功能。我国的工程监理企业与建设单位构成委托与被委托关系，与承建单位无任何经济关系，但根据授权有权对其不正当建设行为进行监督。强调对承建单位施工过程和施工工序的监督、检查和验收，而且还提出了旁站监理的规定。

(4)市场准入的双重控制。我国对建设工程监理的市场准入采取了企业资质和人员资格的双重控制，要求专业监理工程师以上的监理人员必须取得监理工程师资格证书，不同资质等级的工程监理企业至少要有一定数量的取得监理工程师资格证书并经注册的人员。

2. 建设工程监理的发展趋势

(1)加强法制建设，走法制化的道路。

(2)以市场需求为导向，向全方位、全过程监理发展。目前仍以施工阶段监理为主，代表建设单位进行全方位、全过程的工程项目管理将是我国工程监理行业发展的趋向。

(3)适应市场需求，优化工程监理企业结构。通过市场机制和必要的行业政策引导，在工程监理行业逐步建立起综合性监理企业与专业性监理企业相结合、大中小型监理企业相结合的合理的企业结构。按工作内容分，建立起能承担全过程、全方位监理任务的综合性监理企业与能承担某一专业监理任务的监理企业相结合的企业结构。按工作阶段分，建立起能承担工程建设全过程监理的大型监理企业与能承担某一阶段工程监理任务的中型监理企业，以及只提供旁站监理劳务的小型监理企业相结合的企业结构。

(4)加强培训工作，不断提高从业人员素质。从业人员的素质是整个工程监理行业发展的基础。

(5)与国际惯例接轨，走向世界。我国的监理工程师和工程监理企业不仅要迎接国外同行进入我国后的竞争挑战，而且也要敢于到国际市场与国外同行竞争。

1.1.2 监理组织及其相应的职责与权限

1.1.2.1 监理组织模式

监理单位与业主签订委托监理合同后，在实施建设工程监理之前，应建立项目监理机构。项目监理机构的组织形式和规模，应根据委托监理合同规定的服务内容、服务期限、工程类别、规模、技术复杂程度、工程环境等因素确定。

1. 建立项目监理机构的步骤

(1)确定项目监理机构目标。建设工程监理目标是项目监理机构建立的前提，项目监理机构的建立应根据委托监理合同中确定的监理目标，制定总目标并明确划分监理机构的分解目标。

(2)确定监理工作内容。根据监理目标和委托监理合同中规定的监理任务，明确列出监理工作内容，并进行分类归并及组合。监理工作的归并及组合应便于监理目标控制，综合考虑监理工程的组织管理模式、工程结构特点、合同工期要求、工程复杂程度、工程管理及技术特点，还应考虑监理单位自身组织管理水平、监理人员数量、技术业务特点等。

如果建设工程实施阶段全过程监理，监理工作划分可按设计阶段和施工阶段分别归并和组合，如图 1.1.1 所示。

(3)项目监理机构的组织结构设计：

① 选择组织结构形式。组织结构形式选择的基本原则是有利于工程合同管理；有利于监理目标控制；有利于决策指挥；有利于信息沟通。

② 确定管理层次与管理跨度，项目监理机构中一般应有三个层次：

Ⅰ. 决策层，由总监理工程师和其他助手组成，主要根据建设工程委托监理合同的要求和监理活动内容进行科学化、程序化决定与管理；

Ⅱ. 中间控制层(协调层和执行层)，由各专业监理工程师组成，具体负责监理规划的落实，监理目标控制及合同实施的管理；

Ⅲ. 作业层(操作层)，主要由监理员、检查员等组成，具体负责监理活动的操作实施。

管理跨度的确定应考虑监理人员的素质、管理活动的复杂性和相似性、监理业务的标准化程度、各项规章制度的建立健全情况、建设工程的集中或分散情况等，按监理工作实际需要确定。

③ 划分项目监理机构部门。依据监理机构目标、监理机构可利用的人力和物力资源以及合同结构情况，将投资控制、质量控制、进度控制、安全控制、合同管理、组织协调等

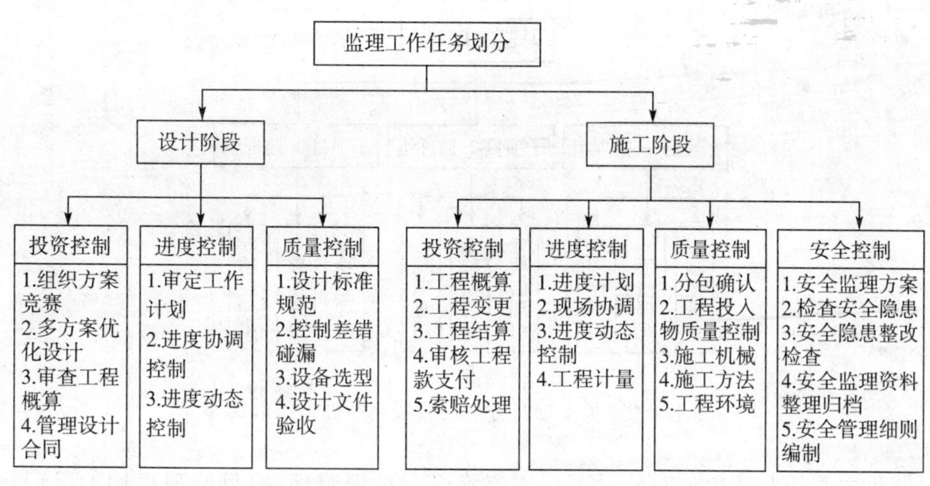

图 1.1.1　实施阶段监理划分

监理工作内容按不同的职能活动或按子项分解形成相应的职能管理部门或子项目管理部门。

④ 制订岗位职责及考核标准。岗位职务及职责的确定要有明确的目的性，不可因人设事。根据责权一致的原则，应进行适当的授权，以承担相应的职责。并应确定考核标准，对监理人员的工作进行定期考核，包括考核内容、考核标准及考核时间。

⑤ 安排监理人员。根据监理工作的任务，确定监理人员的合理分工，包括专业监理工程师和监理员，必要时可配备总监理工程师代表。监理人员的安排除应考虑个人素质外，还应考虑人员总体构成的合理性和协调性。

我国《建设工程监理规范》规定，项目总监理工程师应由具有 3 年以上同类工程监理工作经验的人员担任；总监理工程师代表应由具有 2 年以上同类工程监理工作经验的人员担任；专业监理工程师应由具有 1 年以上同类工程监理工作经验的人员担任。并且项目监理机构的监理人员应专业配套、数量满足建设工程监理工作的需要。

(4)制订工作流程和信息流程。为使监理工作科学、有序进行，应按监理工作的客观规律制定工作流程和信息流程，规范化地开展监理工作。

2. 项目监理机构的组织形式

项目监理机构的组织形式是指项目监理机构具体采用的管理组织结构。

(1)直线制监理组织形式。这种组织形式的特点是项目监理机构中任何一个下级只接受唯一上级的命令，各级部门主管人员对所属部门的问题负责，项目监理机构中不再另设投资控制、进度控制、质量控制、安全控制及合同管理等职能部门。

这种组织形式适用于能够划分为若干相对独立的子项目的大、中型建设工程。如图 1.1.2 所示，总监理工程师负责整个工程的规划、组织和指导，并负责整个工程范围内各方面的指挥、协调工作；子项目监理组分别负责子项目的目标控制，具体领导现场专业或专项监理组的工作。

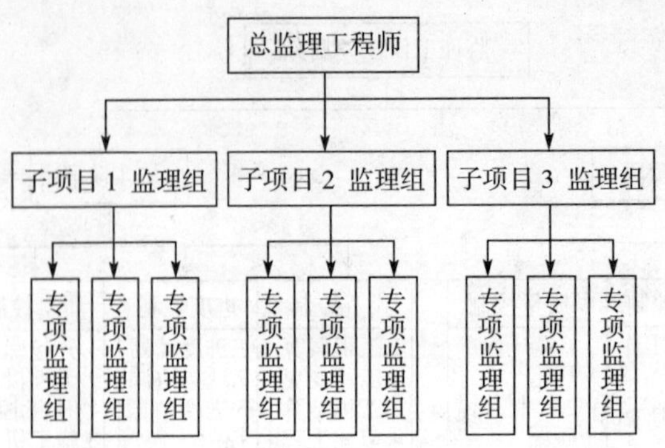

图 1.1.2　按子项目分解的直线制监理组织形式

如果业主委托监理单位对建设工程实施阶段全过程监理，项目监理机构的部门还可按不同的建设阶段分解设立直线制监理组织形式，如图 1.1.3 所示。

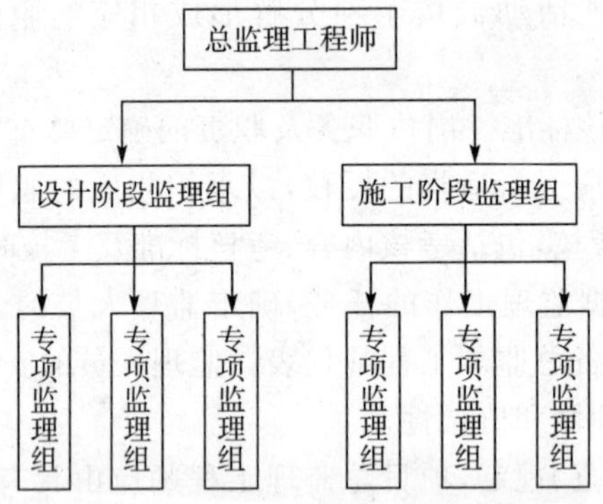

图 1.1.3　按建设阶段分解的直线制监理组织形式

对于小型建设工程，监理单位也可以采用按专业内容分解的直线制监理组织形式，如图 1.1.4 所示。

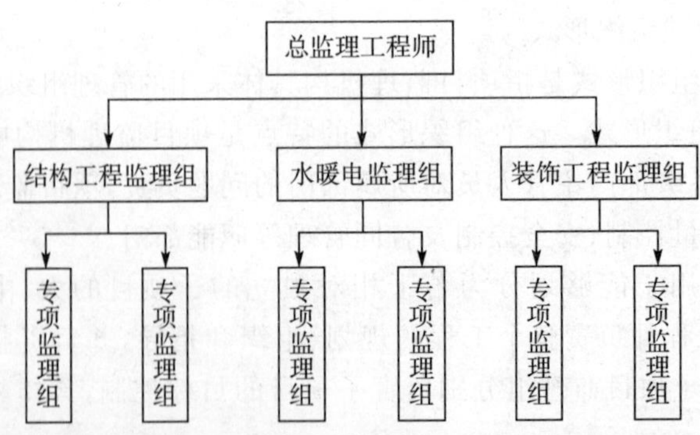

图 1.1.4　按专业内容分解的直线制监理组织形式

直线制监理组织形式的主要优点是组织机构简单、权力集中、命令统一、职责分明、决策迅速、隶属关系明确。缺点是实行没有职能部门的“个人管理”，这就要求总监理工程师通晓各种业务，掌握多种知识技能，成为“全能”式人物。

(2)职能制监理组织形式。职能制监理组织形式是把管理部门和人员分为两类：一类是以子项目监理为对象的直线指挥部门和人员；另一类是以投资控制、进度控制、质量控制、安全控制及合同管理为对象的职能部门和人员。监理机构内的职能部门按总监理工程师授予的权利和监理职责有权对指挥部门发布指令，如图 1.1.5 所示。此种组织形式一般适用于大、中型建设工程，如果子项目规模较大时，也可以在子项目层设置职能部门，如图 1.1.6 所示。

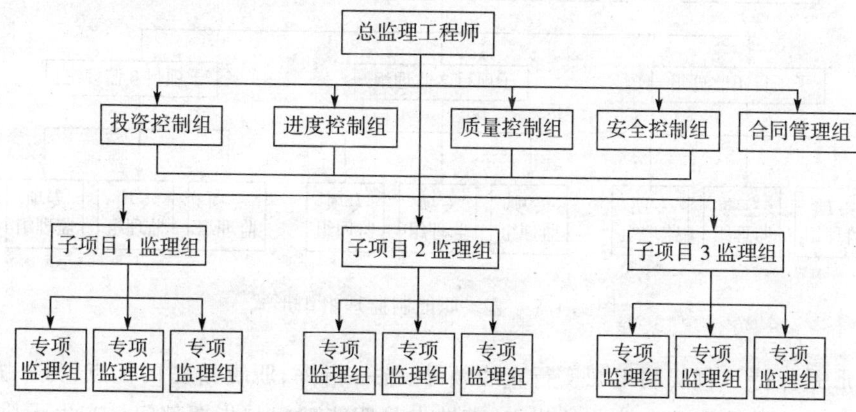

图 1.1.5　职能制监理组织形式

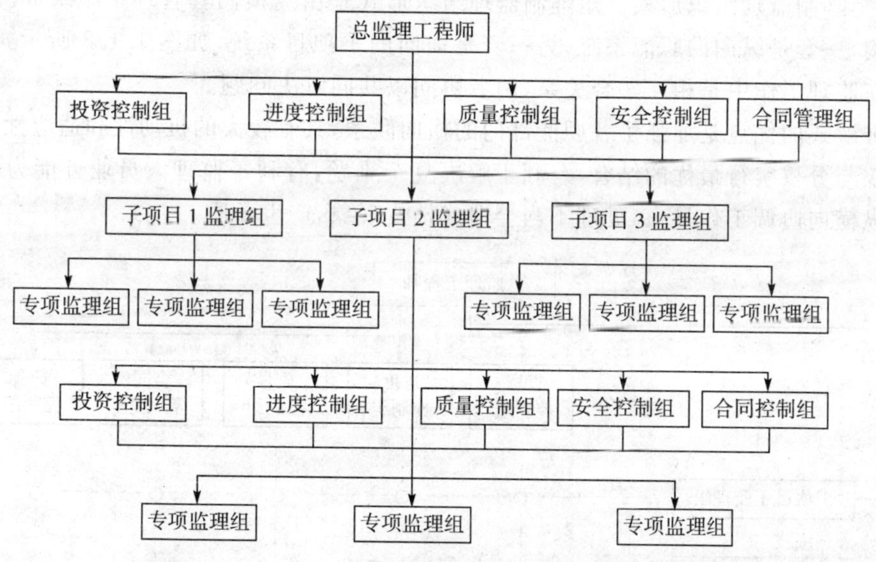

图 1.1.6　子项目 2 设立职能部门的职能制监理组织形式

这种组织形式的主要优点是加强了项目监理目标控制的职能化分工，能够发挥职能机构的专业管理作用，提高管理效率，减轻总监理工程师负担。缺点是由于直线指挥部门人员受职能部门多头指令，如果这些指令相互矛盾，将使其在监理工作中无所适从。

(3)直线职能制监理组织形式。直线职能制监理组织形式是吸收了直线制监理组织形式和职能制监理组织形式的优点,而形成的一种组织形式。直线指挥部门拥有对下级实行指挥和发布命令的权力,并对该部门的工作全面负责。职能部门是直线指挥人员的参谋,他们只能对指挥部门进行业务指导,而不能对指挥部门直接进行指挥和发布命令,如图 1.1.7 所示。

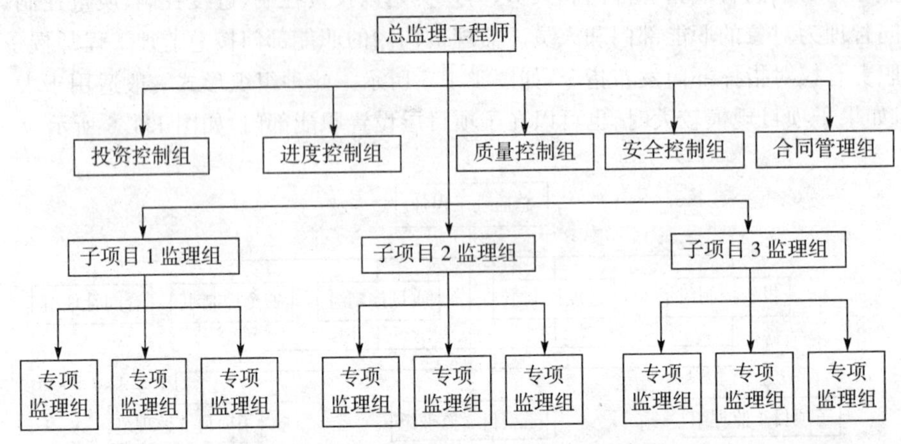

图 1.1.7　直线职能制监理组织形式

这种形式保持了直线制组织实行直线领导、统一指挥、职责清楚的优点,另一方面又保持了职能制组织目标管理专业化的优点;其缺点是职能部门与指挥部门易产生矛盾,信息传递路线长,不利于互通情报。

(4)矩阵制监理组织形式。矩阵制监理组织形式是由纵横两套管理系统组成的矩阵性组织结构,一套是纵向的职能系统,另一套是横向的子项目系统,如图 1.1.8 所示。两套管理系统在监理工作中是相互融合关系,两者协同以共同解决问题。

这种形式的优点是加强了各职能部门的横向联系,具有较大的机动性和适应性,把上下左右集权与分权实行最优的结合,有利于解决复杂难题,有利于监理人员业务能力的培养。缺点是纵横向协调工作量大,处理不当会造成扯皮现象,产生矛盾。

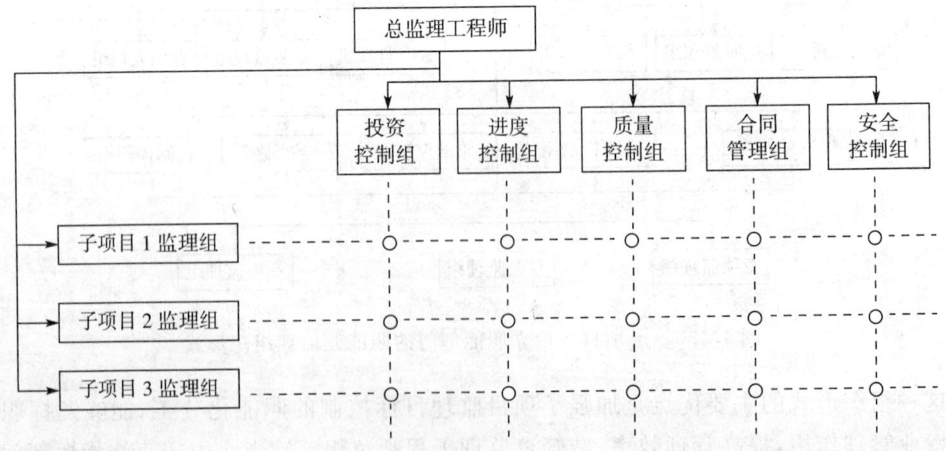

图 1.1.8　矩阵制监理组织形式

1.1.2.2　职责与权限

1. 各级监理人员的职责

一名总监理工程师只宜担任一项委托监理合同的项目总监理工程师工作。当需要同时担任多项委托监理合同的项目总监理工程师工作时，须经建设单位同意，且最多不得超过三项。

(1)总监理工程师职责：

① 确定项目监理机构人员的分工和岗位职责；

② 主持编写项目监理规划、审批项目监理实施细则，并负责管理项目监理机构的日常工作；

③ 审查分包单位的资质，并提出审查意见；

④ 检查和监督监理人员的工作，根据工程项目的进展情况可进行监理人员调配，对不称职的监理人员应调换其工作；

⑤ 主持监理工作会议，签发项目监理机构的文件和指令；

⑥ 审定承包单位提交的开工报告、施工组织设计、技术方案、进度计划；

⑦ 审核签署承包单位的申请、支付证书和竣工结算；

⑧ 审查和处理工程变更；

⑨ 主持或参与工程质量事故的调查；

⑩ 调解建设单位与承包单位的合同争议、处理索赔、审批工程延期；

⑪ 组织编写并签发监理月报、监理工作阶段报告、专题报告和项目监理工作总结；

⑫ 审核签认分部工程和单位工程的质量检验评定资料，审查承包单位的竣工申请，组织监理人员对待验收的工程项目进行质量检查，参与工程项目的竣工验收；

⑬ 主持整理工程项目的监理资料。

(2)总监理工程师代表职责：

① 负责总监理工程师指定或交办的监理工作；

② 按总监埋工程师的授权，行使总监理工程师的部分职责和权力。

(3)专业监理工程师职责：

① 负责编制本专业的监理实施细则；

② 负责本专业监理工作的具体实施；

③ 组织、指导、检查和监督本专业监理员的工作，当人员需要调整时，向总监理工程师提出建议；

④ 审查承包单位提交的涉及本专业的计划、方案、申请、变更，并向总监理工程师提出报告；

⑤ 负责本专业分项工程验收及隐蔽工程验收；

⑥ 定期向总监理工程师提交本专业监理工作实施情况报告，对重大问题及时向总监理工程师汇报和请示；

⑦ 根据本专业监理工作实施情况做好监理日记；

⑧ 负责本专业监理资料的收集、汇总及整理，参与编写监理月报；

⑨ 核查进场材料、设备、构配件的原始凭证、检测报告等质量证明文件及其质量情况，

根据实际情况认为有必要时对进场材料、设备、构配件进行平行检验,合格时予以签认;

⑩ 负责本专业的工程计量工作,审核工程计量的数据和原始凭证。

(4)监理员职责:

① 在专业监理工程师的指导下开展现场监理工作;

② 检查承包单位投入工程项目的人力、材料、主要设备及其使用、运行状况,并做好检查记录;

③ 复核或从施工现场直接获取工程计量的有关数据并签署原始凭证;

④ 按设计图及有关标准,对承包单位的工艺过程或施工工序进行检查和记录,对加工制作及工序施工质量检查结果进行记录;

⑤ 担任旁站工作,发现问题及时指出并向专业监理工程师报告;

⑥ 做好监理日记和有关的监理记录。

2. 各级监理人员的权限

各级监理人员应在各自的职责范围内履行各自的职责,不能跨越。总监理工程师不得将下列工作委托总监理工程师代表:

(1)主持编写项目监理规划、审批项目监理实施细则;

(2)签发工程开工/复工报审表、工程暂停令、工程款支付证书、工程竣工报验单;工程开工/复工报审表应符合附录 A 的 A1 表的格式;工程暂停令应符合附录 A 的 B2 表的格式;工程款支付证书应符合附录 A 的 B3 表的格式;工程竣工报验单应符合附录 A 的 A10 表的格式。

(3)审核签认竣工结算;

(4)调解建设单位与承包单位的合同争议、处理索赔、审批工程延期;

(5)根据工程项目的进展情况进行监理人员的调配,调换不称职的监理人员。

1.1.3 监理规划及监理实施细则

1.1.3.1 监理规划

监理规划是在总监理工程师的主持下编制、经监理单位技术负责人批准,用来指导项目监理机构全面开展监理工作的指导性文件。

监理规划的编制应针对项目的实际情况,明确项目监理机构的工作目标,确定具体的监理工作制度、程序、方法和措施,并应具有可操作性。

1. 监理规划编制的程序与依据

(1)监理规划应在签订委托监理合同及收到设计文件后开始编制,完成后必须经监理单位技术负责人审核批准,并应在召开第一次工地会议前报送建设单位;

(2)监理规划应由总监理工程师主持、专业监理工程师参加编制;

(3)编制监理规划的依据:建设工程的相关法律、法规及项目审批文件;与建设工程项目有关的标准、设计文件、技术资料;监理大纲、委托监理合同文件以及与建设工程项目相关的合同文件。

2. 监理规划主要内容

(1)工程项目概况;

(2)监理工作范围;

(3)监理工作内容；

(4)监理工作目标；

(5)监理工作依据；

(6)项目监理机构的组织形式；

(7)项目监理机构的人员配备计划；

(8)项目监理机构的人员岗位职责；

(9)监理工作程序；

(10)监理工作方法及措施；

(11)监理工作制度；

(12)监理设施。

在监理工作实施过程中，如实际情况或条件发生重大变化而需要调整监理规划时，应由总监理工程师组织专业监理工程师研究修改，按原报审程序经过批准后报建设单位。

1.1.3.2　监理实施细则

监理实施细则是根据监理规划，由专业监理工程师编写，并经总监理工程师批准，针对工程项目中某一专业或某一方面监理工作的操作性文件。

对中型及以上或专业性较强的工程项目，项目监理机构应编制监理实施细则。监理实施细则应符合监理规划的要求，并应结合工程项目的专业特点，做到详细具体、具有可操作性。

1. 监理实施细则的编制程序与依据

(1)监理实施细则应在相应工程施工开始前编制完成，并须经总监理工程师批准；

(2)监理实施细则应由专业监理工程师编制；

(3)编制监理实施细则的依据：已批准的监理规划；与专业工程相关的标准、设计文件和技术资料；施工组织设计。

2. 监理实施细则主要内容

(1)专业工程的特点；

(2)监理工作的流程；

(3)监理工作的控制要点及目标值；

(4)监理工作的方法及措施。

在监理工作实施过程中，监理实施细则应根据实际情况进行补充、修改和完善。

1.1.4　监理准备阶段的监理

1. 监理机构的建立

监理单位在进行施工监理投标时，已根据工程的规模、难易程度、合同工期、现场条件等因素，提出了适合本工程的现场监理机构方案。监理中标单位在签署监理服务协议后，根据中标时的监理机构方案建立现场监理机构，一般投标时的监理人员不得变动，如需变动，应经过业主的批准。

2. 准备阶段的主要监理工作

(1)设计交底。在设计交底前，总监理工程师应组织监理人员熟悉设计文件，并对图纸中存在的问题通过建设单位向设计单位提出书面意见和建议。

项目监理人员应参加由建设单位组织的设计技术交底会，总监理工程师应对设计技术交底会议纪要进行签认。

(2)审核文件。工程项目开工前，总监理工程师应组织专业监理工程师审查承包单位报送的施工组织设计(方案)报审表，提出审查意见，并经总监理工程师审核、签认后报建设单位。施工组织设计(方案)报审表应符合 A2 表的格式，如表 1.1.2 所示。

表 1.1.2　A2. 施工组织设计(方案)报审表

工程名称：＿＿＿＿＿＿＿＿　　　　　　　　　　编号：

<table>
<tr><td>致：＿＿＿＿＿＿＿＿(监理单位)
我方已根据施工合同的有关规定完成了＿＿＿＿＿工程施工组织设计(方案)的编制，并经我单位上级技术负责人审查批准，请予以审查。
附：施工组织设计(方案)

承包单位(章)＿＿＿＿＿
项 目 经 理＿＿＿＿＿
日　　　期＿＿＿＿＿</td></tr>
<tr><td>专业监理工程师审查意见：

专业监理工程师＿＿＿＿＿
日　　　期＿＿＿＿＿</td></tr>
<tr><td>总监理工程师审核意见：

项目监理机构＿＿＿＿＿
总监理工程师＿＿＿＿＿
日　　　期＿＿＿＿＿</td></tr>
</table>

工程项目开工前，总监理工程师应审查承包单位现场项目管理机构的质量管理体系、技术管理体系和质量保证体系，确能保证工程项目施工质量时予以确认。对质量管理体系、技术管理体系和质量保证体系应审核以下内容：

① 质量管理、技术管理和质量保证的组织机构；

② 质量管理、技术管理制度；

③ 专职管理人员和特种作业人员的资格证、上岗证。

分包工程开工前，专业监理工程师应审查承包单位报送的分包单位资格报审表和分包单位有关资质资料，符合有关规定后，由总监理工程师予以签认。分包单位资格报审表应符合 A3 表的格式，如表 1.1.3 所示。

表 1.1.3 A3. 分包单位资格报审表

工程名称：________________ 编号：

<table>
<tr><td colspan="4">致：__________（监理单位）
经考察，我方认为拟选择的__________（分包单位）具有承担下列工程的施工资质和施工能力，可以保证本工程项目按合同的规定进行施工。分包后，我方仍承担总包单位的全部责任。请予以审查和批准。
附：1. 分包单位资质材料；
2. 分包单位业绩材料。</td></tr>
<tr><td>分包工程名称(部位)</td><td>工程数量</td><td>拟分包工程合同额</td><td>分包工程占全部工程</td></tr>
<tr><td></td><td></td><td></td><td></td></tr>
<tr><td>合　计</td><td></td><td></td><td></td></tr>
<tr><td colspan="4">承包单位(章)__________
项 目 经 理__________
日　　期__________</td></tr>
<tr><td colspan="4">专业监理工程师审查意见：

专业监理工程师__________
日　　期__________</td></tr>
<tr><td colspan="4">总监理工程师审核意见：

项目监理机构__________
总监理工程师__________
日　　期__________</td></tr>
</table>

审核分包单位资格内容：

① 分包单位的营业执照、企业资质等级证书、特殊行业施工许可证、国外（境外）企业在国内承包工程许可证；

② 分包单位的业绩；

③ 拟分包工程的内容和范围；

④ 专职管理人员和特种作业人员的资格证、上岗证。

专业监理工程师应按以下要求对承包单位报送的测量放线控制成果及保护措施进行检查，符合要求时，专业监理工程师对承包单位报送的施工测量成果报验申请表予以签认。

① 检查承包单位专职测量人员的岗位证书及测量设备检定证书；

② 复核控制桩的校核成果、控制桩的保护措施以及平面控制网、高程控制网和临时水准点的测量成果。

施工测量成果报验申请表应符合 A4 表的格式，如表 1.1.4 所示。

表 1.1.4　A4. ＿＿＿＿＿＿报验申请表

工程名称：＿＿＿＿＿＿＿＿＿＿　　　　编号：

致：＿＿＿＿＿＿＿＿（监理单位） 我单位已完成了＿＿＿＿＿＿＿＿工作，现报上该工程报验申请表，请予以审查和验收。 附件： 承包单位（章）＿＿＿＿＿ 项 目 经 理＿＿＿＿＿ 日　　期＿＿＿＿＿
审查意见： 项 目 监 理 机 构＿＿＿＿＿ 总/专业监理工程师＿＿＿＿＿ 日　　　期＿＿＿＿＿

(3)下达开工令：

专业监理工程师应审查承包单位报送的工程开工报审表及相关资料，具备以下开工条件时，由总监理工程师签发，并报建设单位。

① 施工许可证已获政府主管部门批准；

② 征地拆迁工作能满足工程进度的需要；

③ 施工组织设计已获总监理工程师批准；

④ 承包单位现场管理人员已到位，机具、施工人员已进场，主要工程材料已落实；

⑤ 进场道路及水、电、通讯等已满足开工要求。

(4)参加第一次工地会议：

工程项目开工前，监理人员应参加由建设单位主持召开的第一次工地会议。第一次工地会议应包括以下主要内容：

① 建设单位、承包单位和监理单位分别介绍各自驻现场的组织机构、人员及其分工；

② 建设单位根据委托监理合同宣布对总监理工程师的授权；

③ 建设单位介绍工程开工准备情况；

④ 承包单位介绍施工准备情况；

⑤ 建设单位和总监理工程师对施工准备情况提出意见和要求；

⑥ 总监理工程师介绍监理规划的主要内容；

⑦ 研究确定各方在施工过程中参加工地例会的主要人员，召开工地例会周期、地点及主要议题。

第一次工地会议纪要应由项目监理机构负责起草，并经与会各方代表会签。

【实践练习】 分组讨论监理组织形式，并扮演各个角色，明确各自的职责。

【思考题】

1. 什么是建设工程监理？
2. 建设工程监理的性质有哪些？
3. 建设工程监理的作用有哪些？
4. 建设工程监理机构的组织模式有几种？
5. 监理人员各自的职责是什么？
6. 什么是监理规划？由谁主持编制？什么时间编制？
7. 什么是监理实施细则？由谁主持编制？什么时间编制？
8. 监理准备阶段的工作有哪些？

学习情境1.2　砖混结构工程质量监理

【情境描述】 此砖混结构工程施工是把该工程的设计意图最终实现并形成工程实体的阶段，也是最终形成工程产品质量和工程项目使用价值的重要阶段。因此对施工阶段的质量控制不但是施工监理重要的工作内容，也是整个工程项目质量控制的重点。作为监理工程师，对工程施工的质量控制，也就是按合同赋予的权利，围绕影响工程质量的各种因素，对工程项目的施工进行有效的监督和管理。你作为监理人员，应如何进行工程质量控制？

【情境剖析】 本情境牵涉工程质量控制的依据，工程质量控制的方法、手段，工程质量控制的工作流程，特别是砖混结构工程的质量控制要点。

【工作任务】 本情境的工作任务如表1.2.1所示。

表 1.2.1 工作任务表

能力目标	主讲内容	学生完成任务	评价标准	
了解施工阶段质量控制的依据	质量控制的过程和依据	了解施工阶段质量控制的四类依据	优秀	正确说出施工阶段质量控制的依据
			良好	基本正确说出施工阶段质量控制的依据
			合格	基本了解施工阶段质量控制的依据
掌握施工阶段质量控制的方法与手段	施工阶段质量控制的方法与手段	学生学会判断分析施工阶段质量出现问题，进行质量控制所采用的方法与手段	优秀	熟练掌握施工阶段质量控制的方法与手段
			良好	掌握施工阶段质量控制的方法与手段
			合格	基本掌握施工阶段质量控制的方法与手段
掌握施工质量控制的工作程序	施工质量控制的工作程序	学生学会掌握和填报工程开复工报审表及报验申请表	优秀	掌握施工质量控制的工作程序，并能正确填报工程开复工报审表及报验申请表
			良好	掌握施工质量控制的工作程序，并基本正确填报工程开复工报审表及报验申请表
			合格	掌握施工质量控制的工作程序，并能填报工程开复工报审表及报验申请表
掌握砖混结构质量控制要点	砖混结构质量控制要点	学生判断此情境需要掌握哪些控制要点	优秀	熟练掌握砖混结构质量控制要点
			良好	掌握砖混结构质量控制要点
			合格	基本掌握砖混结构质量控制要点

1.2.1 施工阶段质量控制的依据

1. 工程承包合同文件

工程施工承包合同文件（还包括招标文件、投标文件及补充文件）和委托监理合同中分别规定了工程项目参建各方在质量控制方面的权利和义务的条款，有关各方必须履行在合同中的承诺。监理单位既要履行监理合同的条款，又要监督建设单位、施工单位、设计单位和材料供应单位履行有关的质量控制条款。因此，监理工程师要熟悉这些条款，据以进行质量监督和控制，当发生质量纠纷时，及时采取措施予以解决。

2. 设计文件

“按图施工”是施工阶段质量控制的一项重要原则。因此，经过批准的设计图纸和技术说明书等设计文件是质量控制的重要依据。监理单位应组织设计单位及施工单位进行设计交底及图纸会审工作，以便使相关各方了解设计意图和质量要求。

3. 国家及政府有关部门颁布的有关质量管理方面的法律、法规性文件

它包括三个层次：第一层次是国家的法律，第二层次是部门的规章，第三个层次是地方的法规与规定。

(1)《中华人民共和国建筑法》(1997 年 11 月 1 日中华人民共和国主席令第 91 号发布)；

(2)《建设工程质量管理条例》(2000 年 1 月 30 日中华人民共和国国务院令第 279 号发布)；

(3)《建筑业企业资质管理规定》(2001 年 4 月建设部发布)；

(4)《房屋建筑工程和市政基础设施工程竣工验收备案管理暂行办法》(2000 年 4 月 7

日中华人民共和国建设部令第78号)；

(5)《城市建筑档案管理规定》(1997年12月23日建设部令第61号发布)，根据2001年7月4日建设部令第90号(建设部发布关于《城市建设档案管理规定的决定》修正)。其他各行业如交通、能源、水利、冶金、化工等的政府主管部门和省、市、自治区的有关主管部门，也均根据本行业及地方的特点，制定和颁发了有关的法规性文件；

(6)《房屋建筑工程施工旁站监理管理方法(试行)》(2002年7月17日建设部发布)；

(7)《建设工程质量检测管理方法》(2005年9月28日建设部发布)。

4. 有关质量检验与控制的专门技术标准

这类文件依据一般是针对不同行业、不同的质量控制对象而制定的技术法规性的文件，包括各种有关的技术标准、技术规范、规程或质量方面的规定。

技术标准有国际标准(如ISO系列)、国家标准、行业标准和企业标准之分。它是建立和维护正常的生产和工作秩序应遵守的准则，也是衡量工程、设备和材料质量的尺度。如：质量检验及评定标准，材料、半成品或构配件的技术检验和验收标准等。技术规程或规范，一般是执行技术标准，保证施工有秩序地进行而为有关人员制定的行动准则，通常它们与质量的形成有密切关系，应严格遵守。例如，施工技术规程、操作规程、设备维护和检修规程、安全技术规程以及施工及验收规范等。各种有关质量方面的规定，一般是由相关主管部门根据需要发布的带有方针目标性的文件，它对于保证标准规程、规范的实施具有指令性的特点。此外，对于大型工程，尤其是在对外承包工程和外资、外贷工程的质量监理与控制中，还会涉及国际标准和国外标准或规范，当需要采用某些国际或国外的标准或规范进行质量控制时，还需要熟悉它们。

(1)建筑工程项目施工质量验收标准。这类标准主要是由国家或行业部门统一制定的，用以作为检验和验收工程项目质量水平所依据的技术法规性文件。例如，评定建筑工程施工质量验收的标准规范有《建筑工程施工质量验收统一标准》(GB50300—2001)、《混凝土结构工程施工质量验收规范》(GB5204—2004)、《建筑装饰装修工程质量验收规范》(GB50210—2001)、《建筑给排水及采暖工程施工质量验收规范》(GB50242—2002)等。对于其他行业，如水利、电力、交通等工程项目的质量验收，也有与之类似的相应的质量验收标准。

(2)有关工程材料、半成品和构配件质量控制方面的专门技术法规性依据：

① 有关材料及其制品质量的技术标准。诸如水泥、木材及其制品、钢材、砖瓦、砌块、石材、石灰、砂、玻璃、陶瓷及其制品；涂料、保温及吸声材料、防水材料、塑料制品；建筑五金、电缆电线、绝缘材料以及其他材料或制品的质量标准。

② 有关材料或半成品等的取样、试验等方面的技术标准或规程。例如，木材的物理力学试验方法总则、钢材的机械及工艺试验取样法、水泥安定性检验方法等。

③ 有关材料验收、包装、标志方面的技术标准和规定。例如，水泥的验收、包装、标志及质量证明书的一般规定；钢管的验收、包装、标志及质量证明书的一般规定等。

(3)控制施工作业活动质量的技术规程。为了保证施工工序的质量，在操作过程中应遵照执行的技术规程，例如电焊操作规程、砌砖操作规程、混凝土施工操作规程等。

(4)凡采用新材料、新工艺、新技术工程，应事先进行试验，并应有权威性技术部门的技术鉴定书及有关的质量数据、指标，以此作为判断与控制质量的依据。

【实践练习】 根据情境资料试分析该工程的监理工作需要哪些依据。

1.2.2 施工阶段质量控制的方法与手段

1. 审核有关的技术文件、报告和报表

这是对工程质量进行全面监督、检查与控制的重要手段。审核的具体内容包括以下几个方面：

(1)审查进入施工现场的分包单位的资质证明文件,控制分包单位的质量；

(2)审批施工承包单位开工申请书,检查、核实与控制其施工准备工作质量；

(3)审批施工承包单位提交的施工方案、质量计划、施工组织设计或施工计划,控制工程施工质量有可靠的技术措施保障；

(4)审批施工承包单位提交的有关材料、半成品和构配件质量证明文件(出厂合格证、质量检验或试验报告等),确保工程质量有可靠的物质基础；

(5)审核承包单位提交的反映工序施工质量的动态统计资料或管理图表；

(6)审核承包单位提交的有关工序产品质量的证明文件(检验记录及试验报告)、工序交接检查(自检)、隐蔽工程检查、分部分项工程质量检查报告等文件、资料,以确保和控制施工过程中的质量；

(7)审批有关工程变更、图纸修改和技术核定书等,确保设计及施工图纸的质量；

(8)审核有关应用新技术、新工艺、新材料、新结构等技术鉴定书,审批其应用申请报告,确保新技术应用的质量；

(9)审批有关工程质量事故或质量问题的处理报告,确保质量事故或质量问题处理的质量；

(10)审核与签署现场有关的质量技术签证、文件等；

(11)检查施工承包单位的技术交底、施工日志等记录资料和文件,督促施工单位落实施工要求。

2. 指令文件与一般管理文书

指令文件是监理工程师运用指令控制权的具体形式。所谓指令文件是监理工程师对承包单位发出指示或命令的书面文件,属于要求承包单位强制性执行的文件。一般情况下是监理工程师从全局和总体目标出发,在对某项施工作业或管理问题,经过充分调研、沟通和决策之后,要求承包人必须严格按照监理工程师的意图和主张实施的工作。对此承包人负有全面正确执行指令的责任,监理工程师负有监督指令实施的责任。因此,它是一种非常慎重而严肃的管理手段。监理工程师的各项指令都应是书面的或有文件记载方为有效,并作为技术文件存档。如因时间紧迫,不能及时做出正式的书面指令的,也可以用口头指令的方式下达给承包单位,但应按合同规定,及时补充书面文件对口头指令予以书面确认。指令文件一般以“监理通知”的方式下达。监理指令也包括开工指令、工程暂停指令及工程复工指令等。

一般管理文书,如监理工程师函、备忘录、会议纪要、发布有关信息、通报等,主要是对承包商工作状态和行为提出建议、希望和劝阻等,不属于强制性执行要求,只供承包人自主决策参考。

3. 现场监督与检查

(1)现场监督检查的内容：

① 开工前的检查。主要是检查开工前准备工作的质量,检查其能否保证正常施工及工

程施工质量。也包括停工后复工前的检查,因处理质量问题或某种原因停工后需复工时,亦应经检查认可,签署意见后方能复工。

② 工序施工中的跟踪监督、检查与控制。主要是监督、检查在工序施工过程中,人员、施工机械设备、材料、施工方法及工艺或操作以及施工环境条件等是否均处于良好状态,是否符合保证工程质量的要求,若发现问题及时纠偏和加以控制。对于重要的或对工程质量有影响的工序和工程部位,还应在现场进行施工过程的旁站监督与控制,确保使用材料及工艺过程质量。

③ 隐蔽工程检查。凡是隐蔽工程均应检查认可、签署意见后方能掩盖。

④ 成品保护检查。应检查成品有无保护措施,或保护措施是否可靠。

(2)现场监督检查的方式:

① 现场巡视。现场巡视是监理人员最常用的手段之一,通过巡视,一方面掌握正在施工的工程质量情况,另一方面掌握承包单位的管理体系是否运转正常。具体方法是通过目视或常用工具检查施工质量,例如,用百格网检查砌砖的砂浆饱满度、用塌落筒检测混凝土的坍落度、用尺子检测桩机的钻头直径以保证基桩直径等。在施工过程中发现偏差,及时纠正,并指令施工单位处理。

② 旁站监理。旁站监理也是现场监理人员经常采用的一种检查形式。建设部于2002年7月17日发布《房屋建筑工程施工旁站监理管理办法(试行)》规定了房屋建筑工程施工旁站监理(以下简称旁站监理),是指监理人员在房屋建筑工程施工阶段监理中,对关键部位、关键工序的施工质量实施全过程现场跟班的监督活动。对房屋建筑工程的关键部位、关键工序,如在基础工程方面包括:土方回填,混凝土灌注桩浇筑,地下连续墙、土钉墙、后浇带及其他结构混凝土、防水混凝土浇筑,卷材防水层细部构造处理,钢结构安装;在主体结构工程方面包括:梁柱节点钢筋隐蔽过程,混凝土浇筑,预应力张拉,装配式结构安装,钢结构安装,网架结构安装,索膜安装等。

旁站监理程序实施:

Ⅰ. 监理企业制定旁站监理方案,明确旁站监理的范围、内容、程序和旁站监理人员职责,并编入监理规划中;

Ⅱ. 施工企业根据监理企业制定的旁站监理方案,在需要实施旁站监理的关键部位、关键工序进行施工前24小时书面通知监理企业派驻工地现场的项目监理机构;

Ⅲ. 项目监理机构安排旁站监理人员按照旁站监理方案实施旁站监理;

旁站监理人员的工作内容和职责是:

Ⅰ. 检查施工企业现场质检人员到岗、特殊工种人员持证上岗以及施工机械、建筑材料准备情况;

Ⅱ. 在现场跟班监督关键部位、关键工序的施工执行方案以及工程建设强制性标准情况;

Ⅲ. 核查进场建筑材料、建筑构配件、设备和商品混凝土的质量检验报告等,并可在现场监督施工企业进行检验或者委托具有资格的第三方进行复验;

Ⅳ. 做好旁站监理记录和监理日记,保存旁站监理原始资料。

监理企业在编制监理规划时,应当制定旁站监理方案,明确旁站监理的范围、内容、程序和旁站监理人员职责等。旁站监理方案应当送建设单位和施工单位各一份,并抄送工程所在地的建设行政主管部门或其委托的工程质量监督机构。如果旁站监理人员或施工企业现场质检人员未在旁站监理记录上签字，则施工企业不能进行下一道工序，监理工程师或总监理工程师也不得在相应文件上签字。旁站监理人员在旁站监理时，如果发现施工企业有违反工程建设强制性标准行为的，有权制止并责令施工企业立即整改；如果发现施工企业的施工活动已经或者可能危及工程质量的，应当及时向监理工程师或总监理工程师报告，由总监理工程师下达局部暂停施工指令或者采取其他应急措施，制止危害工程质量的行为。

③ 平行检验。平行检验是指项目监理机构利用一定的检查或检测手段，在承包单位自检的基础上，按照一定的比例独立进行检查或检测的活动。

它是监理工程师质量控制的一种重要手段，在技术复核及复验工作中采用，是监理工程师对施工质量进行验收，做出自己独立判断的重要依据之一。

(3)现场质量检查的手段：

① 目测法。凭借感官进行检查，一般采用看、摸、敲、照等手法对检查对象进行检查。

"看"就是根据质量标准要求进行外观检查，例如钢筋有无锈蚀，批号是否正确；水泥的出厂日期、批号、品种是否正确；构配件有无裂缝；清水墙表面是否洁净，油漆或涂料的颜色是否良好、均匀；工人的施工操作是否规范；混凝土振捣是否符合要求等。

"摸"就是通过触摸手感进行检查、鉴别，例如油漆的光滑度；浆活是否牢固、不掉粉；模板支设是否牢固；钢筋绑扎是否正确等。

"敲"就是运用敲击方法进行声感检查，例如，对墙面瓷砖、大理石镶贴、地砖铺砌等质量均可通过敲击检查，根据声音虚实、脆闷判断有无空鼓等质量问题。

"照"就是通过人工光源或反射光照射，仔细检查难以看清的部位，如构件的裂缝、孔隙等。

② 量测法。利用量测工具或计量仪表，通过实际量测结果与规定的质量标准或规范要求相对照，从而判断质量是否符合要求。量测的手法可归纳为：靠、吊、量、套。

"靠"是用直尺、塞尺检查诸如地面、墙面的平整度等。一般选用 2 m 靠尺，在缝隙较大处插入塞尺，测出误差的大小。

"吊"是指用铅线检查垂直度。如检测墙、柱的垂直度等。

"量"是指用测量工具或计量仪表等检测轴线尺寸、断面尺寸、标高、温度、湿度等数值并确定其偏差，例如大理石板的拼缝尺寸、混凝土坍落及检测等。

"套"是指以方尺套辅以塞尺，检查诸如踢脚线的垂直度，预制构件的方正，门窗口及构件的对角线等。

③ 试验法。通过现场取样，送试验室进行试验，取得有关数据，分析判断质量是否合格。

Ⅰ. 力学性能试验，如测定抗拉强度、抗压强度、抗弯强度、抗折强度、冲击韧性、硬度、承载力等；

Ⅱ. 物理性能试验，如测定体积质量、密度、含水量、凝结时间、安定性、抗渗性、耐磨性、耐热性、隔音等；

Ⅲ. 化学性能试验，如材料的化学成分（钢筋的磷、硫含量等）、耐酸性、耐碱性、抗腐蚀等；

Ⅳ. 无损测试，如超声波探伤检测、磁粉探伤检测、X 射线探伤检测、Y 射线探伤检测、渗透液探伤检测、低应变检测桩身完整性等。

4. 规定质量监控工作程序

规定双方必须遵守的质量监控工作程序，按规定的程序工作，这也是进行质量控制的必要手段。例如，未提交开工申请单、没得到监理工程师的审查与批准不得开工；未经监理工程师签署质量验收单并予以质量确认，不得进行下道工序；工程材料未经监理工程师批准不得在工程上使用等。

此外，还应具体规定设备、半成品、构配件材料进场检验工作程序，隐蔽工程验收、工序交接验收工作程序，检验批、分项、分部工程质量验收工作程序等。通过程序化管理，使监理工程师的质量控制工作得到进一步落实，做到科学、规范的管理与控制。

5. 利用支付手段

这是国际上通用的一种重要控制手段，也是建设单位或合同中赋予监理工程师的支付控制权。从根本上讲，国际上对合同条件的管理主要是采用经济手段和法律手段。因此，质量管理是以计量支付控制权为保障手段的。所谓支付控制权就是对施工承包单位支付任何工程款项，均需由总监理工程师审核签认支付证明书，没有总监理工程师签署的支付证书，建设单位不得向承包单位支付工程款。支付工程款的条件之一就是工程质量要达到规定的要求和标准。监理工程师有权采取拒绝签署支付证书的手段，停止对承包单位支付部分或全部工程款，由此造成的损失由承包单位自己负责。显然，这是十分有效的控制和约束手段。

【实践练习】 分组讨论该工程的监理工作需要采用哪些方法？

1.2.3　施工阶段质量控制的工作程序

在施工阶段监理中，监理工程师的质量控制任务就是要对施工的全过程、全方位进行监督、检查与控制，不仅涉及最终产品的检查、验收，而且涉及施工过程的各环节及中间产品的监督、检查与验收。一般按以下程序进行：

1. 开工条件审查（事前控制）

单位工程（或重要的分部、分项工程）开工前，承包商必须做好施工准备工作，然后填报《工程开工/复工报审表》，如表1.2.2所示，并附上该项工程的开工报告、施工组织设计（施工方案），特别要注明进度计划、人员及机械设备配置、材料准备情况等，报送监理工程师审查。若审查合格，则由总监理工程师批复，准予施工。否则，承包单位应进一步做好施工准备，具备施工条件时，再次填报开工申请。

表1.2.2　工程开工/复工报审表

工程名称：　　　　　　　　　　　　　　　　　　　　　　编号：

致：　　　　　　　　　　　　（监理单位） 我方承担的__________工程，已完成了以下各项工作，具备了开工/复工条件。特此申请施工，请核查并签发开工/复工指令。 附：1. 开工报告； 2.（证明文件）。 承包单位（章）________ 项 目 经 理________ 日　　　期________

（续表）

审查意见：
项目监理机构＿＿＿＿ 总监理工程师＿＿＿＿ 日　　期＿＿＿＿

2. 施工过程中督促检查（事中控制）

在施工过程中监理工程师应督促承包单位加强内部质量管理，同时监理人员进行现场巡视、旁站、实验室试验等工作，涉及结构安全的试块、试件以及有关材料，应按规定进行见证取样检测；对涉及结构安全和使用功能的重要分部工程，应进行抽样检测。承担见证取样及有关结构安全检测的单位应具有相应资质。每道工序完成后，承包单位应进行自检，填写相应质量验收记录表，自检合格后，填报《＿＿＿＿报验申请表》，如表 1.2.3 所示，交监理工程师检验。

表 1.2.3　＿＿＿＿报验申请表

工程名称：　　　　　　　　　　　　　　　　　　　　　　编号：

致：　　　　　（监理单位）
我单位已完成了＿＿＿＿工作，现报上该工程报验申请表，请予以审查和验收。 附件： 承包单位（章）＿＿＿＿ 项 目 经 理＿＿＿＿ 日　　期＿＿＿＿
审查意见： 项 目 监 理 机 构＿＿＿＿ 总/专业监理工程师＿＿＿＿ 日　　期＿＿＿＿

3. 质量验收（事后控制）

当一个检验批、分项、分部工程完成后，承包单位首先对检验批、分项、分部工程进行自检，填写相应质量验收记录表，确认工程质量符合要求，然后向监理工程师提交《＿＿＿报验申请表》，附上自检的相关资料。监理工程师收到检查申请后应在合同规定的时间内到现场检验，并组织施工单位项目专业质量（技术）负责人等进行验收，现场检查及对相关资料审核，验收合格后由监理工程师予以确认，并签署质量验收证明。反之，则指令承包单位进行整改或返工处理。一定要坚持上道工序被确认质量合格后，方能准许下道工序施工的原则，按上述程序完成逐道工序。

通过返修或加固处理仍不能满足安全使用要求的分部工程、单位工程严禁验收。

【实践练习】　分组扮演施工单位和监理单位根据情境资料填写工程开工/复工报审表和报验资料表。

1.2.4　砖混结构质量控制要点

1.2.4.1　作业技术准备状态的控制(质量预控)

所谓作业技术准备状态，是指各项施工准备工作在正式开展作业技术活动前，是否按预先计划的安排落实到位的状况，包括配置的人员、材料、机具、场所环境、通风、照明、安全设施等、做好作业技术准备状态的检查，有利于实际施工条件的落实，避免计划与实际两张皮，承诺与行动相脱离，在准备工作不到位的情况下贸然施工。

作业技术准备状态的控制，应着重抓好以下环节的工作：

1. 质量控制点的设置

(1)质量控制点的概念。质量控制点是指为了保证施工质量而确定的重点控制对象，包括重要工序、关键部位和薄弱环节。就是质量控制人员在分析项目的特点之后，把影响工序施工质量的主要因素、对工程质量危害大的环节等事先列出来，分析影响质量的原因，并提出相应的措施，以便进行预控的关键点。

在国际上质量控制点又根据其重要程度分为见证点(Witness Point)、停止点(Hold Point)和旁站点(Stand Point)。

见证点(或截留点)监督也称为W点监督。凡是列为见证点的质量控制对象，在规定的关键工序(控制点)施工前，施工单位应提前通知监理人员在约定的时间内到现场进行见证和对其施工实施监督。如果监理人员未能在约定的时间内到现场见证和监督，则施工单位有权进行该W点的相应的工序操作和施工。工程施工过程中的见证取样和重要的试验等应作为见证点来处理。监理工程师收到通知后，应按规定的时间到现场见证。对该质量控制点的实施过程进行认真的监督、检查，并在见证表上详细记录该项工作所在的建筑物部位、工作内容、数量、质量等后签字，作为凭证。如果监理人员在规定的时间未能到场见证，施工单位可以认为已获监理工程师认可，有权进行该项施工。

停止点也称为“待检点”或H点监督，其重要性高于见证点。它是指那些施工过程或工序施工质量不易或不能通过其后的检验和试验而得到充分验证的“特殊工序”。凡列为停止点的控制对象，要求必须在规定的控制点到来之前通知监理人员对控制点实施监控，如果监理人员未在约定的时间到现场监督、检查，施工单位应停止进入该H点相应的工序，并按合同规定等待监理人员，未经认可不能越过该点继续活动。所有的隐蔽工程验收点都是停止点。另外，某些重要的工序如预应钢筋混凝土结构或构件的预应力张拉工序，某些重要的钢筋混凝土结构在钢筋架立后、混凝土浇筑之前，重要建筑物或结构物的定位放线后，重要的重型设备基础预埋螺栓的定位等均可设置停止点。

旁站点(或S点)，是指监理人员在房屋建筑工程施工阶段监理中，对关键部位、关键工序的施工质量实施全过程现场跟班的监督活动，如混凝土浇筑、回填土等工序。

(2)控制点选择的一般原则。可作为质量控制点的对象涉及面广，它可能是技术要求高、施工难度大的结构部位，也可能是影响质量的关键工序、操作或某一环节，也可以是施工质量难以保证的薄弱环节，还可能是新技术、新工艺、新材料的部位。具体包括以下内容：

① 施工过程中的关键工序或环节以及隐蔽工程，如预应力张拉工序、钢筋混凝土结构中的钢筋绑扎工序；

② 施工中的薄弱环节或质量不稳定的工序、部位或对象，例如地下防水工程、屋面与卫

生间防水工程；

③ 对后续工程施工或安全施工有重大影响的工序，例如配料质量、模板的支撑与固定等；

④ 采用新技术、新工艺、新材料的部位或环节；

⑤ 施工条件困难或技术难度大的工序，例如复杂曲线模板的放样等。

(3)常见控制点设置：

① 质量的控制点设置位置。一般工程的质量控制点设置位置，如表 1.2.4 所示。

表 1.2.4　质量控制点的设置位置

分项工程	质量控制点
测量定位	标准轴线桩、水平桩、龙门板、定位轴线
地基、基础	基坑(槽)尺寸、标高、土质、地基承载力、基础垫层标高、基础位置、尺寸、标高、预留洞孔、预埋件的位置、规格、数量、基础墙皮数杆及标高、杯底弹线
砌体	砌体轴线、皮数杆、砂浆配合比、预留洞孔、预埋件的位置和数量、砌块排列
模板	位置、尺寸、标高、预埋件的位置、预留洞孔尺寸和位置、模板强度及稳定性、模板内部清理及润湿情况
钢筋混凝土	水泥品种、强度等级，砂石质量，混凝土配合比，外加剂比例，混凝土振捣，钢筋品种、规格、尺寸、接头，预留洞(孔)及预埋件规格数量和尺寸等，预制构件的吊装等
吊装	吊装设备、吊具、索具、地锚
钢结构	翻样图、放大样、胎模与胎架、连接形式的要点(焊接及残余变形)
装修	材料品质、色彩、各工艺

② 隐蔽工程。一般工程隐蔽验收，如表 1.2.5 所示。

表 1.2.5　隐蔽工程验收项目表

项目	检查内容
土方	基坑(槽或管沟)开挖竣工图，排水盲沟设置情况，填方土料，冻土块含量及填土压实试验记录
地基与基础工程	基坑(槽)底土质情况，基底标高及宽度，对不良基土采取的处理情况，地基夯实施工记录，桩施工记录及桩位竣工图
砖体工程	基础砌体，沉降缝，伸缩缝和防震缝，砌体中配筋
钢筋混凝土工程	钢筋的品种、规格、形状尺寸、数量及位置、钢筋接头情况，钢筋除锈情况，预埋件数量及其位置，材料代用情况
屋面工程	保温隔热层、找平层、防水层的施工记录
地下防水工程	卷材防水层及沥青胶结材料防水层的基层，防水层被土、水、砌体等掩盖的部位，管道设备穿过防水层的封固处
地面工程	地面下的基土，各种防护层以及经过防腐处理的结构或连接件
装饰工程	各类装饰工程的基层情况

（续表）

项目	检查内容
管道工程	各种给排水暖卫暗管道的位置、标高、坡度、试压通水试验、焊接、防腐、防锈保温及预埋件等情况
电气工程	各种暗配电气线路的位置、规格、标高、弯度、防腐、接头等情况，电缆耐压绝缘试验记录，避雷针的接地电阻试验
其他	完工后无法进行检查的工程，重要结构部位和有特殊要求的隐蔽工程

(4)质量控制点的设置。设置质量控制点是保证达到施工质量要求的必要前提。在工程开工前，监理工程师就明确提出要求，要求承包单位在工程施工前根据施工过程质量控制的要求，列出质量控制点明细表，表中详细地列出各质量控制点的名称或控制内容、检验标准及方法等，提交监理工程师审查批准后，在此基础上实施质量预控。监理工程师在拟定质量控制工作计划时，应予以详细地考虑，并以制度来保证落实。

质量控制点表格式，如表1.2.6所示。在工程开工前，由专业监理工程师组织承包单位编制，并由总监理工程师批准后执行。

表1.2.6　××工程质量控制点

工程编号				工程名称	质量控制点			质量验收标准及方法
分部	子分部	分项	检验批		W点	H点	S点	

(5)作为质量控制点重点控制的对象。影响工程施工质量的因素有许多种，对质量控制点的控制重点有以下几方面。

① 人的行为。人是影响施工质量的第一因素，如对高空、水下、危险作业等，对人的身体素质或心理应有相应的要求。对技术难度大或精度要求高的作业，如复杂模板放样、精密的设备安装，应对人的技术水平有相应的要求。

② 物的状态。组成工程的材料性能、施工机械或测量仪器是直接影响工程质量和安全的主要因素，应予以严格控制。

③ 关键操作。如预应力钢筋的张拉工艺操作过程及张拉力的控制，是可靠地建立预应力值和保证预应力构件质量的关键过程。

④ 技术参数。例如对回填地基土进行压实时，填料的含水量、虚铺厚度与碾压遍数等参数是保证填方质量的关键。

⑤ 施工顺序。对于某些工作，必须严格作业之间的顺序，例如，对于冷拉钢筋应当先对焊、后冷拉，否则会失去冷拉强度；对于屋架固定一般应采取对角同时施焊，以免焊接应力使已校正的屋架发生变形等。

⑥ 技术间歇。有些作业之间需要有必要的技术间歇时间,例如砖墙砌筑与抹灰工序之间,以及抹灰与粉刷或喷涂之间,均应保证有足够的间歇时间;混凝土浇筑后至拆模之间也应保持一定的间歇时间等。

⑦ 新工艺、新技术、新材料的应用。由于缺乏经验,施工时可作为重点进行严格控制。

⑧ 易发生质量通病的工序。例如防水层的铺设,管道接头的渗漏等。

⑨ 对工程质量影响重大的施工方法。如液压滑模施工中的支承杆失稳问题、升板法施工中提升差的控制等,一旦施工不当或控制不严,即可能引起重大质量事故,也应作为质量控制的重点。

⑩ 特殊地基或特种结构。如湿陷性黄土、膨胀土等特殊土地基的处理,大跨度和超高结构等难度大的施工环节和重要部位等都应给予特别重视。

总之,质量控制点的选择要准确、有效。为此,一方面需要有经验的工程技术人员来进行选择,另一方面也要集思广益,集中群体智慧由有关人员充分讨论,在此基础上进行选择。根据对需要的质量特性进行重点控制的要求,选择质量控制的重点部位、重点工序和重点的质量因素作为质量控制点,进行重点控制和预控,这是进行质量控制的有效方法。

(6)质量预控对策的检查。所谓质量预控对策的检查,就是针对所设置的质量控制点或分部、分项工程,事先分析施工中可能发生的质量问题和隐患,分析可能产生的原因,并提出相应的对策,采取有效的措施进行预先控制,以防在施工中发生质量问题。

质量预控及对策的表达方式主要有:文字表达,表格形式表达,解析图形式表达等。

2. 作业技术交底的控制

承包单位做好技术交底是取得好的施工质量的条件之一,为此,每一分项工程开始实施前均要进行交底。作业技术交底是对施工组织设计或施工方案的具体化,是更细致、更明确、更具体的技术实施方案,是工序施工或分项施工或分项工程施工的具体指导文件。为做好技术交底,项目经理部必须由主管技术人员编制技术交底书,并经项目总工程师批准。技术交底的内容包括施工方法、质量要求和验收标准,施工过程中需注意的问题,可能出现意外的措施及应急方案。技术交底要紧紧围绕和具体施工有关的操作者、机械设备、使用的材料、构配件、工艺、方法、施工环境、具体管理措施等方面进行,交底中要明确做什么、谁来做、如何做、作业标准和要求、什么时间完成等。

关键部位或技术难度大、施工复杂的检验批,分项工程施工前,承包单位的技术交底书(作业指导书)要报监理工程师。经监理工程师审查后,如技术交底书不能保证作业活动的质量要求,承包单位要进行修改补充。没有做好技术交底的工序或分项工程,不得进入正式作业活动。

3. 进场材料构配件的质量控制

(1)进场材料构配件质量控制的方法程序:

① 承包单位应按有关规定对主要原材料进行复试,填写《工程材料/构配件/设备报审表》(如表 1.2.7 所示)报项目监理部签认,同时应附数量清单、出厂质量证明文件和自荐结果作为附件,对新材料、新产品要核查鉴定证明和确认文件。经监理工程师审查并确认其质量合格后,方可进场。凡是没有产品出厂合格证明及检验不合格者,不得进场。如果监理工程师认为承包单位提交的有关产品合格证明的文件以及施工承包单位提交的检验与试验报告,仍不足以说明到场产品的质量符合要求时,监理工程师可以再组织复验或见证取样试

验,确认其质量合格后方允许进场。

表 1.2.7　工程材料/构配件/设备报审表

工程名称:　　　　　　　　　　　　　　　　　　　　　　　　　　　编号:

<table>
<tr><td>致:　　　　　　　　　　　　　　　　　(监理单位)
　　我方于　　　年　　　月　　　日进场的工程材料/构配件/设备数量如下(见附件)。现将质量证明文件及自检结果报上,拟用于下述部位:
____
____
　　请予以审核。
　　附:1. 数量清单
　　　　2. 质量证明文件
　　　　3. 自检结果
承包单位(章)________
项 目 经 理________
日　　　期________</td></tr>
<tr><td>审查意见:
　　经检查上述工程材料/构配件/设备,符合/不符合设计文件和规范的要求,准许/不准许进场,同意/不同意使用于拟定部位。
项 目 监 理 机 构________
总/专业监理工程师________
日　　　　　　期________</td></tr>
</table>

② 对进场材料应进行见证取样复试,必要时可会同建设单位到材料厂家进行实地考察。

③ 审查混凝土、砌筑砂浆《配合比申请单和配合比通知单》、签认《混凝土浇灌申请书》,对现场搅拌混凝土,应检查其设备(含计量设备)与现场管理;对商品混凝土生产厂家应考查其资质和生产能力。

④ 要求承包单位在订货前向监理工程师申报,建立合格供货商名录。对于重要的材料、半成品或构配件,还应提交样品,供试验或鉴定之用,经监理工程师审查同意后方可进行订货。进场后应提供构配件和设备厂家的资质证明及产品合格证明,进口材料和设备商检证明,并按规定进行复试。

⑤ 监理工程师应参与加工订货厂家的考察、评审,根据合同的约定参与订货合同的拟定和签约工作。

⑥ 进场后的构配件和设备承包单位应进行检验、测试、判断合格后,填写《工程材料/构配件/设备报审表》报项目监理部,监理工程师进行现场检验,签署审查结论。

⑦ 材料构配件存放条件的控制。质量合格的材料、构配件进场后,到其使用或安装时通常都要经过一定的时间间隔。在此时间内,如果对材料等的存放、保管不良,可能导致质量状况的恶化,如损伤、变质、损坏,甚至不能使用。因此,监理工程师对承包单位在材料、半

成品、构配件的存放、保管条件及时间也应实行监控。

⑧ 对于某些当地材料及现场配制的制品，一般要求承包单位事先进行试验，达到要求的标准方准施工。除应达到规定的力学强度等指标外，还应注意两方面的检查与控制。

Ⅰ. 材料的化学成分。例如，使用开采、加工的天然卵石或碎石作为混凝土粗骨料时，其内在的化学成分至关重要。如果其中含有无定形氧化硅时（如蛋白石、白云石、燧石等），而水泥中的含碱量也较高（<0.6 %）时，则混凝土中将发生化学反应生成碱-硅酸凝胶（碱-集料反应），并吸水膨胀，从而导致混凝土开裂。

Ⅱ. 充分考虑到施工现场加工条件与设计、试验条件不同而可能导致的材料或半成品质量差异。例如，某工程混凝土所用的砂是由当地的河砂，经过现场加工清洗后使用，按原设计的混凝土配合比进行混凝土试配，其单位体积质量指标值达不到设计要求的标准。究其原因，是由于现场清洗加工工艺条件，导致加工后的砂料组成发生了较大变化，其中细砂部分流失量较大，这与设计阶段进行室内配合比试验时所用的砂组分有较大的差异，因而导致混凝土密度指标值达不到原设计要求。这样，就需要先找出原因，设法妥善解决后（例如调整配合比、改进加工工艺），经监理工程师认可后才能允许进行施工。

(2) 建筑材料质量检验技术：

① 材料质量检验的目的。材料质量检验的目的是通过一系列的检测手段，将所取得的材料数据与材料的质量标准相比较，借以判断材料质量的可靠性，能否使用于工程中；同时，还有利于掌握材料信息。

② 材料质量的检验方法。材料质量的检验方法有书面检验、外观检验、理化检验和无损检验等四种。

Ⅰ. 书面检验是通过对提供的材料质量保证资料、试验报告等进行审核，取得认可方能使用；

Ⅱ. 外观检验是对材料从品种、规格、标志、外形尺寸等进行直观检查，看其有无质量问题；

Ⅲ. 理化检验是借助试验设备与仪器对材料样品的化学成分、机械性能等进行科学的鉴定；

Ⅳ. 无损检验是在不破坏材料样品的前提下，利用超声波、X 射线、表面探伤仪等进行检测。

③ 材料质量的检验程度。根据材料信息和保证资料的具体情况，其质量检验程度分免检、抽检和全检验三种。

免检就是免去质量检验过程，对有足够质量保证的一般材料，以及实践证明质量长期稳定、且质量保证资料齐全的材料，可予免检；

抽检就是按随机抽样的方法对材料进行抽样检验，当对材料的性能不清楚及对质量保证资料有怀疑及对成批生产的构配件，均应按一定比例进行抽样检验；

全检验，凡是进口的材料、设备和重要工程部位的材料，以及贵重的材料，应进行全部检验，以确保材料和工程质量。

④ 材料质量检验的项目。材料质量检验的项目分“一般试验项目”（为通常进行的试验项目）和“其他试验项目”（为根据需要进行的试验项目）。

⑤ 材料质量检验的取样。材料质量检验的取样必须有代表性，即所取样品质量应能代

表该批材料的质量。在采取试样时，必须按规定的部位、数量及操作要求进行。

(3)材料质量控制内容主要有材料的质量标准、材料性能、材料取样、试验方法、材料的适用范围和施工要求等。

4. 环境状态的控制

(1)施工作业环境的控制。所谓作业环境条件，主要是指水、电或动力供应、施工照明、安全防护设备、施工场地空间条件和通道以及交通运输和道路条件等。这些条件是否良好，直接影响到施工能否顺利进行以及施工质量。例如，施工照明不良，会给要求精密度高的施工操作造成困难，施工质量不易保证；交通运输道路不畅，干扰、延误多，可能造成运输时间延长，运送的混凝土中拌和料质量发生变化(如水灰比、坍落度变化)；路面条件差，可能加重所运混凝土拌和料的离析，水泥浆流失等等。此外，当同一个施工现场有多个承包单位或多个工种同时施工或平行立体交叉作业时，更应注意避免它们在空间上的相互干扰，影响效率及质量、安全。

所以，监理工程师应事先检查承包单位对施工作业环境条件方面的有关准备工作是否已做好安排和准备妥当；当确认其准备可靠、有效后，方准许施工。

(2)施工质量管理环境的控制。

施工质量管理环境主要是指施工承包单位的质量管理体系和质量控制自检系统是否处于良好的状态；系统的组织机构、管理制度、检测标准、人员配备等方面是否完善和明确，质量责任制是否落实，监理工程师做好承包单位施工质量管理环境的检查，并督促其落实，是保证作业效果的重要前提。

(3)现场自然环境条件的控制。监理工程师应检查施工承包单位，对于未来的施工期间，自然环境条件可能出现对施工作业质量的不利影响时，是否事先已有充分的认识，并准备和采取了有效措施与对策，以保证工程质量。例如，对严寒季节的防冻；夏季的防高温；高地下水位情况下基坑施工的排水或细砂地基防止流砂；施工场地的防洪与排水；风浪对水上打桩或沉箱施工质量影响的防范等。又如，对深基础施工中主体建筑物完成后是否可能出现不正常的沉降，影响建筑的综合质量；以及现场因素对工程施工质量与安全的影响(例如，邻近有易爆、有毒气体等危险源，或邻近高层、超高层建筑，深基础施工质量及安全保证难度大等)，有无应对方案及有针对性的保证质量与安全的措施等。

5. 进场施工机械设备性能及工作状态的控制

保证施工现场作业机械设备的技术性能及工作状态，对施工质量有重要的影响。因此，监理工程师要做好现场控制工作。不断检查并督促承包单位，只有状态良好，性能满足施工需要的机械设备才允许进入现场作业。

(1)施工机械设备的进场检查。机械设备进场前，承包单位应向项目监理机构报送进场设备清单，列出进场机械设备的型号、规格、数量、技术性能(技术参数)、设备状况、进场时间。

机械设备进场后，根据承包单位报送的清单，监理工程师进行现场核对，是否和施工组织设计中所列的内容相符。

(2)机械设备工作状态检查。监理工程师应审查作业机械的使用、保养记录、检查其工作状况；对于重要的工程机械，如大马力推土机、大型凿岩设备、路基碾压设备等，应在现场实际复验(如开动，行走等)，以保证投入作业的机械设备状态良好。

监理工程师还应经常了解施工作业中机械设备的工作状况，防止带病运行。发现问题，指令承包单位及时修理，以保持良好的作业状态。

(3)特殊设备安全运行审核。对于现场使用的塔吊及有特殊安全要求的设备，进入现场使用前，必须经当地劳动安全部门鉴定，符合要求并办好相关手续后方允许承包单位投入使用。

(4)大型临时设备检查。在跨越大江大河的桥梁施工中，经常会涉及承包单位在现场组装的大型临时设备，如轨道式龙门吊机、悬灌施工中的挂篮、架梁吊机、吊索塔架、缆索吊机等。这些设备使用前，承包单位必须取得本单位上级安全主管部门的审查批准，办好相关手续后，监理工程师方可批准投入使用。

6. 施工测量及计量器具性能、精度控制

(1)实验室。工程项目中，承包单位应建立实验室。如确因条件限制，不能建立实验室，则应委托具体相应资质的专门实验室作为实验室。

如是新建的实验室，应按国家有关规定，经计量主管部门认证，取得相应资质；如是本单位中心实验室的派出部分，则应有中心实验室的正式委托书。

(2)监理工程师对实验室的检查：

①工程作业开始前，承包单位应向项目监理机构报送实验室(或外委实验室)的资质证明文件，列出本实验室所开展的试验、检测项目、主要仪器、设备；法定计量部门对计量器具的标定证明文件；试验检测人员上岗资质证明；实验室管理制度等。

② 监理工程师的实地检查。监理工程师应检查资质证明文件、试验设备、检测仪器能否满足工程质量检查要求，是否处于良好的可用状态；精度是否符合需要；法定计量部门标定资料、合格证、鉴定表是否在标定的有效期内；实验室管理制度是否齐全和符合实际要求；试验、检测人员的上岗资质等。经检查，确认能满足工程质量检验要求，则予以批准，同意使用，否则，承包单位应进一步完善、补充，在未得到监理工程师同意之前，应使其处于良好的状态之中。

7. 施工现场劳动组织及作业人员上岗资格控制

(1)现场劳动组织控制。劳动组织涉及从事作业活动的操作者及管理者，以及相应的各种制度。

① 操作人员。从事作业活动的操作者数量必须满足作业活动的需要，相应工种配置能保证作业有序持续进行，不能因人员数量及工种配置不合理而造成停工。

② 管理人员到位。作业活动的直接负责人(包括技术负责人)、专职质检人员、安全员，与作业活动有关的测量人员、材料员、实验员必须在岗。

③ 相关制度要健全。如管理层及作业层各类人员的岗位职责；作业活动现场的安全、消防规定；作业活动中环保规定；实验室及现场试验检测的有关规定；紧急情况的应急处理规定等。同时要有相应措施及手段保证制度、规定的落实和执行。

(2)作业人员上岗资格。从事特殊作业的人员(如电焊工、电工、起重工、架子工、爆破工)，必须持证上岗，监理工程师要进行检查与核实。

1.2.4.2 作业技术活动运行过程控制

工程施工质量是在施工过程中形成的，而不是最后检验出来的；施工过程是由一系列相互联系与制约的作业活动构成，因此，保证作业活动的效果与质量是施工过程质量控制的基础。

在施工过程中,监理工程师要随时做好施工现场工程质量的检查、监督工作,并做好原始记录工作,签署有关原始凭证,如监理日记等资料的填写、记录与归档;及时恰当地采用一切监理手段,如监理指令的实施等,进行施工过程的质量控制工作。

1. 承包单位自检与专检工作的监控

(1)承包单位的自检系统。承包单位是施工质量的直接实施者和责任者,监理工程师的质量监督与控制就是使承包单位建立起完善的质量自检体系并运转有效。承包单位的自检体系表现在以下几点:

① 承包单位应有专职质检员进行专检;

② 承包单位对作业活动成果必须自检;

③ 不同工序交接、转换必须由相关人员交接检查。

为实现上述三点,承包单位必须有整套的制度及工作程序,具有相应的试验设备及检测仪器,配备数量满足需要的专职质检人员及试验检测人员。

(2)监理工程师的检查。监理工程师的质量检查与验收,是对承包单位作业活动质量的复核与确认。监理工程师的检查决不能代替承包单位的自检,而且监理工程师的检查必须是在承包单位自检并确认合格的基础上进行的。专职质检人员没检查或检查不合格不能报监理工程师,不符合上述规定,监理工程师一律拒绝进行检查。

2. 技术复核工作监控

凡涉及施工作业技术活动基准和依据的技术工作,都应该严格进行专人负责的复核性检查,以避免基准失误给整个工程质量带来难以补救的或全局性的危害。例如,工程的定位、轴线、标高、预留孔洞的位置和尺寸、预埋件、管线的坡度、混凝土配合比、变电、配电位置、高低压进出口方向、送电方向等。技术复核是承包单位应履行的技术工作责任,其复核结果应报送监理工程师复验确认后,才能进行后续项目的施工。监理工程师应把技术复核工作列入监理规划及质量控制计划中,并看做是一项经常性工作任务,贯穿于整个施工过程中。

常见的施工测量复核有如下4种:

(1)民用建筑的测量复核。建筑物定位测量、基础施工测量、墙体皮数杆检测、楼层轴线检测、楼梯间高层传递检测等。

(2)高层建筑测量复核。厂房控制网测量、桩基施工测量、柱模轴线与高程检测、厂房结构安装定位检测、动力设备基础与预埋螺栓检测。

(3)高层建筑测量复核。建筑场地控制测量、基础以上的平面与高层控制、建筑物中垂直度检测、建筑物施工过程中沉降变形观测等。

(4)管线工程测量复核。管网或输配电线路定位测量、地下管线施工检测、架空管线施工检测、多管线交汇点高程检测等。

3. 见证取样送检工作监控

见证是指由监理工程师现场监督承包单位某工序全过程完成情况的活动。见证取样则是指对工程项目使用的材料、半成品、构配件的现场取样,工序活动效果的检查实施见证。

为确保工程质量,建设部规定,在市政工程及房屋建筑工程项目中,对工程材料、承重结构的混凝土试块,承重墙体的砂浆试块、结构工程的受力钢筋(包括接头)实行见证取样。

(1)见证取样的工作程序：

① 工程项目施工开始前，项目监理机构要督促承包单位尽快落实见证取样的送检实验室。对于承包单位提出的实验室，监理工程师要进行实地考察，实验室一般是和承包单位没有行政隶属关系的第三方。实验室要具有相应的资质，经国家或地方计量、试验主管部门认证，试验项目满足工程需要，实验室出具的报告对外具有法定效果。

② 项目监理机构要将选定的实验室到负责本项目的质量监督机构备案并得到认可，同时要将项目监理机构中负责见证取样的监理工程师在该质量监督机构备案。

③ 承包单位在对进场材料、试块、试件、钢筋接头等实施见证取样前，要通知负责见证取样的监理工程师，在该监理工程师现场监督下，承包单位按相关规范的要求，完成材料、试块、试件等取样过程。

④ 完成取样后，承包单位将送检样品装入木箱，由监理工程师加封，不能装入箱中的试件，如钢筋样品、钢筋接头，则贴上专用加封标志，然后送往实验室。

(2)实施见证取样的要求：

① 实验室要具有相应的资质并进行备案、认可。

② 负责见证取样的监理工程师应具有材料、试验等方面的专业知识，且要取得从事监理工作的上岗资格(一般由专业监理工程师负责从事此项工作)。

③ 承包单位从事取样的人员一般应是实验室人员，或专职质检人员担任。

④ 送往实验室的样品，要填写《送验单》，《送验单》要盖有“见证取样”专用章，并有见证取样监理工程师的签字。

⑤ 实验室出具的报告一式两份，分别由承包单位和项目监理机构保存，并作为归档材料，是工序产品质量评定的重要依据。

⑥ 对于见证取样的频率，国家或地方主管部门有规定的，应执行相关规定；施工承包合同中如有明确规定的，执行施工承包合同的规定。见证取样的频率和数量，包括在承包单位自检范围内，一般所占比例为30％。

⑦ 见证取样的试验费用由承包单位支付。

⑧ 实行见证取样，绝不代替承包单位对材料、构配件进场时必须进行的自检。自检频率和数量要按相关规范要求执行。

4. 工程变更监控

施工过程中，由于勘察设计的原因，或外界自然条件的变化，或施工工艺方面的限制，或建设单位要求的改变，都会引起工程变更。做好工程变更的控制工作，也是作业过程质量控制的一项重要内容。

工程变更要求可能来自建设单位、设计单位或者施工单位，为确保工程质量，不同情况下，工程变更的实施、设计图纸的澄清、修改，具有不同的工作程序。

(1)施工承包单位的要求及处理。在施工过程中，承包单位提出的工程变更要求可能是作某些技术修改及设计变更。

① 对技术修改要求的处理。所谓技术修改，这里是指承包单位根据施工现场具体条件和自身的技术、经验和施工设备等条件，在不改变原设计图纸和技术文件的原则前提下，提出对设计图纸和技术文件的某些技术上的修改要求，例如，对某些规格的钢筋采用替代规格的钢筋，对基坑开挖边坡的修改等。

承包单位提出技术修改要求时，应向项目监理机构提交《工程变更单》，如表 1.2.8 所示，在该表中应说明要求修改的内容及原因或理由，并附图和有关文件。

技术修改问题一般可以由专业监理工程师组织承包单位和现场设计代表参加，经各方同意后签字并形成纪要，作为工程变更单附件，经总监批准后实施。

表 1.2.8　工程变更单

工程名称：　　　　　　　　　　　　　　　　　　　　　　　　　　　编号：

<table>
<tr><td colspan="4">致：　　　　　　　　　　　　　　　　（监理单位）
由于＿＿＿＿＿＿原因，兹提出工程变更（内容见附件），
请予以审批。
附件：

提出单位＿＿＿＿＿＿
代 表 人＿＿＿＿＿＿
日　　期＿＿＿＿＿＿</td></tr>
<tr><td colspan="4">一致意见：</td></tr>
<tr><td>建设单位代表
签字：
日期＿＿＿＿</td><td>承包单位代表
签字：
日期＿＿＿＿</td><td>项目监理机构
签字：
日期＿＿＿＿</td><td>设计单位代表
签字：
日期</td></tr>
</table>

② 工程变更的要求。这种变更是指施工期间，对于设计单位在设计图纸和设计文件中所表达的设计标准状态的改变和修改。

首先，承包单位应对要求变更的问题填写《工程变更单》，送交项目监理机构。总监理工程师根据承包单位的申请，经与设计、建设、承包单位研究并作出变更的决定后，签发《工程变更单》，并附有设计单位提出的变更设计图纸，承包单位签收后按变更后的图纸施工。

总监理工程师在签发《工程变更单》之前，应根据工程变更引起的工期改变及费用的增减分别与建设单位和承包单位进行协商，力求达成双方均满意的结果。

这种变更，一般均会涉及设计单位重新出图的问题。如果变更涉及结构主体及安全，该工程变更还要按有关规定报送施工图原审查单位进行审批，否则变更不能实施。

(2)设计单位提出变更的处理：

① 设计单位首先将《设计变更通知》及有关附件报送建设单位。

② 建设单位会同监理、施工承包单位对设计单位提交的《设计变更通知》进行研究，必要时设计单位尚需进一步提供资料，以便对变更做出决定。

③ 总监理工程师签发《工程变更单》，并将设计单位发出的《设计变更通知》作为该《工程变更单》的附件，施工承包单位按新的变更图实施。

(3)建设单位(监理工程师)要求变更的处理：

① 建设单位(监理工程师)将变更的要求通知设计单位,如果在要求中包括有相应的方案或建议,则应一并报送设计单位,否则变更要求由设计单位研究解决。在提供审查的变更要求中,应列出所有受该变更影响的图纸、文件清单。

② 设计单位对《工程变更单》进行研究。如果在“变更要求”中附有建议或解决方案时,设计单位应对建议或解决方案的所有技术方面进行审查,并确定它们是否符合设计要求和实际情况,然后书面通知建设单位,说明设计单位对该解决方案的意见,并将与该修改变更有关的图纸、文件清单返回给建设单位,说明自己的意见。

如果该《工程变更单》未附有建议的解决方案,则设计单位应对该要求进行详细的研究,并准备出自己对该变更的建议方案,提交建设单位。

③ 根据建设单位的授权监理工程师研究设计单位所提交的建议设计变更方案或其对变更要求所附方案的意见,必要时会同有关的承包单位和设计单位一起进行研究,也可进一步提供材料,以便对变更做出决定。

④ 建设单位做出变更的决定后,由总监理工程师签发《工程变更单》,指示承包单位按变更的决定组织施工。

应当指出的是,监理工程师对于无论哪一方提出的现场工程变更要求,都应持十分谨慎的态度,除非是原设计不能保证质量要求,或确有错误,以及无法施工或非改不可之外。一般情况下,即使变更要求可能在技术经济上是合理的,也应全面考虑,将变更以后所产生的效益(质量、工期、造价)与现场变更往往会引起承包单位的索赔等所产生的损失加以比较,权衡轻重后再做出决定,况且这种变更往往并不一定能达到预期的愿望和效果。

需注意的是在工程施工过程中,无论是建设单位或者施工及设计单位提出的工程变更或图纸修改,都应通过监理工程师审查并经有关方面研究,确认其必要性后,由总监理工程师发布变更指令方能生效予以实施。

5. 见证点的实施控制

“见证点”(Witness Point)是国际上对于重要程度不同及监督控制要求不同的质量控制点的一种区分方式。实际上它是质量控制点,只是由于它的重要性或其质量后果影响程度不同于一般质量控制点,所以在实施监督控制时的运作程序和监督要求与一般质量控制点有区别。

见证点的建立实施程序为:

(1)承包单位应在某见证点施工之前一定时间,例如 24 小时前,书面通知监理工程师,说明该见证点准备施工的日期与时间,请监理工程师届时到达现场进行见证和监督。

(2)监理工程师收到通知后,应注明收到该通知的日期并签字。

(3)监理工程师应按规定的时间到现场见证,对该见证点的实施过程进行认真的监督、检查,并在见证表上详细记录该项工作所在的建筑物部位、工作内容、数量、质量及工时等后签字,作为凭证。

(4)如果监理人员在规定的时间不能到场见证,承包单位可以认为已获监理工程师默认,可有权进行该项施工。

(5)如果在此之前监理人员已到过现场检查,并将有关意见写在“施工记录”上,则承包单位应在该意见旁写明承包单位根据该意见已采取的改进措施,或者写明承包单位的某些具体意见。

在实际工程中实施质量控制,通常是由施工承包单位在分项工程施工前制定施工计划时,就已选定设置质量控制点,并在相应的质量计划中进一步明确哪些是见证点,应将该施工计划及质量计划提交监理工程师审批。如监理工程师对上述计划及见证点的设置有不同的意见,应书面通知承包单位,要求予以修改,修改后再上报监理工程师审批后执行。

6. 级配管理质量监控

建设工程中,均会涉及材料的级配、不同材料的混合拌制。如混凝土工程中,砂、石、骨料的组分级配,混凝土拌制的配合比;交通工程中路基填料的级配、配合及拌制;路面工程中沥青摊铺料的级配配比等。不同原材料的级配、配合比及拌制后的产品对最终工程质量有重要的影响,因此,监理工程师要做好相关的质量控制工作。

(1)拌和原材料的质量控制。使用的原材料除材料本身质量要符合规定要求外,材料本身的级配也必须符合相关规定,如粗骨料的粒径级配、细集料的级配曲线要在规定的范围内。

(2)材料配合比的审查。根据设计要求,承包单位首先进行理论配合比设计,进行试配试验后,确认 2～3 个能满足要求的理论配合比提交监理工程师审查,报送的理论配合比必须附有原材料的质量证明资料(现场复验及见证取样试验报告)、现场试块抗压强度报告及其他必需的资料。

监理工程师经审查后确认其符合设计及相关规范的要求后,予以批准。以混凝土配合比审查为例,应重点审查水泥品种、水泥最大用量、粉煤灰掺入量、水灰比、坍落度、配制强度、使用的外加剂、砂的细度模数、粗骨料的最大粒径限制等。

(3)现场作业的质量控制:

① 拌和设备状态及相关拌和料计量装置,称重衡器的检查。

② 投入使用的原材料(如水泥、砂、外加剂、水、粉煤灰、粗骨料)的现场检查,是否与批准的配合比一致。

③ 现场作业实际配合比是否符合理论配合比,作业条件发生是否及时进行了调整。例如,在混凝土工程中,雨后开盘生产混凝土,砂的含水率发生了变化,对水灰比是否及时进行了调整等。

④ 对现场所做的调整应按技术复核的要求和程序执行。

7. 计量工作质量监控

计量是施工作业过程的基础工作之一,计量作业效果对施工质量有很大影响。监理工程师对计量工作的质量监控包括以下内容:

(1)施工过程中使用的计量仪器、检测设备、称重衡器的质量控制。

(2)从事计量作业人员技术水平资格的审核,尤其是现场从事施工测量的测量工,从事试验、检测的试验工。

(3)现场计量操作的质量控制。作业者的实际作业质量直接影响到作业效果,计量作业现场的质量控制主要是检查其操作方法是否得当。如:对仪器的使用、数据的判读、数据处理和整理方法及对原始数据的检查。如:检查测量外业记录手簿,检查试验的原始数据,检查现场检测的原始数据等。在抽样检测中,现场检测取点、检测仪器的布置是否正确、合理,检测部位是否有代表性,能否反映真实的质量状况,也是审核的内容,如路基压实度检查中,如果检查点只在路基中部选取,就不能如实反映实际情况,而必须在路肩、路基中部均有检测点。

8. 质量记录资料的监控

质量记录资料室施工承包单位进行工程施工或安装期间，实施质量控制活动的记录，还包括监理工程师对这些质量控制活动的全过程。因此，它不仅在工程施工期间对工程质量的控制有重要作用，而且在工程竣工和投入运行后，对于查询和了解工程建设的质量情况以及工程维修和管理也能提供大量有用的资料和信息。

(1)施工现场质量管理检查记录资料。主要包括承包单位现场质量管理制度、质量责任制；主要专业工种操作上岗证书；分包单位资质及总包单位对分包单位的管理制度；施工图审查核对资料(记录)、地质勘察资料；施工组织设计、施工方案及审批记录；施工技术标准；工程质量检验制度；混凝土搅拌站(级配填料拌和站)及计量设置；现场材料、设备存放与管理等。

(2)工程材料质量记录资料。主要包括进场工程材料、半成品、构配件、设备的质量证明资料；各种试验检验报告(如力学性能试验、化学成分试验、材料级配试验等)；各种合格证；设备进场维修记录或设备进场运行检验记录。

(3)施工过程作业活动质量记录资料。施工或安装过程可按分项、分部、单位工程建立相应的质量记录资料，在相应质量记录资料中应包含有关图纸的图号、设计要求；质量自检资料；监理工程师的验收资料；各工序作业的原始施工记录；检测及试验报告；材料、设备质量资料的编号、存放档案卷号。此外，质量记录资料还应包括不合格项的报告、通知以及处理、检查验收资料等。

质量记录资料应在工程施工或安装开始前，由监理工程师和承包单位一起，根据建设单位的要求及工程竣工验收资料组卷归档的有关规定，研究列出各施工对象的质量资料清单。随着工程施工的进展，承包单位应不断补充和填写关于材料、构配件及施工作业活动的有关内容，记录新的情况。当每个阶段(如检验批，一个分项或分部工程)施工或安装工作完成后，相应的质量记录资料也应随之完成，并整理组卷。

施工质量记录资料应真实、齐全、完整，相关各方人员的签字齐备、字迹清楚、结论明确，与施工过程的进展同步。在对作业活动效果的验收中，如缺少资料和资料不全，监理工程师应拒绝验收。

9. 工地例会的管理

工地例会是施工过程中参建各方沟通情况、解决分歧、达成共识、做出决定的主要方式。通过工地例会，监理工程师检查分析施工过程的质量状况，指出存在的问题，承包单位提出整改的措施，并做出相应的保证。例会应由总监理工程师主持，会议纪要应由项目监理机构负责起草并经与会各方代表会签。工地例会应包括以下主要内容：

(1)检查上次例会议定事项的落实情况，分析未落实事项的原因；

(2)检查分析工程基础上进度计划的完成情况，提出下一阶段的任务；

(3)检查分析工程项目质量的状况，针对存在的质量问题提出改进措施；

(4)检查工程量核定及工程款支付情况；

(5)解决需要协调的有关事项；

(6)必要时总监理工程师或专业监理工程师应及时组织专题会议，解决施工过程中的问题和各种专项问题。

10. 停、复工令的实施

(1)工程暂停指令的下达。为了确保施工作业质量,根据委托监理合同中建设单位对监理工程师的授权,出现下列情况需要停工处理时,应下达停工指令。

① 施工作业活动存在重大隐患,可能造成质量事故或已经造成质量事故。

② 承包单位未经允许可擅自施工或拒绝项目监理机构管理。

③ 在出现下列情况下,总监理工程师有权行使质量控制权,下达停工令,及时进行质量控制:

Ⅰ. 施工中出现质量异常情况,经提出后,承包单位未采取有效措施,或措施不力未能扭转异常情况者;

Ⅱ. 隐蔽作业未经依法查验确认合格,而擅自封闭者;

Ⅲ. 已发生质量问题迟迟未按监理工程师要求进行处理,或者已发生质量缺陷或问题,如不停工则质量缺陷或问题将继续发展的情况;

Ⅳ. 未经监理工程师审查同意,而擅自变更设计或修改图纸进行施工者;

Ⅴ. 未经技术资质审查的人员或不合格人员进入现场施工;

Ⅵ. 使用的原材料、构配件不合格或未经检查确认者,或擅自采用未经审查认可的代用材料者;

Ⅶ. 擅自使用未经项目监理机构审查认可的分包单位进场施工。

总监理工程师在签发工程暂停令时,应根据停工原因的影响范围和程度,确定工程项目停工范围。

(2)恢复施工指令的下达。承包单位经过整改具备恢复施工条件时,承包单位向项目监理机构报送复工申请的有关资料,证明造成停工的原因已消失。经监理工程师现场复查,认为已符合继续施工的条件,造成停工的原因确已消失,总监理工程师应及时签署工程复工报审表,指令承包单位继续施工。

(3)总监下达停工令及复工指令,宜事先向建设单位报告。另外,监理工程师认为有必要时,可以通过"监理通知"的形式要求施工单位按监理指令执行,并要求回复,还要注意检查执行的效果。其他通知和对施工单位的提示、建议等可通过"监理工作联系单"等形式进行沟通与管理。

1.2.4.3 作业技术活动结果控制

1. 作业技术活动结果的控制内容

作业技术活动结果控制,泛指作业工序的产出品、已完施工的分部分项工程及准备交验的单位工程等。

作业技术活动结果控制是施工过程中间产品及最终产品质量控制的方式,只有作业活动的中间产品质量都符合要求,才能保证最终单位工程产品的质量。

(1)基槽(基坑)验收。基槽(开挖)是地基与基础施工中的一个关键工序,对后续工程质量影响大,一般作为一个检验批进行质量验收,有专用的验收表格。基槽(基坑)开挖质量验收主要涉及地基承载力和地质条件的检查确认,所以基槽开挖验收均要有勘察设计单位的有关人员参加,并请当地或主管质量监督部门参加,经现场检查,测试(或平行检测)确认其地基承载力是否达到设计要求,地质条件是否与设计相符。如相符,则共同签署验收资料,如达不到设计要求或与勘察设计资料不符,则应采取措施进一步处理或变更工程,由原设计单位提出处理方案，经承包单位实施完毕后重新验收。

(2)隐蔽验收。隐蔽工程验收是指将被后续工程施工所覆盖的分项、分部工程，在隐蔽前所进行的检查验收。由于其检查对象将要被后续工程所覆盖，给以后的检查整改造成障碍，所以它是质量控制的一个关键过程，一般有专用的隐蔽验收表格。

隐蔽验收项目应在监理规划中列出，例如，基槽开挖及地基处理；钢筋砼中的钢筋工程；埋入结构中的避雷导线；埋入结构中的工艺管线；埋入结构中的电气管线；设备安装的二次灌浆；基础、厕所间、屋顶防水；装修工程中吊顶龙骨及隔墙龙骨；预制构件的焊(连)接；隐蔽的管道工程水压试验或闭水试验等。

隐蔽工程施工完毕，承包单位应先进行自检，自检合格后，填写《报验申请表》，附上相应的或隐蔽工程检查记录及有关材料证明、试验报告、复试报告等，报送项目监理机构。监理工程师收到报验申请后首先对质量证明资料进行审查，并按规定时间与承包单位的专职质检员及相关施工人员一起到现场检查，如符合质量要求，监理工程师在《报验申请表》及隐蔽工程检查记录上签字确认，准予承包单位隐蔽、覆盖，进入下一道工序施工。否则，指令承包单位整改，整改后，自检合格再报监理工程师复验。

(3)工序交接验收。工序交接是指作业活动中一种作业方式的转换及作业活动效果的中间确认，也包括相关专业之间的交接。通过工序交接的检查验收或办理交接手续，保证上道工序合格后方可进入下道工序，使各工序间和相关专业工程之间形成一个有机整体，也使各工序的相关人员担负起各自的责任。

(4)检验批、分项、分部工程验收。检验批的质量应按主控项目和一般项目验收，检验批、分项、分部工程完成后，承包单位应先自行检查验收，确认合格后向监理工程师提交验收申请，由监理工程师予以检查、确认。如确认其质量符合要求，则予以确认验收。如有质量问题则指令承包单位进行处理，待质量符合要求后再予以检查验收。对涉及结构安全和使用功能的重要分部工程应进行抽样检测。

(5)单位工程或整个工程项目的竣工验收。一个单位工程或整个工程项目完成后，承包单位应先进行竣工自检，自验合格后，向项目监理机构提交《工程竣工报验单》，如表 1.2.9 所示。总监理工程师组织专业监理工程师进行竣工初验，初验合格后，总监理工程师对承包单位的《工程竣工报验单》予以签认，并上报建设单位，同时提出“工程质量评估报告”，由建设单位组织竣工验收。监理单位参加由建设单位组织的正式竣工验收。

表 1.2.9　工程竣工报验单

工程名称：　　　　　　　　　　　　　　　　　　　　　　编号：

致：　　　　　　　　　　　　(监理单位) 我方已按合同要求完成了__________工程，经自检合格，请予以检查和验收。 附件： 承包单位(章)________ 项　目　经　理________ 日　　　期________

（续表）

<table>
<tr><td>审查意见：
经初步验收，该工程
a)符合/不符合我国现行法律、法规要求；
b)符合/不符合我国现行工程建设标准；
c)符合/不符合设计文件要求；
d)符合/不符合施工合同要求。
综上所述，该工程初步验收合格/不合格，可以/不可以组织正式验收。

项目监理机构＿＿＿＿＿＿
总/专业监理工程师＿＿＿＿＿＿
日　　期＿＿＿＿＿＿</td></tr>
</table>

① 初验检测的主要内容：

Ⅰ．审查施工承包单位所提交的竣工验收资料，包括各种质量控制资料、安全和功能检测资料及各种有关的技术性文件等；

Ⅱ．审核承包单位提交的竣工图，并与已完工程、有关的技术文件（如图纸、工程变更文件，施工记录及其他文件）对照进行核查；

Ⅲ．总监理工程师组织专业监理工程师对拟验收工程项目的现场进行检查，如发现质量问题应指令承包单位进行处理。

② 工程质量评估报告不但是监理单位对所监理的工程的最终评价，而且是工程验收中的重要资料，它由项目总监理工程师和监理单位技术负责人签署。

Ⅰ．工程项目建设概况介绍，参加各方的单位名称、负责人；

Ⅱ．工程检验批、分项、分部、单位工程的划分情况；

Ⅲ．工程质量验收标准，各检验批、分项、分部工程质量验收情况；

Ⅳ．地基与基础分部工程中，涉及桩基工程的质量检测结论，基槽承载力检测结论，涉及结构安全及使用功能的检测结论，建筑物沉降观测资料；

Ⅴ．施工过程中出现的质量事故及处理情况，验收结论；

Ⅵ．结论。本工程项目（单位工程）是否达到合同约定，是否满足设计文件要求，是否符合国家强制性标准及条款的规定。

(6)成品保护：

① 成品保护要求。所谓成品保护一般是指施工过程中，有些分项工程已经完成，而其他一些分项工程尚在施工；或者是在其分项工程施工过程中，某些部位已完成，而其他部位正在施工。在这种情况下，承包单位必须负责对已完成工程部分采取妥善措施予以保护，以免因缺乏保护或保护不善造成成品损坏或污染，从而影响工程整体质量。因此，监理工程师应对承包单位所承担的成品保护工作的质量与效果进行经常性检查。对承包单位进行成品保护的基本要求是在承包单位向建设单位提出其工程竣工验收申请，或向监理工程师提出分部、分项工程的中间验收时，其提请验收工程的所有组成部分均应符合与达到合同文件规定，或施工图纸等技术所要求的质量标准。

② 成品保护的一般措施。根据需要保护的建筑产品的特点不同，可以分别对成品采取

“防护”、“包裹”、“覆盖”、“封闭”等保护措施，以及合理安排施工顺序来达到保护成品的目的。

Ⅰ. 防护。就是针对被保护对象的特点采取各种防护的措施。例如，对清水楼梯踏步，可以采取护棱角铁上下连接固定；对于进出口台阶可垫砖或方木搭脚手板供人通行的方法来保护台阶；对于门口易碰部位，可以钉上防护条或槽型盖铁保护；门扇安装后可加楔固定等。

Ⅱ. 包裹。就是将被保护物包裹起来，以防损伤或污染。例如，对镶面大理石柱可用立板包裹捆扎保护；楼梯扶手在油漆后可裹纸保护以防止污染变色；铝合金门窗可用塑料布包扎保护等。

Ⅲ. 覆盖。就是用表面覆盖的办法防止堵塞或损伤。例如，对地漏、落水口排水管等安装后可以覆盖，以防止异物落入而被堵塞；预制水磨石或大理石楼梯可用木板覆盖加以保护；地面可用锯末等覆盖以防止喷浆等污染；其他需要防晒、防冻、保温养护等项目也应采取适当的防护措施。

Ⅳ. 封闭。就是采取局部封闭的办法进行保护。例如，垃圾道完成后，可将其进口封闭，以防止建筑垃圾堵塞通道；房间水泥地面或地面砖完成后，可将该房间局部封闭，防止人们随意进入而损害地面；室内装修完成后，应加锁封闭，防止随意进入而受到损伤等。

Ⅴ. 合理安排施工顺序。主要是通过合理安排不同工作之间的施工先后顺序，以防止后道工序损坏或污染已完成施工的成品或生产设备。例如，遵循“先地下后地上”、“先深后浅”的施工顺序，可避免破坏地下管网和道路路面；采取房间内先喷浆或喷涂而后装灯具的施工顺序可防止喷浆污染、损害灯具；先做顶棚装修后做地坪，也可避免顶棚及装修施工污染损害地坪。

2. 作业技术活动结果检验程序与方法

(1)检验程序。按一定的程序对作业活动结果进行检查，是加强质量管理，体现作业者对作业活动结果负责的根本举措，同时也是确保工程质量的必要环节。

作业活动结束后，应先由承包单位的作业人员按规定进行自检，自检合格后与下一工序的作业人员进行交接检查，如满足要求则由承包单位专职质检员进行检查，以上自检、交检、专检均符合要求后，由承包单位向监理工程师提交“报验申请表”，监理工程师收到通知后，应在合同规定的时间内及时对其质量进行检查，确认其质量合格后予以签认验收。

作业活动结果的质量检查验收主要是对质量性能的特征指标进行检查，即采取一定的检测手段进行检验，根据检验结果分析、判断该作业活动的质量(效果)。

① 实测。即采用必要的检测手段，对实体进行的几何尺寸测量、测试或对抽样的样品进行检验，测定其质量特性指标(如混凝土的抗压强度)。

② 分析。即对检测所得数据进行整理、分析找出规律。

③ 判断。根据对数据分析的结果，判断该作业活动效果是否达到了规定的质量标准；如果未达到，应找出原因。

④ 纠正或认可。如发现作业质量不符合标准规定，应采取措施纠正；如果质量符合要求则予以确认。

重要的工程部位、工序和专业工程，或监理工程师对承包单位的施工质量状况未能确信者，以及主要材料、半成品、构配件的使用等，还需由监理人员亲自进行现场验收试验或技术复核。如路基填土压实的现场抽样检验等，涉及结构安全的试块、试件以及有关材料，应按规定进行见证取样检测、抽样检验。

(2)质量检验的主要方法。对于现场所用原材料、半成品、工序过程或工程产品质量进行检验的方法，一般可分为三类，即目测法、实测法以及试验法。

(3)质量检验程度的种类：

① 全数检验。全数检验也叫做普遍检验，它主要是用于关键工序部位或隐蔽工程，以及在技术规程、质量检验验收标准或设计文件中有明确规定应进行全数检验的对象。一般情况下，对于诸如规格、性能指标对工程的安全性、可靠性起决定作用的施工对象；质量不稳定的工序；质量水平要求高，对后续工序有较大影响的施工对象，不采取全数检验不能保证工程质量时，均需采取全数检验。例如，对安装模板的稳定性、刚度、强度、结构物轮廓尺寸等；对于架立的钢筋规格、尺寸、数量、间距、保护层；以及绑扎或焊接质量等。

② 抽样检验。对于主要的工程产品，由于数量大，通常多采取抽样检验。即从一批材料或产品中，随机抽取少量样品进行检验，并根据数据统计分析的结果，判断该批产品的质量状况。与全数检验相比较，抽样检验具有如下优点：检验数量少，比较经济；适合于需要进行破坏性试验（如混凝土抗压强度的检验）的检验项目；检验所需时间较少。

③ 免检。就是在某种情况下，可以免去质量检验过程。对于已有足够证据证明质量有保证的建筑产品；或实践证明其产品质量长期稳定、质量保证资料齐全者；或是某些施工质量只有通过在施工过程中的严格质量监控，而质量检测人员很难对产品内在质量再做检验的，均可考虑采取免检。

(4)质量检验必须具备的条件。监理单位对承包单位进行有效的质量监督控制是以质量检验为基础的，为了保证质量检验的工作质量，必须具备一定的条件。

① 监理单位要具有一定的检验技术力量，配备所需的具有相应水平和资格的质量检验人员。必要时，还应建立可靠的对外委托检验关系。

② 监理单位应建立一套完善的管理制度，包括建立质量检验人员的岗位责任制；检验设备质量保证制度；检验人员技术核定与培训制度；检验技术规程与标准实施制度；以及检验资料档案管理等。

③ 配备一定数量符合标准及满足检验工作需要的检验和测试手段。

④ 质量检验所需的技术标准，如国际标准、国家标准、行业及地方标准等。

(5)质量检验计划。工程项目的质量检验工作具有流动性、分散性及复杂性的特点，为使监理人员能有效地实施质量检验工作和对承包单位进行有效的质量监控，监理单位应当制定质量检验计划，通过质量检验计划这种书面文件，可以清楚地向有关人员表明应当检验的对象是什么，应当如何检验，检验的评价标准如何，以及其他要求等。

① 分部分项工程名称及检验部位；

② 检验项目，即应检验的性能特征，以及其重要性级别；

③ 检验程度和抽验方案；

④ 应采用的检验方法和手段；

⑤ 检验所依据的技术标准和评价标准；

⑥ 认定合格的评价条件；

⑦ 质量检验合格与否的处理；

⑧ 对检验记录及签发检验报告的要求；

⑨ 检验程序或检验项目实施的顺序。

【实践练习】 试写出本情境的质量控制要点。

【思考题】

1. 建设工程质量的特性有哪些？其内涵如何？
2. 试述影响工程质量的因素。
3. 试述工程质量的特点。
4. 什么是质量控制？其含义如何？
5. 施工质量控制的依据主要有哪些方面？
6. 简要说明施工阶段监理工程师质量控制的工作程序。
7. 监理工程师对施工承包单位资质核查的内容是什么？

学习情境 1.3　砖混结构工程进度监理

【情境描述】 此砖混结构工程开工之前，承包方向监理提交的主体工程进度计划如图1.3.1所示，在此施工进度计划中(主体合同工期100天)，由于工作E和工作G共用一台塔吊(塔吊原计划在开工第25天后进场投入使用)，必须顺序施工，使用的先后顺序不受限制(其他工作不使用塔吊)。

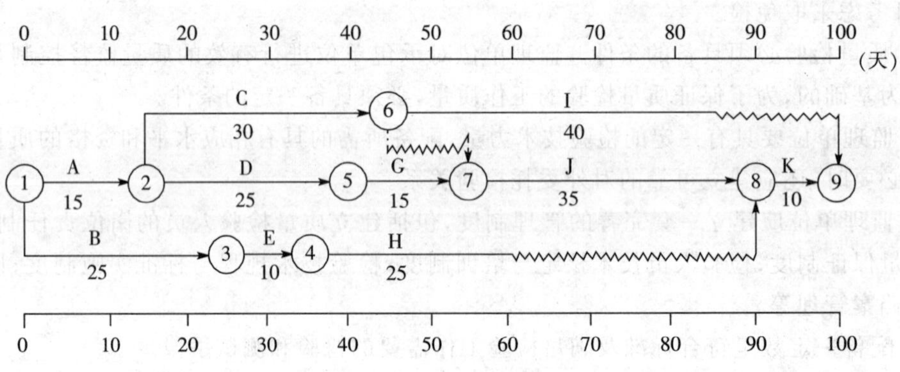

图 1.3.1　主体工程进度计划图

在施工过程中，由于业主要求变更设计图纸，使工作E停工10天(其他工作持续时间不变)，监理工程师及时向承包方发出通知，要求承包方调整进度计划，以保证该工程按合同工期完工。

承包方提出的调整方案为：将工作J的持续时间压缩5天。

在20天末检查时发现：A工作已完成，B工作完成10天工作量，D工作尚未开始，C工作完成5天工作量，其他工作均未开始。

在计划执行过程中，因罕见暴风雨袭击，造成I、J工作停工10天。

【情境剖析】 本情境牵涉进度计划的提交、审批，涉及进度计划的监测、控制，牵涉进度计划执行过程中工期的延期与延误、索赔工期的计算等问题。

【工作任务】 本情境的工作任务如表1.3.1所示。

表 1.3.1　工作任务表

<table>
<tr><th>能力目标</th><th>主讲内容</th><th>学生完成任务</th><th colspan="2">评价标准</th></tr>
<tr><td rowspan="3">了解进度计划的提交时间、审批程序和内容</td><td rowspan="3">进度计划的提交与审批</td><td rowspan="3">判断承包单位提交的进度计划是否符合要求</td><td>优秀</td><td>正确说出进度计划的提交时间、审批程序和内容</td></tr>
<tr><td>良好</td><td>能说出进度计划的提交时间、审批程序和内容</td></tr>
<tr><td>合格</td><td>基本能说出进度计划的提交时间、审批程序和内容</td></tr>
<tr><td rowspan="3">了解进度计划控制的流程和控制的内容</td><td rowspan="3">施工阶段进度计划控制的内容</td><td rowspan="3">学生写出此工程进度控制的工作流程</td><td>优秀</td><td>能正确绘制进度计划控制的流程，并能说出进度控制的内容</td></tr>
<tr><td>良好</td><td>能绘制进度计划控制的流程，并能说出进度控制的内容</td></tr>
<tr><td>合格</td><td>能绘制进度计划控制的流程</td></tr>
<tr><td rowspan="3">掌握进度控制的方法、进度监测的方法、进度调整的方法</td><td rowspan="3">施工阶段进度计划控制</td><td rowspan="3">学生总结进度比较的方法，并用一种方法判断此工程进度落后还是提前</td><td>优秀</td><td>熟练运用进度控制的方法判断工程进度落后还是提前</td></tr>
<tr><td>良好</td><td>正确判断工程进度落后还是提前</td></tr>
<tr><td>合格</td><td>基本能正确判断工程进度落后还是提前</td></tr>
<tr><td rowspan="3">学会计算工期索赔的时间</td><td rowspan="3">工期索赔</td><td rowspan="3">学生判断此情境是否能索赔工期，索赔多少天</td><td>优秀</td><td>能熟练判断是否能索赔工期，索赔多少天</td></tr>
<tr><td>良好</td><td>能正确判断是否能索赔工期，索赔多少天</td></tr>
<tr><td>合格</td><td>能正确判断是否能索赔工期</td></tr>
</table>

1.3.1　进度计划的提交与审批

1.3.1.1　进度计划的提交

1. 提交时间

(1)总体进度计划。除另有规定外，承包人应在合同协议书签订之后的 28 天内向驻地监理工程师提交 2 份格式和内容符合监理工程师规定的工程进度计划，以及为完成该计划而建议采用的实时性施工方案和说明，驻地监理工程师(包括经驻地审核报总监理工程师审核)应在收到该计划的 14 天内审查同意或提出修改意见。如需修改则将进度计划退回承包人，承包人在接到监理工程师指令的 14 天内将修订后的进度计划提交给驻地监理工程师。

(2)年度进度计划。一般承包人应在每年的 11 月底前，根据已同意的总体进度计划或其修订的进度计划，向驻地监理工程师提交 2 份其格式和内容符合监理工程师规定的下一年度的施工进度供审查,该计划应包括本年度预计完成的和下一年度预计完成的分项工程数量和工程量以及为实现此计划采取的措施。由总监理工程师和驻地监理工程师对年度进度计划进行审核与批复,进度计划获得同意的时间最迟不宜超过12月20日,以免影响下一年度的施工。

(3)月进度计划。承包人应在确保合同工期的前提下,每三个月对进度计划进行一次修订,一般应在前一个进度计划的最后一个月的25日前提交给监理工程师。施工过程中,如果监理工程师认为有必要或者工程的实际进度不符合监理同意的进度计划,监理工程师可要求承包人每1个月提交一次工程进度修订计划,以确保工程在预定工期内完成。

2. 提交内容

(1)施工总体安排和施工总体布置(应附总施工平面图);

(2)工程进度计划以关键工程网络图和主要工作横道图形式分别绘制,并辅以文字说明。一般对总体进度计划图和复杂的单位工程应采用网络图,对工序少、施工简单的单位工程采用横道图或斜线图,对工作量的进度计划表示采用S曲线图;

(3)永久占地和临时占地计划;

(4)资金需求计划;

(5)材料采购、设备调配和人员进场计划;

(6)主要工程施工方案;

(7)质量保证体系及质量保证措施(附施工组织机构框图和质保体系图);

(8)安全生产措施(附安全生产组织框图)和环境保护措施;

(9)雨、冬季施工质量保证措施。

总体进度除满足基本要求外,还应注意以下几个方面:

(1)承包人对投标书中所拟施工方案的具体落实措施的可行性和可靠性;

(2)承包人进驻施工现场后,针对详细掌握的现场情况和施工条件(如地形、地质、施工用地、拆迁、便道、设计变更等),对工程进度和施工方案以及相应施工准备、施工力量和施工活动的补充和调整;

(3)对特别重要、复杂工程及不利季节施工的工程和采用新工艺、新技术的施工安排和措施的可行性和可靠性。

1.3.1.2 进度计划的审批

1. 审批程序

所有的进度计划均先报驻地监理工程师,由驻地监理工程师组织监理人员进行初审,按照总监理工程师关于进度计划管理的授权批复或转报总监理工程师批复。一般总体进度计划、年度计划、关键主体工程进度和复杂工程施工方案,由驻地工程师提出审查意见后报总监理工程师批复,报业主备案,其他计划由驻地监理工程师审查批复,向总监理工程师备案。审核工作应按以下程序进行:

(1)阅读有关文件、列出问题、调查研究、搜集资料、酝酿完善或调整的建议;

(2)与承包人对有关进度计划编制问题进行讨论或澄清,并提出修改建议;

(3)汇总、综合、确定批复意见;

(4)如承包人进度计划不被接受,监理工程师应提出修改建议并退回承包人,督促承包人重新编制,并按上述程序再予以提交和审核。施工进度计划审批程序,如图1.3.2所示。

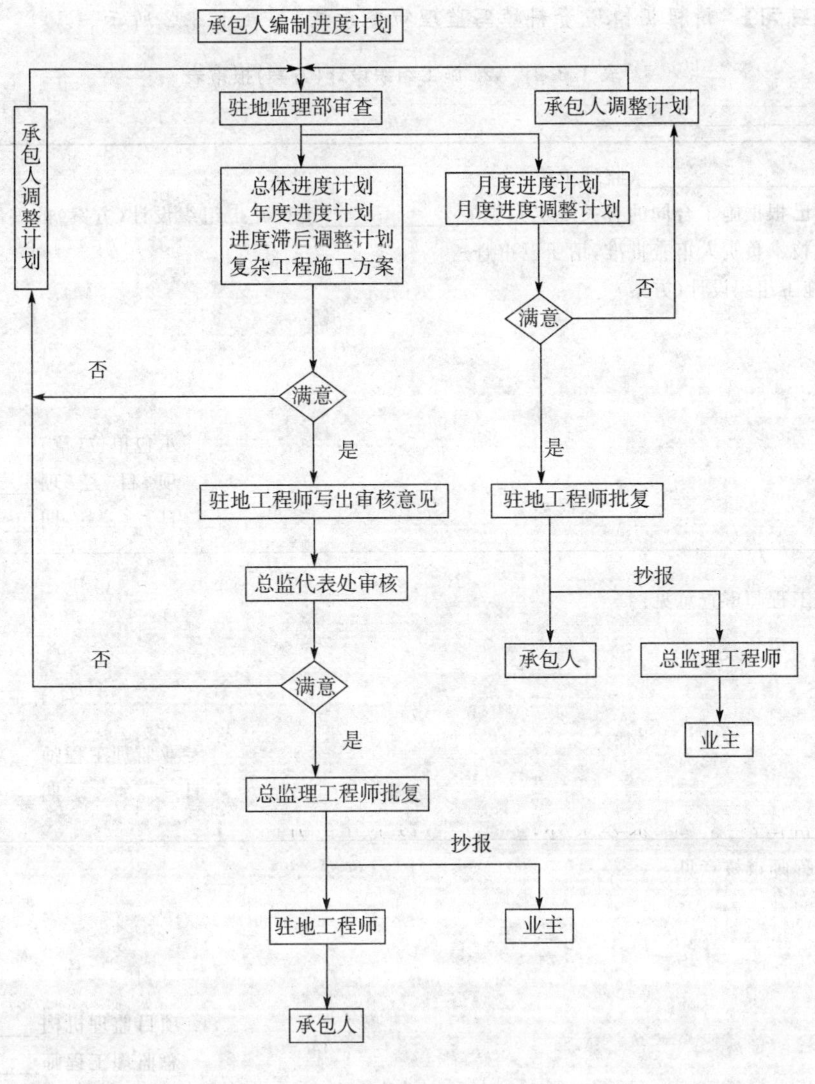

图1.3.2　施工进度计划审批程序图

2. 审查内容

(1)工期的合理性；

(2)施工准备的可靠性；

(3)计划目标与施工能力的适应性。

3. 进度计划的审批

监理工程师对承包人编制的进度计划不论同意与否，均要以书面的形式予以批复。批复主要内容应包括：

(1)明确是否接受提交的进度计划，并说明理由；

(2)提出完善进度计划或重新编制进度计划的建议和要求；

(3)对可接受的进度计划，应明确指出需要补充的内容、完善的措施、时限要求和补充提交的资料；

(4)对需要新编制的进度计划,应明确编制要求、重点及编制中应注意的问题。

【实践练习】 请根据情境资料填写监理审查意见,如表 1.3.2 所示。

表 1.3.2 A2. 施工组织设计(方案)报审表

工程名称:________________ 编号:

<table>
<tr><td>致:________________(监理单位)
我方已根据施工合同的有关规定完成了__________工程施工组织设计(方案)的编制,并经我单位上级技术负责人审查批准,请予以审查。
附:施工组织设计(方案)

承包单位(章)__________
项 目 经 理__________
日 期__________</td></tr>
<tr><td>专业监理工程师审查意见:

专业监理工程师__________
日 期__________</td></tr>
<tr><td>总监理工程师审核意见:

项目监理机构__________
总监理工程师__________
日 期__________</td></tr>
</table>

1.3.2 施工阶段进度计划控制的内容

1.3.2.1 施工阶段进度控制工作流程

施工阶段进度控制工作流程如图 1.3.3 所示。

1.3.2.2 施工阶段进度控制工作内容

1. 施工单位进度控制的工作内容

施工进度控制是各项目标实现的重要工作,其任务是实现项目的工期或进度目标,主要分为进度的事前控制、事中控制和事后控制。

(1)进度的事前控制内容:

① 编制项目实施总进度计划,确定工程目标,作为合同条款和审核施工计划的依据;

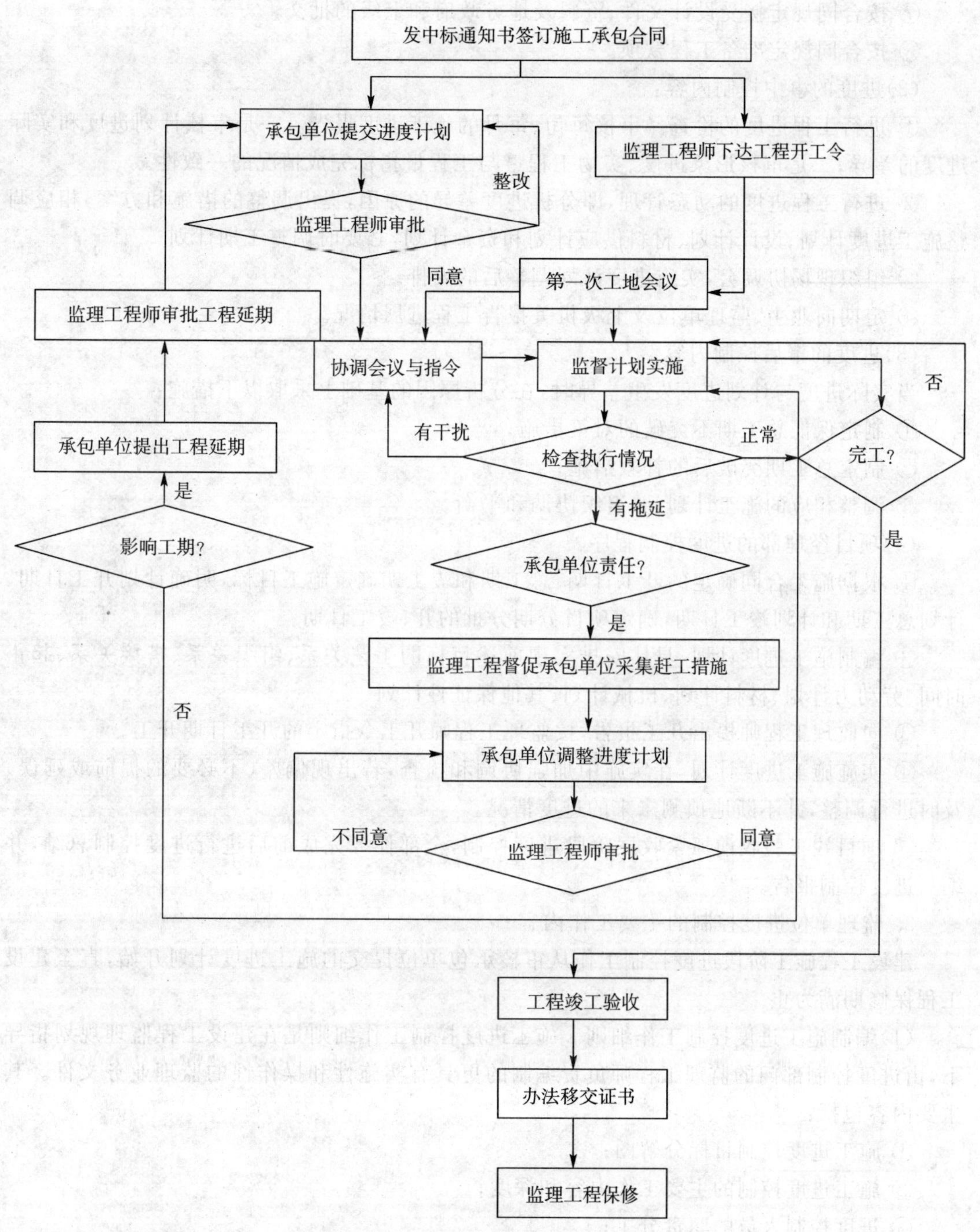

图 1.3.3　施工阶段工程进度控制工作流程图

② 审核施工进度计划，看其是否符合总工期控制的目标要求；

③ 审核施工方案的可行性、合理性和经济性；

④ 编制主要材料、设备的采购计划；

⑤ 审核施工总平面图，看其是否合理、经济；

⑥ 完成现场的障碍物拆除，进行“七通一平”，创造必要的施工条件；

⑦ 按合同规定接受设计文件、资料及地方政府和上级的批文；

⑧ 按合同规定准备工程款项。

(2)进度的事中控制内容：

① 进行工程进度的检查。审核每旬、每月的施工进度报告。一是审核计划进度和实际进度的差异；二是审核形象进度、实物工程量与工程量指标完成情况的一致性。

② 进行工程进度的动态管理，即分析进度差异的原因，提出调整的措施和方案，相应调整施工进度计划、设计计划、材料供应计划和资金计划，必要时调整工期计划。

③ 组织现场协调会，实施进度计划调整后的安排。

④ 定期向业主、监理单位及上级机关报告工程进展情况。

(3)进度的事后控制内容：

当实际进度与计划进度发生差异时，在分析原因的基础上采取以下措施：

① 制定保证总工期不突破的对策措施；

② 制定总工期突破后的补救措施；

③ 调整相应的施工计划，并组织协调和平衡。

(4)项目经理部的进度控制程序：

① 根据施工合同确定的开工日期、总工期和竣工期确定施工目标，明确计划开工日期、计划总工期和计划竣工日期，确定项目分期分批的开、竣工日期。

② 编制施工进度计划，具体安排实现前述目标的工艺关系、组织关系、搭接关系、起止时间、劳动力计划、材料计划、机械计划、其他保证性计划。

③ 向监理工程师提出开工报告，按监理工程师开工令指定的开工日期开工。

④ 实施施工进度计划，在实施中加强协调和检查，若出现偏差（不必要的提前或延误）及时进行调整，并不断地预测未来的进度情况。

⑤ 项目竣工验收前抓紧收尾阶段进度控制，全部任务完成前后进行进度控制总结，并编写进度控制报告。

2. 监理单位进度控制的主要工作内容

建设工程施工阶段进度控制工作从审核承包单位提交的施工进度计划开始，直至建设工程保修期满为止。

(1)编制施工进度控制工作细则。施工进度控制工作细则是在建设工程监理规划指导下，由进度控制部门的监理工程师负责编制的更具有实施性和操作性的监理业务文件。其主要内容包括：

① 施工进度控制目标分解图；

② 施工进度控制的主要工作内容和深度；

③ 进度控制人员的职责分工；

④ 与进度控制有关各项工作的时间安排及工作流程；

⑤ 进度控制的方法（包括进度检查周期、数据采集方式、进度报表格式、统计分析方法等）；

⑥ 进度控制的具体措施（包括组织措施、技术措施、经济措施及合同措施等）；

⑦ 施工进度控制目标实现的风险分析；

⑧ 尚待解决的有关问题。

(2)编制或审核施工进度计划。为了保证建设工程的施工任务按期完成,监理工程师必须严格审核承包单位提交的施工进度计划。对于采取平行承发包模式发包的某些大型建设工程,或单位工程较多,业主采取分批发包模式的建设工程,由于没有一个负责全部工程的总承包单位,这时业主的协调工作增加,而接受业主委托进行监理的监理工程师就要编制施工总进度计划;当建设工程有一个总负责的总承包单位时,监理工程师只需对其提交的施工总进度计划进行审核而不需要编制。

监理工程师在审核施工进度计划时的内容主要有:

① 审核进度安排是否符合工程项目建设总进度计划中总目标和分目标的要求,是否符合施工合同中开工日期、竣工日期的规定。

② 审核施工总进度计划中的项目是否有遗漏,分期施工是否满足分批动用的需要和配套动用的要求。

③ 审核施工顺序的安排是否符合施工工艺的要求。

④ 审核劳动力、材料、构配件、设备及施工机具、水、电等生产要素的供应计划是否能保证施工进度计划的实现,供应是否均衡及资源需求高峰期是否有足够能力实现计划供应。

⑤ 审核总包、分包单位分别编制的各项单位工程施工进度计划之间是否相协调,专业分工与计划衔接是否明确合理。

⑥ 审核对于业主负责提供的施工条件(包括资金、施工图纸、施工场地、采供的物资等),在施工进度计划中安排是否明确、合理,是否有可能因业主违约而导致工程延期和费用索赔。

如果监理工程师在审查施工进度计划的过程中发现问题,应及时向承包单位提出书面整改意见,重大问题要及时通知业主,也可以协助承包单位修改,修改完之后要求承包单位提交并按原审核程序进行审核,直至通过。

(3)按年、季、月编制工程综合计划。在按计划期编制的进度计划中,监理工程师应着重解决各承包单位施工进度计划之间、施工进度计划与资源(包括资金、设备、机具、材料及劳动力)保障计划之间及外部协作条件的延伸性计划之间的综合平衡与相互衔接问题。并根据上期计划的完成情况对本期计划作必要调整,从而作为承包单位近期执行的指令性计划。

(4)下达工程开工令。总监理工程师应根据承包单位和业主双方关于工程开工的准备情况,在满足以下必要开工条件时发布工程开工令。

① 施工许可证已获政府主管部门批准;

② 征地拆迁工作能满足工程进度的需要;

③ 施工组织设计已批准;

④ 承包单位现场管理人员已到位,机具、施工人员已进场,主要材料已落实;

⑤ 进场道路及水、电、通讯等已满足开工要求。

为了检查双方的准备情况,总监理工程师应参加由业主主持召开的第一次工地会议。第一次工地会议应包括以下主要内容:

① 建设单位、承包单位和监理单位分别介绍各自驻施工现场的组织机构、人员及其分工;

② 建设单位根据委托监理合同宣布对总监的授权;

③ 建设单位介绍开工准备情况;

④ 承包单位介绍施工准备情况；

⑤ 建设单位和总监理工程师对施工准备情况提出意见和要求；

⑥ 总监理工程师介绍监理规划的主要内容；

⑦ 研究确定各方在施工过程中参加工地例会的主要人员，召开工地例会的周期、地点及主要议题。

(5)协助承包单位实施进度计划。监理工程师要随时对建设工程进度进行跟踪检查，及时发现进度计划在实施过程中所存在的问题，并向承包单位提出。当承包单位内外协调能力薄弱时，应适当帮助承包单位，解决存在的进度问题。

(6)监督施工进度计划的实施。监理人员应在建设工程施工过程中做好监理日志、监理工作记录，进行现场监督和旁站监理，监督好每一道工序、每一个分部分项工程的实施进度，从而保证项目整体进度计划的实施与进度目标的实现。

(7)组织现场协调会。监理工程师应定期、或根据需要及时组织召开不同层级的现场协调会议，以解决工程施工过程中的相互协调配合问题。其内容主要包括：

① 承包人报告近期的施工活动，提出近期的施工计划安排和要求，简要陈述发生或存在的问题。

② 监理单位就施工进度和质量予以简要评述，并根据承包人提出的施工活动安排和要求，安排监理人员进行施工监理和相关方之间的协调工作。

在平行、交叉施工单位多、工序交接频繁且工期紧迫的情况下，现场协调会甚至需要每日召开。对于某些未曾预料的突发变故或问题，监理工程师还可以通过发布紧急协调指令，督促有关单位采取应急措施维护施工的正常秩序。

(8)签发工程进度款支付凭证。监理工程师应对承包单位申报的已完分项工程量进行核实，在质量监理人员检查验收后，签发工程进度款支付凭证。

(9)审批工程延期。造成工程进度拖延的原因有承包单位自身的原因及承包单位以外的原因。前者所造成的进度拖延，称为工程延误；而后者所造成的进度拖延称为工程延期。

① 工程延误。当出现工期延误时，监理工程师有权要求承包单位采取有效措施加快施工进度。如果经过一段时间后，实际进度没有明显改进，仍然拖后于计划进度，而且显然影响工程按期竣工时，监理工程师应要求承包单位修改进度计划，并提交给监理工程师重新确认。监理工程师对修改后的施工进度计划的确认，并不是对工程延期的批准，他只是要求承包单位在合理的状态下施工。因此，监理工程师对进度计划的确认，并不能解除承包单位应负的一切责任，承包单位需要承担赶工的全部额外开支和误期损失赔偿。

② 工程延期。如果由于承包单位以外的原因造成工期拖延，承包单位有权提出延长工期的申请。监理工程师应根据合同规定，审批工程延期时间。经监理工程师核实批准的工程延期时间，应纳入合同工期，作为合同工期的一部分，即新的合同工期应等于原定的合同工期加上监理工程师批准的工程延期时间。

(10)向业主提供进度报告。监理工程师应随时整理进度资料，并做好工程记录，定期向业主提交工程进度报告。

(11)督促承包单位整理技术资料。监理工程师根据工程进展情况，督促承包单位及时整理有关技术资料。

(12)签署工程竣工报验单、提交质量评估报告。当单位工程达到竣工验收条件后，承包单位在自行预验的基础上提交工程竣工报验单，申请竣工验收。监理工程师在对竣工资料及工程实体进行全面检查验收合格后，签署工程竣工报验单，并向业主提出质量评估报告。

(13)整理工程进度资料。在工程完工以后，监理工程师应将工程进度资料收集起来，进行归类、编目和建档，以便为今后其他类似工程项目的进度控制提供参考依据。

(14)工程移交。监理工程师应督促承包单位办理工程移交手续，颁发工程移交证书。在工程移交后的保修期内，还要处理验收后质量问题的原因及责任等争议问题，并督促责任单位及时修理。当保修期结束且再无争议时，建设工程进度控制的任务即告完成。

【实践练习】 请根据情境资料编写监理单位的进度控制工作内容。

1.3.3 施工阶段进度计划控制

1.3.3.1 施工进度计划实施中的监测

1. 建设工程进度监测系统过程

在工程实施过程中，监理工程师应根据进度监测系统过程，如图1.3.4所示，经常、定期地对进度计划的执行情况进行跟踪检查，发现问题后及时采取措施加以解决。

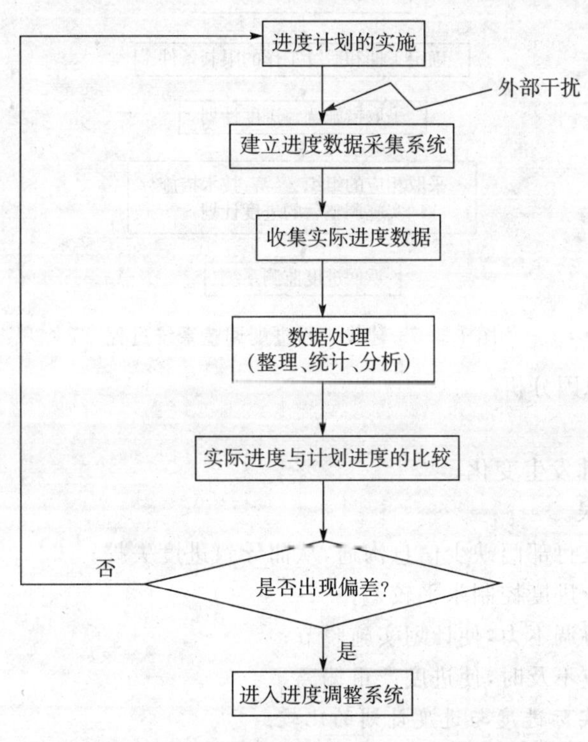

图1.3.4 建设工程进度监测系统过程

2. 进度监测手段

为了全面、准确地掌握进度计划的执行情况，监理工程师应认真做好以下三方面的工作：

(1)定期收集进度报表资料。进度报表是反映工程实际进度的主要方式之一，进度计划执行单位应按照进度监理制度规定的时间和报表内容，定期填写进度报表，监理工程师通过收集进度报表资料掌握工程实际进展情况。

(2)现场实地检查工程进展情况。派监理人员常驻现场，随时检查进度计划的实际执行情况，这样可以加强进度监测工作，掌握工程实际进度的第一手资料，使获取的数据更加及时、准确。

(3)定期召开现场会议。定期召开现场会议，监理工程师通过与进度计划执行单位的有关人员面对面的交谈，既可以了解工程实际进度状况，同时也可以协调有关方面的进度关系。

3. 进度调整的系统过程

在建设工程实施过程中，进度调整的系统过程如图 1.3.5 所示。

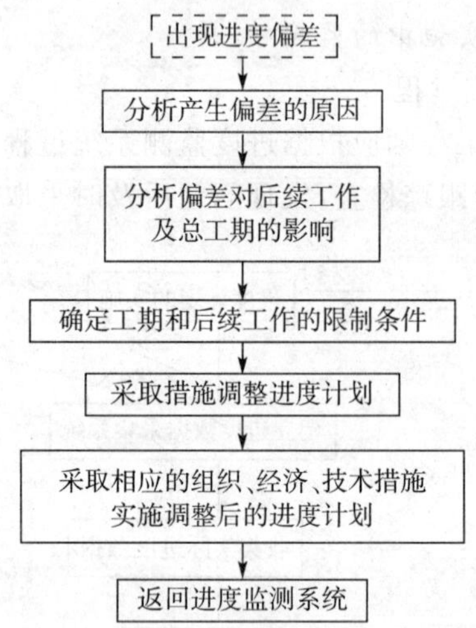

图 1.3.5　建设工程进度调整系统过程

4. 产生偏差的原因分析

(1)计划欠周密；

(2)工程实施条件发生变化；

(3)管理工作失误。

① 计划部门与执行部门缺少信息沟通，从而导致进度失控；

② 施工承包企业进度控制水平较差；

③ 对参建各方协调不力，使计划实施脱节；

④ 项目资源供应不及时，使进度严重偏离。

1.3.3.2　施工实际进度与进度计划的比较

实际进度与计划进度的比较方法有横道路图比较法、S 曲线比较法、香蕉曲线比较法、前锋线比较法、列表比较法，最常用的是前锋线比较法、列表比较法。

1. 前锋线比较法

(1)前锋线比较法的概念。前锋线比较法是通过绘制某检查时刻工程项目实际进度前锋线，进行工程实际进度与计划进度比较的方法，它主要适用于时标网络计划。所谓前锋线，是指在原时标网络计划上，从检查时刻的时标点出发，用点划线依次将各项工作实际进展位置点连接而成的折线。前锋线比较法就是通过实际进度前锋线与原进度计划中各工作箭线交点的位置，判断工作实际进度与计划进度的偏差，进而判定该偏差对后续工作及总工期影响程度的一种方法。

(2)前锋线比较法的步骤。采用前锋线比较法进行实际进度与计划进度的比较，其步骤如下：

① 绘制时标网络计划图。工程项目实际进度前锋线是在时标网络计划图上标示，为清楚起见，可在时标网络计划图的上方和下方各设一时间坐标。

② 绘制实际进度前锋线。一般从时标网络计划图上方时间坐标的检查日期开始绘制，依次连接相邻工作的实际进展位置点，最后与时标网络计划图下方坐标的检查日期相连接。工作实际进展位置点的标定方法有两种：

Ⅰ. 按已完成任务量比例进行标定。假设工程项目中各项工作均为匀速进展，根据实际检查该工作已完成任务量占计划完成任务量的比例，在工作箭线上从左至右按相同的比例标定其实际进展位置点。

Ⅱ. 按尚需作业时间进行标定。当某些工作的持续时间难以按实物工程量来计算，而只能凭经验估算时，可以先估算出检查时刻到该工作全部完成尚需作业的时间，然后在该工作箭线上从左至右逆向标定其实际进展位置点。

③ 实际进度与计划进度比较。前锋线可以直观地反映出检查日期有关工作实际进度与计划进度之间的关系，对某项工作来说，其实际进度与计划进度之间的关系可能存在以下三种情况：

Ⅰ. 工作实际进展位置点落在检查日期的左侧，表明该工作实际进度拖后，拖后的时间为二者之差；

Ⅱ. 工作实际进展位置点与检查日期重合，表明该工作实际进度与计划进度一致；

Ⅲ. 工作实际进展位置点落在检查日期的右侧，表明该工作实际进度超前，超前的时间为二者之差；

Ⅳ. 预测进度偏差对后续工作及总工期的影响。通过实际进度与计划进度的比较确定进度偏差后，还可根据工作的自由时差和总时差预测该进度偏差对后续工作及项目总工期的影响。

由此可见，前锋线比较法既适用于工作实际进度与计划进度之间的局部比较，又可用来分析和预测工程项目整体进度状况。

值得注意的是，以上比较是针对匀速进展的工作。对于非匀速进展的工作，比较方法较复杂，此处不赘述。

【应用案例 1.3.1】 已知某工程双代号网络计划如图 1.3.6 所示，该项任务要求工期为 14 天。第 5 天末检查发现：A 工作已完成 3 天工作量，B 工作已完成 1 天工作量，C 工作已全部完成，E 工作已完成 2 天工作量，D 工作已全部完成，G 工作已完成 1 天工作量，H 工作尚未开始，其他工作均未开始。试应用前锋线比较法分析工程实际进度与计划进度。

【分析与解答】

(1)绘制时标网络图，将题示的网络进度计划图绘成时标网络图，如图 1.3.7 所示。

(2)绘制前锋线比较图，根据题示的有关工作的实际进度，在该时标网络图上绘出实际

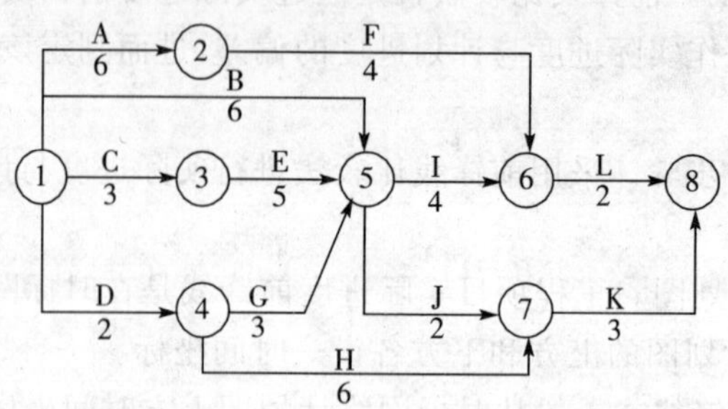

图 1.3.6　某工程双代号网络图

进度前锋线，如图 1.3.7 所示。

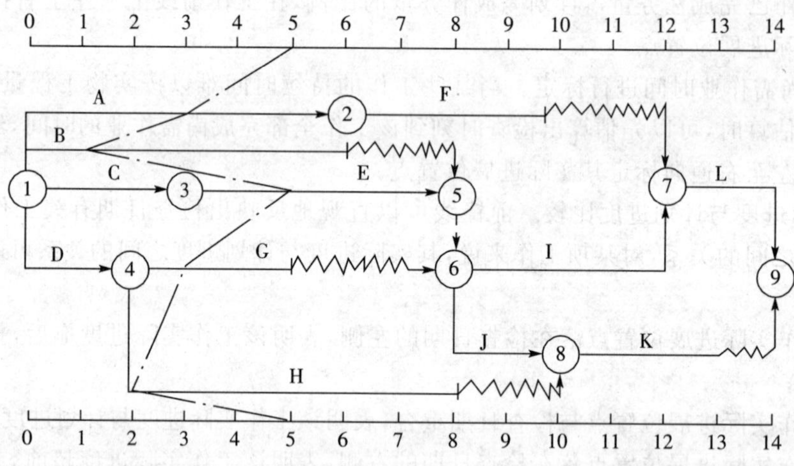

图 1.3.7　前锋线比较图

(3)实际进度与计划进度比较及预测。由图 1.3.7 可见，工作 A 进度偏差 2 天，不影响工期；工作 B 进度偏差 4 天，影响工期 2 天；工作 E 无进度偏差，正常；工作 G 进度偏差 2 天，不影响工期；工作 H 进度偏差 3 天，不影响工期。

2. 列表比较法

(1)列表比较法的概念。当采用无时间坐标网络计划时，也可以采用列表比较法。列表比较法是通过将某一检查日期某项工作的尚有总时差与原有总时差的计算结果列于表格之中进行比较，以判断工程实际与计划进度相比超前或滞后情况的方法。记录检查时正在进行的工作名称和已进行的天数，然后列表计算有关参数，根据原有总时差和尚有总时差判断实际进度与计划进度的比较方法。

(2)列表比较法的步骤：

① 计算检查时正在进行的工作；

② 计算工作最迟完成时间；

③ 计算工作时差；

④ 填表分析工作实际进度与计划进度的偏差。

具体结论可归纳如下：

① 若工作总时差大于原总时差，说明实际进度超前，且为两者之差；

② 若工作总时差等于原总时差，说明实际进度与计划一致；

③ 若工作总时差小于原总时差但仍为非负值，说明实际进度落后但计划工期不受影响，此时滞后的天数为两者之差；

④ 若工作总时差小于原总时差但为负值，说明实际进度落后且计划工期已受影响，此时滞后的天数为两者之差，而计划工期的延迟天数与工序尚有总时差相等，此时应当调整计划。

【应用案例 1.3.2】 某工程进度计划如图 1.3.8 所示，第 5 天末检查发现：A 工作已完成 3 天工作量，B 工作已完成 1 天工作量，C 工作已全部完成，E 工作已完成 2 天工作量，D 工作已全部完成，G 工作已完成 1 天工作量，H 工作尚未开始，其他工作均未开始。试应用列表比较法分析工程实际进度与计划进度。

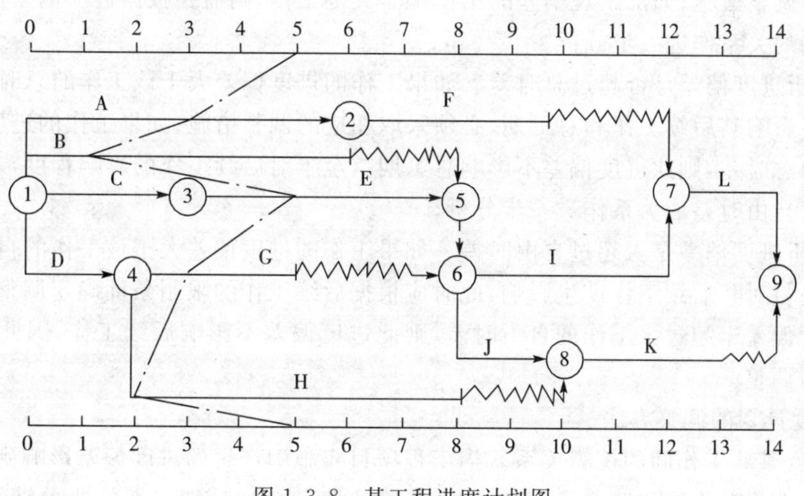

图 1.3.8 某工程进度计划图

【分析与解答】

应用列表比较法，检查分析结果如表 1.3.3 所示。

表 1.3.3 列表比较法分析检查结果表

工作名称	检查计划时尚需作业天数	到计划最迟完成时尚余天数	原有总时差	尚有总时差	情况判断	
					影响工期	影响后续工作最早开始时间
A	6－3＝3	8－5＝3	2	3－3＝0	否	影响 F 工作 2 天
B	6－1＝5	8－5＝3	2	3－5＝－2	影响工期 2 天	影响 I、J 工作各 2 天
E	5－2＝3	8－5＝3	0	3－3＝0	否	否
G	3－1＝2	8－5＝3	3	3－2＝1	否	否
H	6－0＝6	11－5＝6	3	6－6＝0	否	影响 K 工作 1 天

1.3.3.3 施工进度计划实施中的调整

1. 进度调整的系统过程

在建设工程实施过程中，进度调整的系统过程如图 1.3.5 所示。

2. 分析进度偏差对后续工作及总工期的影响

在工程项目实施过程中，通过实际进度与计划进度的比较，发现有进度偏差时，需要分析该偏差对后续工作及总工期的影响，从而采取相应的调整措施对原进度计划进行调整，以确保工期目标的顺利实现。进度偏差的大小及其所处的位置不同，对后续工作和总工期的影响程度是不同的，分析时需要利用网络计划中工作总时差和自由时差的概念进行判断。

(1)分析出现进度偏差的工作是否为关键工作。如果出现进度偏差的工作位于关键线路上，即该工作为关键工作，则无论其偏差有多大，都将对后续工作和总工期产生影响，必须采取相应的调整措施；如果出现偏差的工作是非关键工作，则需要根据进度偏差值与总时差和自由时差的关系作进一步分析。

(2)分析进度偏差是否超过总时差。如果工作的进度偏差大于该工作的总时差，则此进度偏差必将影响其后续工作和总工期，必须采取相应的调整措施；如果工作的进度偏差未超过该工作的总时差，则此进度偏差不影响总工期。至于对后续工作的影响程度，还需要根据偏差值与其自由时差的关系作进一步分析。

(3)分析进度偏差是否超过自由时差。如果工作的进度偏差大于该工作的自由时差，则此进度偏差将对其后续工作产生影响，此时应根据后续工作的限制条件确定调整方法；如果工作的进度偏差未超过该工作的自由时差，则此进度偏差不影响后续工作，因此，原进度计划可以不做调整。

3. 进度计划的调整方法

(1)改变某些工作间的逻辑关系。当工程项目实施中产生的进度偏差影响到总工期，且有关工作的逻辑关系允许改变时，可以改变关键线路和超过计划工期的非关键线路上的有关工作之间的逻辑关系，达到缩短工期的目的。例如，将顺序进行的工作改为平行作业、搭接作业以及分段组织流水作业等，都可以有效地缩短工期。

(2)缩短某些工作的持续时间。这种方法是不改变工程项目中各项工作之间的逻辑关系，而通过采取增加资源投入、提高劳动效率等措施来缩短某些工作的持续时间，使工程进度加快，以保证按计划工期完成该工程项目。这些被压缩持续时间的工作是位于关键线路和超过计划工期的非关键线路上的工作，同时又是持续时间可被压缩的工作，这种调整方法通常可以在网络图上直接进行。

【实践练习】 根据情境资料，请选择实际进度与进度计划的比较方法，比较 20 天末，进度是提前还是推后。选择调整方法对由于 E 工作推迟而进行计划调整。

1.3.4 工期索赔

1.3.4.1 工程延期与延误

土木工程在施工过程中，按工期的延长分为工程延误和工程延期两种，它们都属工程拖期，但由于性质不同，所以业主与承包单位所承担的责任也就不同。另外监理工程师是否将施工过程中工期的延长批准为工期延期，对业主和承包单位都很重要。

1. 工程延期

工程延期指按合同规定，由非承包自身原因造成的、经监理工程师书面批准的合理工期的延长。如果工期延长属于工程延期，则承包单位不仅有权要求延长工期，而且还有权向业主提出赔偿费用的要求，以弥补由此造成的额外损失。

2. 工程延误

工程延误指按合同规定，由承包单位自身原因造成的工期拖延，而承包单位又未按照监理工程师的指令改变工程的延期。如果工期延长属于工程延误，则由此造成的一切损失由承包单位承担。同时，业主还有权对承包单位实行延期违约罚款。

1.3.4.2　工程索赔的程序

1. 提出索赔要求

当出现索赔事项后，承包人以书面的索赔通知书形式，在索赔事项发生后 28 天内，向工程师正式提出索赔意向通知。一般包括以下内容：

(1)指明合同依据；

(2)索赔事件发生的时间、地点；

(3)事件发生的原因、性质、责任；

(4)承包商在事情发生后所采取的控制事情进一步发展的措施；

(5)说明索赔事件的发生给承包商带来的后果，如工期的增加；

(6)申明保留索赔的权利。

2. 报送索赔资料和索赔报告

承包商在索赔通知书发出之后 28 天内，向监理工程师提出延长工期和(或)补偿经济损失的索赔报告及有关资料。当索赔事件持续进行时，承包商应当阶段性地向监理工程师发出索赔意向，在索赔事情终了后 28 天内，向监理工程师递交索赔的有关资料和最终索赔报告。

3. 监理工程师答复

监理工程师在收到承包商递交的索赔报告和有关资料后，必须在 28 天内给予答复，或对承包商作进一步补充索赔理由和证据的要求。

4. 监理工程师逾期答复后果

监理工程师在收到承包商递交的索赔报告及有关资料后 25 天内未予答复，或未对承包商作进一步要求，视为该项已经被认可。但是，索赔问题的解决需要合同双方面对面地讨论，将未解决的索赔问题列为会议协商的专题，提交会议协商解决。

5. 仲裁与诉讼

监理工程师对索赔的答复，承包商或发包人不能接受，则可通过仲裁或诉讼的程序最终解决。

1.3.4.3　工程索赔的申报与审批

1. 申报工程延期的条件

由于以下原因导致工程拖期，承包单位有权提出延长工期的申请，监理工程师应按合同规定，批准工程延期时间。

(1)监理工程师发出工程变更指令而导致工程量增加；

(2)合同所设计的任何可能造成工程延期的原因，如延期交图、工程暂停、对合格工程的剥离检查及不利的外界条件等；

(3)异常恶劣的气候条件；

(4)由业主造成的任何延误、干扰或障碍，如未及时提供施工场地、未及时付款等；

(5)除承包单位自身以外的其他任何原因。

2. 工程延期的审批程序

工程延期的审批程序如图 1.3.9 所示。当工程延期事件发生后，承包单位应在合同规定的有效期内以书面形式通知监理工程师(即工程延期意向通知)，以便于监理工程师尽早了解所发生的事件，及时做出一些减少延期损失的决定。随后承包单位应在合同规定的有效期内(或监理工程师可以同意的合理期限内)向监理工程师提交详细的申述报告(延期理由及依据)。监理工程师收到该报告后应及时进行调查核实，准确地确定出工程延期时间。

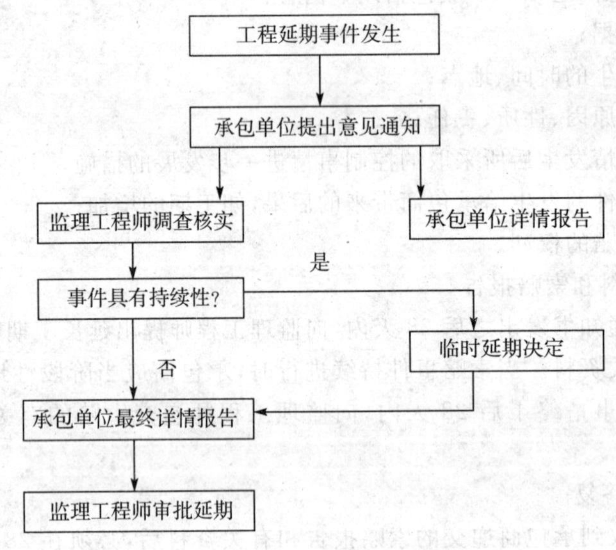

图 1.3.9 工程延期的审批程序

当延期事件具有持续性，承包单位在合同规定的有效期内不能提交最终详细的申述报告时，应向监理工程师提交阶段性的详细报告。监理工程师应在调查核实阶段性报告基础上，尽快做出延期的临时决定。临时决定时间不宜太长，一般不超过最终批准的延期时间。

待延期事件结束后，承包单位应在合同规定的期限内向监理工程师提交最终的详细报告，监理工程师应复查详细报告的全部内容，然后确定该延期施工所需要的延期时间。如果遇到比较复杂的延期事件，监理工程师可以成立专门小组进行处理。对于当时难以做出结论的延期事件，即使不属于持续性的事件，也可以采用先做出临时延期的决定，然后再做出最后决定的方法。这样既可以保证有充足的时间处理延期事件，又可以避免由于处理不及时造成的损失。监理工程师在做出临时工期延迟批准或最终工程延期批准之前，均应与业主和承包单位进行协商。

3. 工程延期的审批原则

(1)合同条件。监理工程师批准的工程必须符合合同条款,即导致工程延期的原因确实属于承包单位自身以外的,否则不能批准为工程延期。

(2)影响工期。发生延期事件的工程部位,无论其是否在施工进度计划的关键路线上,只有当延长的时间超过其相应的总时差时,才能批准工程延期。如果延期事件在非关键路线上,且延长的时间并不超过总时差时,即使符合工程延期的合同条件,也不能批准工程延期。

土木工程施工进度计划中的关键路线并非固定不变,它会随着工程进展和情况的变化而转移。监理工程师应以承包单位提交的、经自己审核后的施工进度计划(不断调整后)为依据,决定是否批准工程延期。

(3)实际情况。批准的工程必须符合实际情况,为此,承包单位应对事件发生后的各类有关细节进行详细记载,并及时向监理工程师提交详细报告。与此同时,监理工程师也应对施工现场进行详细考察和分析,并做好有关记录,以便为合理确定工程延期时间提供可靠数据。

【实践练习】 根据情境资料计算工期索赔计算,并填写延期申请表如表1.3.4所示和延期审批表如表1.3.5所示。

表1.3.4　A7. 工程临时延期申请表

工程名称:______________　　　　编号:

致:______________(监理单位)

根据施工合同条款____条的规定,由于____原因,我方申请工程延期,请予以批准。

附件:

1. 工程延期的依据及工期计算

合同竣工日期:

申请延长竣工日期:

2. 证明材料

承包单位__________

项目经理__________

日　　期__________

表 1.3.5 **B4. 工程临时延期审批表**

工程名称：________________ 编号：

<table>
<tr><td>
致：________________（承包单位）
根据施工合__________条的规定，我方对你方提出的__________工程延期申请（第____号）要求延长工期____日历天的要求，经过审核评估：
□暂时同意工期延长______日历天。使竣工日期（包括指令延长的工期）从原来的______年______月______日延迟到______年______月______日。请你方执行。
□不同意延长工期，请按约定竣工日期组织施工。
说明：

项目监理机构：__________
总监理工程师：__________
日　　期：__________
</td></tr>
</table>

【思考题】

1. 监理工程师施工阶段进度控制的重点工作是什么？
2. 进度监测手段有哪些？
3. 如何绘制前锋线？工程实际进展点的标定方法有哪几种？
4. 进度偏差会对后续工作和总工期造成什么影响？
5. 进度计划调整的方法有哪些？如何进行调整？

学习情境 1.4 砖混结构工程费用监理

【情境描述】 本工程开发商与投资商签订了合作协议，总建筑面积为 6404 平方米。预计该项目建设期 7 个月，投资概算为 800 万元。投资商想一层商服网点及车库出租，2～7 层住宅商业出售。在建成后 1 年内收回成本，且要有 30 %的利润。如果你作为监理工程师全权负责该工程投资、招标、施工全过程管理和销售，如何对工程全过程进行投资控制？如何为建设单位制订方案？在招标过程中，建议建设单位与参与各方采取什么样的招标方式？建议建设单位与施工单位鉴定什么类型的合同，有利于减少建设单位的投资费用和成本支出？

【情境剖析】 本情境牵涉项目投资目标的确定和方案的选择问题、招标阶段的投资控制、施工阶段的投资控制等。

【工作任务】 本情境的工作任务如表 1.4.1 所示。

表 1.4.1 工作任务表

能力目标	主讲内容	学生完成任务	评价标准	
了解投资控制的原理、目标、任务、措施	投资控制的原理、目标、任务、措施	如何运用投资控制的原理解决实际问题	优秀	熟悉投资控制的原理、并能熟悉运用在实际工程中
			良好	掌握投资控制的原理、并能熟悉运用在实际工程中
			合格	了解投资控制的原理、并能运用在实际工程中
掌握建设工程招标阶段的投资控制、施工阶段的投资控制	建设工程招标阶段的投资控制、施工阶段的投资控制的过程	如何在实际工程中掌握建设工程招标阶段的投资控制、施工阶段的投资控制的过程	优秀	熟悉建设工程招标阶段的投资控制、施工阶段的投资控制的过程
			良好	掌握建设工程招标阶段的投资控制、施工阶段的投资控制的过程
			合格	了解建设工程招标阶段的投资控制、施工阶段的投资控制的过程

1.4.1 建设工程投资控制原理

1.4.1.1 投资控制原理

建设工程投资控制是在投资决策阶段、设计阶段、发包阶段、施工阶段以及竣工阶段，把建设工程投资控制在批准的投资限额以内，随时纠偏，确保项目投资管理目标的实现，力求合理使用人力、物力、财力，以达到较好的投资效益和社会效益。

1.4.1.2 投资控制的目标

1. 目标设置

投资控制目标应随着工程建设的不断深入而分阶段设置，各阶段目标是相互制约、相互补充的，前者控制后者，后者补充前者，共同组成建设工程投资控制目标系统。

2. 目标实现

建设工程投资控制，就是自投资决策阶段、设计阶段、发包阶段、施工阶段以及竣工阶段，把建设工程投资控制在批准的投资限额以内，随时纠正发生的偏差，以保证项目投资管理目标的实现。

3. 目标系统

工程项目建设过程是一个周期长、投入大的生产过程，建设者不但受时间、经验影响，而且也受客观过程的发展及其表现程度的限制。因而不可能在工程建设开始，就设置一个科学的、一成不变的投资控制目标，而只能设置一个大致的投资控制目标，既投资估算。有机联系的各个阶段目标相互制约，相互补充，前者控制后者，后者补充前者，共同组成建设工程投资控制的目标系统。

投资控制目标系统：

(1)投资估算应是建设工程设计方案和进行初步设计的投资控制目标；

(2)设计概算应是进行技术设计和施工图设计的投资控制目标；

(3)施工图预算或建安工程承包合同应是施工阶段投资控制目标。

投资控制贯穿整个项目建设全过程，当项目决策确定后，设计阶段是控制投资的关键阶段。

对于建设工程目标控制，应将主动控制与被动控制紧密结合起来，并力求加大主动控制在控制过程中的比例。

1.4.1.3 投资控制的任务

建设工程投资控制是我国建设工程监理的一项主要任务，投资控制贯穿于工程建设的各个阶段，监理工作的各个环节。

(1)在建设前期阶段进行工程项目的机会研究、初步可行性研究，编制项目建议书，进行可行性研究，对拟建项目进行市场研究调查和预测，编制投资估算。

(2)在设计阶段，协助业主提出设计方案，组织设计方案竞赛或设计招标，用技术经济方法组织评选设计方案。

(3)在施工招标阶段，准备与发送招标文件，编制工程量清单和招标工程标底，协助业主与承包商签订承包合同。

(4)在施工阶段，依据施工合同有关条款、施工图、对工程项目造价目标进行风险分析，并制定防范性对策。

1.4.1.4 投资控制的措施

要有效地控制项目投资，应从组织、技术、经济、合同与信息管理等多方面采取措施。

(1)组织措施。编制本阶段投资控制详细工作流程图；在项目监理班子中落实从投资控制角度进行设计跟踪的人员、具体任务及管理职能分工(如设计挖潜，设计审核，概、预算审核，设计费用复核，计划值与实际值比较及投资控制报表数据处理等)；聘请专家作技术经济比较、设计挖潜等。

(2)经济措施。编制详细的工作计划，用于控制各子项目、各设计工种的限额设计；对设计进展进行跟踪(动态控制)；编制设计阶段详细的费用支出计划，并控制其执行；定期向监理总负责人、业主提供投资控制报表，反映投资计划值和按设计需要的投资值(实际值)的比较结果，以及投资计划值和已经发生的资金支出值(实际值)的比较结果。

(3)技术措施。在设计过程中，进行技术经济比较，通过比较寻找设计挖潜(节约投资)的可能；必要时组织专家论证，进行科学试验。

(4)合同措施。参与合同谈判，向设计单位反复说明在给定的投资范围内进行设计的要求，并以合同措施鼓励设计单位在广泛调研和科学论证基础上，力求优化设计。

【实践练习】 用建设工程投资控制的原理，举例分析我国监理机构在建设工程中的主要任务。

1.4.2 建设工程招标阶段的投资控制

1.4.2.1 建设工程投资决策阶段的投资控制

1. 可行性研究

可行性研究是在项目投资决策前，通过综合论证对建设项目进行技术、经济、财务等方面的可行性分析。一般要解决下述问题：

(1)技术上是否先进、实用、可靠；

(2)在经济、人力、物力、财力上投资是否合理，市场销售和生产能力是否有可能性；

(3)对经济效益、社会效益及对环保的影响进行预测；

(4)选定最佳投资方案，提出结论性意见和建议。

2. 可行性研究的基本步骤

可行性研究的基本步骤如图 1.4.1 所示。

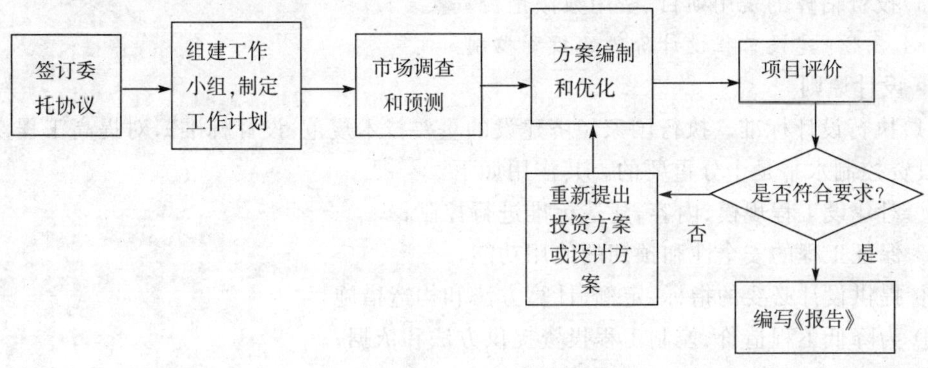

图 1.4.1　基本步骤

3. 投资估算的概念

投资估算是在项目设计前，在拟建项目的建设规模、产品方案、工艺技术和设备方案、工程方案和项目实施进度等基本确定的基础上，估算拟建项目所需资金总额(包括建设投资和流动资金)。

4. 投资估算编制方法

投资估算编制方法如表 1.4.2 所示。

表 1.4.2　投资估算编制方法

<table>
<tr><th colspan="2">估算内容</th><th colspan="2">估算方法</th><th>适用范围</th></tr>
<tr><td rowspan="6">投资估算</td><td rowspan="4">建设投资估算</td><td>生产能力指数法</td><td>$x=y\left(\frac{c_2}{c_1}\right)^n\times c_f$</td><td>多用于估算同类而不同生产能力拟建项目投资或设备投资</td></tr>
<tr><td>分项比例估算法</td><td>$C=E(1+f_1p_1+f_2p_2+f_3p_3)+I$</td><td>运用于设备投资占比例较大的项目</td></tr>
<tr><td>资金周转率法</td><td>$总投资=\frac{产品年产量\times产品单价}{资金周转率}$</td><td>此法简单、易行、省时、省费用，但估算结果精度低</td></tr>
<tr><td>单位面积综合指标估算法</td><td>单项工程投资额＝建筑面积×造价/单位面积×浮动价格指数±结构和建筑标准部分的价差</td><td>适用于单项工程投资估算</td></tr>
<tr><td rowspan="2">流动资金估算</td><td>分项详细估算法</td><td>参照现有同类企业状况进行分项详细估算</td><td></td></tr>
<tr><td>扩大指标估算法</td><td>可按建设投资或经营成本或按年销售收入的一定比例估算或按单位产量占用流动资金的比例进行估算</td><td>对小型项目或初步可行性研究阶段采用此法</td></tr>
</table>

5. 投资估算审查要点

(1)编制依据的时效性、准确性；

(2)估算方法的科学性、适用性；

(3)编制内容与拟建项目规划要求一致性；

(4)投资估算的费用项目、费用数额是否真实。

1.4.2.2　建设工程设计阶段的投资控制

1. 设计原则

(1)执行设计标准。执行国家经济建设的重要技术规范《设计标准》,对提高工程设计阶段的投资控制水平是十分重要的。其作用如下：

① 对建设工程规模、内容、建造标准进行控制；

② 保证工程的安全性和预期的使用功能；

③ 提供设计必要的指标、定额、计算方法和构造措施；

④ 为降低工程造价、控制工程投资提供方法和依据；

⑤ 减少设计工作量,提高设计效率；

⑥ 促进建筑工业化、装配化,加快建设速度。

(2)推行标准设计。工程标准设计通常指工程中可在一定范围内通用的标准图、通用图和复用图(统称为标准图),在工程设计中采用标准设计,可促进工业化水平、加快工程进度、节约材料、降低建设投资。

(3)限额设计。限额设计就是按批准的投资估算控制初步设计,按批准的初步设计总概算控制施工图设计。

限额设计控制工作的主要内容包括：

① 重视初步设计的方案选择；

② 严格控制施工图预算；

③ 加强设计变更管理。

(4)设计方案优选。通过对工程设计方案的经济分析,从若干个设计方案中选择最佳方案,最常用的设计方案的选择方法是比较分析法。

2. 建设工程设计概算的编制及审查

(1)设计概算内容。设计概算是在初步设计或扩大初步设计阶段,由设计单位按照设计要求概略地计算,确定拟建工程建设全过程所需的建设费用的文件,是设计文件的重要组成部分,设计概算分为三级。其编制内容及相互关系如图 1.4.2 所示。

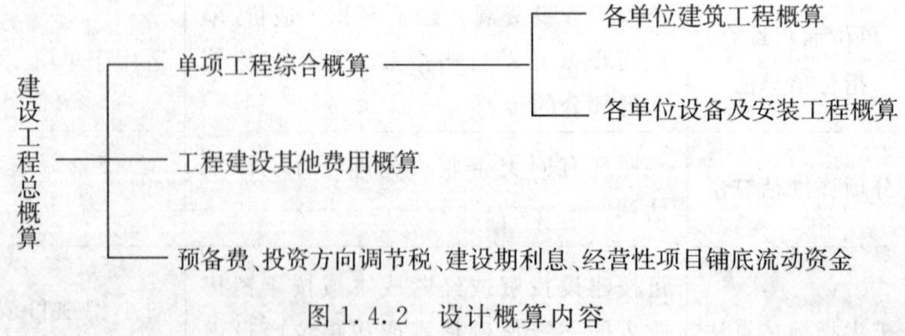

图 1.4.2　设计概算内容

(2)设计概算编制的主要依据如下：

① 项目建设计划任务书和经批准的有关文件及资料；

② 初步设计或扩大初步设计图、工程项目一览表、设备表等有关文件；

③ 建设工程概算定额或概算指标；

④ 有关建设项目的设备、工、器具等清单，设备原价和运杂费标准等；

⑤ 有关价格和取费标准。

(3)设计概算编制主要方法。设计概算编制从最基本的单位工程概算开始编制，经过逐级编制和按一定程序汇总而成。单位工程建筑工程和设备、安装工程的设计概算编制主要方法，如表 1.4.3 所示。

表 1.4.3　设计概算编制主要方法

<table>
<tr><th rowspan="2"></th><th colspan="2">建筑工程概算</th><th colspan="2">设备及安装工程概算</th></tr>
<tr><th>编制原理</th><th>适用条件</th><th>编制原理</th><th>适用条件</th></tr>
<tr><td>扩大单价法</td><td>根据概算定额编制成扩大单位估价表，将扩大分部分项工程的工程量乘以相应的扩大单位估价计算</td><td>初步设计达到一定深度，建筑结构比较明确的建筑工程</td><td>可采用主体设备、成套设备或工艺线的综合扩大安装单价编制</td><td>初步设计的设备清单不完善，或仅有成套设备的质量时</td></tr>
<tr><td rowspan="2">概算指标法</td><td>直接用概算指标编制单位工程概算</td><td>设计对象的结构特征符合概算指标的结构特征</td><td rowspan="2">按占设备价值的百分比的概算指标计算
按每吨设备安装费的概算指标计算
按座台、套或功率为计量单位的概算指标计算
按设备安装工程每平方米建筑面积的概算指标计算</td><td rowspan="2">初步设计的设备清单不完备或安装预算单价及扩大综合单价不全，无法采用预算单价法和扩大单价时可采用概算指标法</td></tr>
<tr><td>用修正概算指标编制单位工程概算</td><td>当设计对象的结构特征与概算指标的结构特征局部有差别时，可用修正概算指标</td></tr>
<tr><td>预算单价法</td><td>/</td><td>/</td><td>根据计算的设备安装工程量，乘以安装工程预算单价，经汇总求得</td><td>初步设计有详细设备清单时，可直接按预算定额单价计算</td></tr>
</table>

(4)设计概算的审查内容如下：

① 审查设计概算编制依据的合法性、时效性及适用范围，提高项目投资的准确性和合理性；

② 对单位工程设计概算构成的审查包括建筑工程概算审查和设备及安装工程概算审查；

③ 综合概算和总概算的审查。

(5)审查方式采用集中会审。

3. 建筑安装工程施工图预算编制与审查

(1)施工图预算概念。施工图预算是根据批准的施工图设计、预算定额和单位估价表、施工组织设计文件以及各种费用定额等有关资料，进行计算和编制的单位工程预算造价文件。

施工图预算是拟建工程设计概算的具体化文件，也是单项工程综合预算的基础文件。施工图预算的编制对象为单位工程，因此也称作单位工程预算。

(2)施工图预算的编制方法。施工图预算的编制方法如表 1.4.4 所示。

表 1.4.4 施工图预算的编制方法

内容	单价法	实物法
步骤	1)准备资料，熟悉施工图纸和施工组织设计 2)计算工程量 3)套工料单价 4)编制工料分析表 5)计算其他各项费用和利税并汇总造价 6)复核 7)填写封面，编制说明	1)准备资料，熟悉施工图纸和施工组织设计 2)计算工程量 3)套用预算人工、材料和机械台班定额 4)作出人工、材料、机械汇总表 5)根据当时当地人工、材料、机械单价，汇总人工费、材料费和机械费 6)计算其他各项费用和利税，汇总造价 7)复核 8)编制说明，填写封面
计算公式	单位工程施工图预算直接工程费 = $\sum$(工程量×工、料、机单价)	单位工程施工图预算直接工程费 = $\sum$(工程量×材料预定额用量×当时当地材料预算价格)+$\sum$(工程量×人工预算定额用量×当时当地人工工资单价)+$\sum$(工程量×施工机械预算定额台班用量×当时当地机械台班单价)

(3)根据有关资料，确定施工图预算的审查内容、步骤和方法。

① 审查内容：

Ⅰ. 审查工程量；

Ⅱ. 审查定额或单价的套用；

Ⅲ. 审查其他相关费用。

② 审查步骤：

Ⅰ. 做好审查前的准备工作；

Ⅱ. 选择合适的审查方法，审查相应内容；

Ⅲ. 综合整理审查资料，定案后编制调整预算。

③ 审查方法：逐项审查法、标准预算审查法、分组计算审查法、对比审查法、重点审查法、筛选审查法。

1.4.2.3 建设工程施工招标阶段的投资控制

1. 合同价格的分类及其适用条件

(1)固定价又分为固定总价和固定单价。

① 固定总价。以工程性质、设计图纸、工程量及规范为基础，发承包双方协商一个固定的总价，无特定情况不作变化。其适用条件为：

Ⅰ. 招标时设计图纸完整齐全，项目范围及工程量计算依据确切，合同履行过程中不会出现较大的设计变更，承包方依据报价的工程量与实际工程量不会有较大差异；

Ⅱ. 规模较小、技术不太复杂的中小型工程；

Ⅲ. 合同工期短(一般一年以内)。

② 固定单价。包括估算工程量单价和纯单价两种。

Ⅰ. 对于估算工程量单价，是以工程量清单和工程单价表为基础和依据来计算合同价格，但最后工程结算价应按实际完成工程量计算，即合同中分部分项工程单价乘以实际工程量，得出工程结算和支付的工程总价格。

适用如下条件：

具有初步设计图纸，工程性质比较清楚，但施工图不完整，或当准备招标的工程项目内容、技术经济指标一时尚不明确具体规定时，往往采用此种合同形式。

工期长、技术复杂、施工过程中可能发生各种不可预见因素较多的建设工程。

Ⅱ. 对于纯单价，招标时发包方只向承包方给出发包工程的有关分部分项工程项目以及工程范围，不对工程量作任何规定。承包方只需要对这类给定的工程范围的分部分项工程作出报价，合同实施过程中按实际完成的工程量进行结算。主要适用于没有施工图、工程量不明、却急需开工的紧迫工程。

(2)可调价又分为可调总价和可调单价。

① 可调总价。以设计图纸及规定、规范为基础，在报价及签约时，按招标文件的要求和当时的物价计算合同总价(相对固定总价)。合同执行中因通货膨胀引起用工、料成本增加时，可对合同总价进行相应调整。

适用条件：工程内容和技术经济指标规定很明确的项目，由于合同中列有调值条款，所以适用于工期为一年以上的工程项目。

② 可调单价。工程招标文件中规定合同单价可调，在合同中签订的单价，根据合同约定的条款，如在工程实施过程中物价发生变化等，可作调整。

适用条件：有的工程在招标或签约时，因某些不确定因素而在合同中暂定某些分部分项工程的单价，在工程结算时，再根据实际情况和合同约定对合同单价进行调整，确定实际结算单价。

(3)成本加酬金分为以下4种形式。

① 成本加固定百分比酬金。这种合同形式，承包方实际成本是实报实销，另按实际成本的固定百分比付给承包方一笔酬金。

这种合同计价方式，酬金是按实际成本百分比付给，因此酬金额因实际成本水涨船高，提高了工程造价，不利于鼓励承包方关心降低成本，故很少被采用。

② 成本加固定金额酬金。这种合同计价方式与①相似，仅把固定百分比酬金改为按估算工程成本一定百分比确定一个固定不变的金额作为酬金。

这种合同计价方式，仍旧不能鼓励承包商关心降低成本，但从尽快获得全部酬金减少管理人员出发，会有利于缩短工期。

③ 成本加奖罚。在签订合同时双方事先约定该工程的预期成本或称目标成本加固定酬金，以及实际发生的成本与预期成本比较后的奖罚计算办法。

此种形式可以促使承包方关心降低成本，缩短工期，而且目标成本可以随着设计的进展加以调整，所以发、承包双方都不会承担太大风险，故这种合同形式应用较多。

④ 最高限额成本加固定最大酬金，首先要确定最高限额成本、报价成本和最低成本，当实际成本没有超过最低成本时，承包方开支的成本费用及应得酬金等都可得到发包方的支付，并与发包方分享节约额；如果实际成本在最低成本和报价成本之间，承包方只有成本和酬金可以得到支付；如果实际成本在报价成本与最高限额成本之间，则只有全部成本可以得到支付；实际工程成本超过最高限额成本，则超过部分，发包方不予支付。

这种形式有利于控制投资，并能鼓励承包方最大限度地降低工程成本。

【实践练习】 你作为监理单位派到建设单位的总监，在建设单位选择设计方案你应如何选择最优设计方案？你作为招标代理机构的招标人，应该如何组织建设单位施工招标过程？

1.4.3 建设工程施工阶段的投资控制

1.4.3.1 施工阶段投资控制目标

监理工程师在施工阶段进行投资控制的基本原理是把计划投资额作为投资控制的目标值，在工程施工过程中定期地进行投资实际值与目标值的比较，通过比较发现并找出实际支出额与投资控制目标值之间的偏差，分析产生偏差的原因，并采取有效措施加以控制，以保证投资控制目标的实现。

1. 投资目标的分解

编制资金使用计划过程中最重要的步骤，就是项目投资目标的分解。根据投资控制目标和要求的不同，投资目标的分解可以分为按投资构成、按子项目、按时间分解三种类型。

(1)按投资构成分解的资金使用计划。工程项目的投资主要分为建筑安装工程投资、设备工器具购置投资及工程建设其他投资。由于建筑工程和安装工程在性质上存在着较大差异，投资的计算方法和标准也不尽相同。因此，在实际操作中往往将建筑工程投资和安装工程投资分解开来。这样，建筑工程投资、安装工程投资、工器具购置投资可以进一步分解。另外，在按项目投资构成分解时，可以根据以往的经验和建立的数据库来确定适当的比例，必要时也可以适当地调整。例如，如果估计所购置的设备大多包括安装费，则可将安装工程投资和设备购置投资作为一个整体来确定它们所占的比例，然后再根据具体情况决定细分或不细分。因此，按投资构成分解的方法比较适合于有大量经验数据的工程项目。

(2)按子项目分解的资金使用计划。大中型的工程项目通常是由若干单项工程构成的，而每个单项工程包括了多个单位工程，每个单位工程又是由若干个分部分项工程构成的，因此，首先要把项目总投资分解到单项工程和单位工程中，如图 1.4.3 所示。

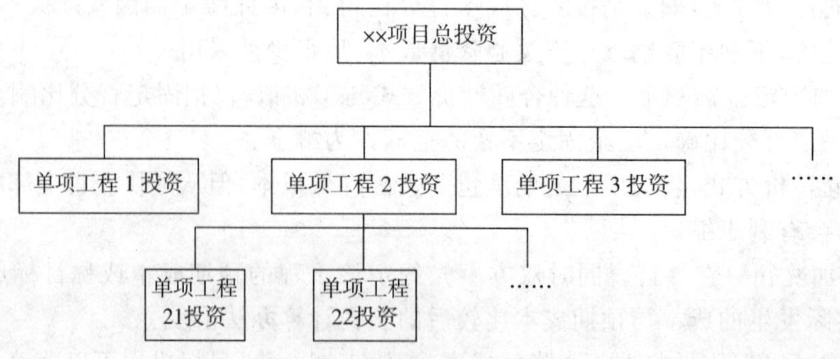

图 1.4.3 按子项目分解投资目标

由于概算和预算大都是按照单项工程和单位工程来编制的，所以将项目总投资分解到各单项工程和单位工程比较容易。需要注意的是，按照这种方法分解项目总投资，不能只是分解建筑工程投资、安装工程投资和设备工器具购置投资，还应该分解项目的其他投资。但项目其他投资所包含的内容既与具体单项工程或单位工程直接有关，也与整个项目建设有关，因此必须采取适当的方法将项目其他投资合理地分解到各个单项工程和单位工程中。最常用的也是最简单的方法就是按照单项工程的建筑安装工程投资和设备工器具购置投资之和的比例分摊，但其结果可能与实际支出的投资相差甚远。因此实践中一般应对工程项目的其他投资具体内容进行分析，将其中确实与各单项工程和单位工程有关的投资分离出来，按照一定比例分解到相应的工程内容上，其他与整个项目有关的投资则不分解到各单项工程和单位工程上。

另外，对各单位工程的建筑安装工程投资还需要进一步分解，在施工阶段一般可分解到分部分项工程。

(3)按时间进度分解的资金使用计划。工程项目的投资总是分阶段、分期支出的，资金应用是否合理与资金的时间安排有密切关系。为了编制项目资金使用计划，并据此筹措资金，尽可能减少资金占用和利息支出，有必要将项目总投资按其使用时间进行分解。

编制按时间进度的资金使用计划，通常可利用控制项目进度的网络图进一步扩充而得。即在建立网络图时，一方面确定完成各项工作所需花费的时间，另一方面同时确定完成这一工作的合适的投资支出预算。在实践中，将工程项目分解为既能方便地表示时间，又能方便地表示投资支出预算的工作是不容易的。通常如果项目分解程度对时间控制合适，则对投资支出预算可能分配过细，以至于不可能对每项工作确定其投资支出预算；反之亦然。因此，在编制网络计划时应在充分考虑进度控制对项目划分要求的同时，还要考虑确定投资支出预算对项目划分的要求，做到两者兼顾。

以上三种编制资金使用计划的方法并不是相互独立的，在实践中，往往是将这几种方法结合起来使用，从而达到扬长避短的效果。例如，将按子项目分解项目总投资与按投资构成分解项目总投资两种方法相结合，横向按子项目分解，纵向按投资构成分解，或相反。这种分解方法有助于检查各单项工程和单位工程投资构成是否完整，有无重复计算或缺项；同时还有助于检查各项具体的投资支出对象是否明确或落实，并且可以从数字上校核分解的结果有无错误。或者还可将按子项目分解项目总投资目标与按时间分解项目总投资目标结合起来，一般是纵向按子项目分解，横向按时间分解。

2. 资金使用计划的形式

(1)按子项目分解得到的资金使用计划表。在完成工程项目投资目标分解之后，接下来就要具体地分配投资，编制工程分项的投资支出计划，从而得到详细的资金使用计划表。其内容一般包括：

① 工程分项编码；

② 工程内容；

③ 计量单位；

④ 工程数量；

⑤ 计划综合单价；

⑥ 本分项总计。

在编制投资支出计划时，不但在项目总的方面考虑总的预备费，也要在主要的工程分项中安排适当的不可预见费，避免在具体编制资金使用计划时，可能发现个别单位工程或工程量表中某项内容的工程量计算有较大出入，使原来的投资预算失实，并在项目实施过程中对其尽可能地采取一些措施。

(2)时间-投资累计曲线。通过对项目投资目标按时间进行分解，在网络计划基础上，可获得项目进度计划的横道图，并在此基础上编制资金使用计划。其表示方式有两种：一种是在总体控制时标网络图上表示，如图 1.4.4 所示；另一种是利用时间-投资曲线(S 形曲线)表示，如图 1.4.5 所示。

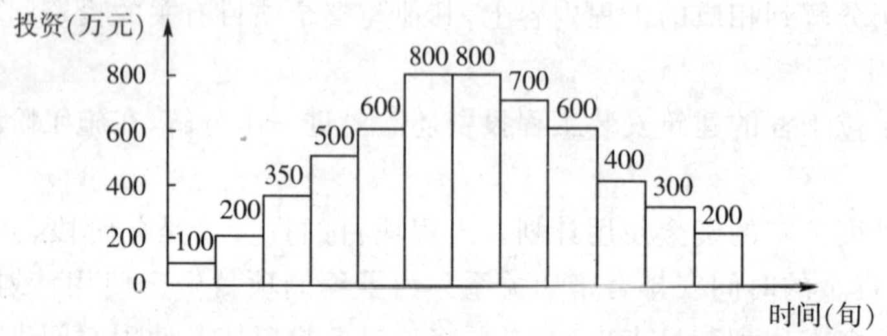

图 1.4.4 时标网络图上按月编制的资金使用计划

时间-投资累计曲线的绘制步骤如下：

① 确定工程项目进度计划，编制进度计划的横道图；

② 根据每单位时间内完成的实物工程量或投入的人力、物力和财力，计算单位时间(月或旬)的投资，在时标网络图上按时间编制投资支出计划(见图 1.4.4)；

③ 计算规定时间 t 内计划累计完成投资额，其计算方法为：各单位时间计划完成的投资额累加之和；

④ 按各规定时间的累计完成投资额(Q_t)值，绘制 S 形曲线，如图 1.4.5 所示。

每一条 S 形曲线都对应某一特定的工程进度计划。因为在进度计划的非关键路线中存在许多有时差的工序或工作，因而 S 形曲线(投资计划值曲线)必然包络在由全部工作都按最早开始时间开始和全部工作都按最迟必须开始时间开始的曲线所组成的“香蕉图”内。建设单位可根据编制的投资支出预算来合理安排资金，同时建设单位也可以根据筹措的建设资金来调整 S 形曲线，即通过调整非关键路线上的最早或最迟开工时间，力争将实际的投资支出控制在计划的范围内。

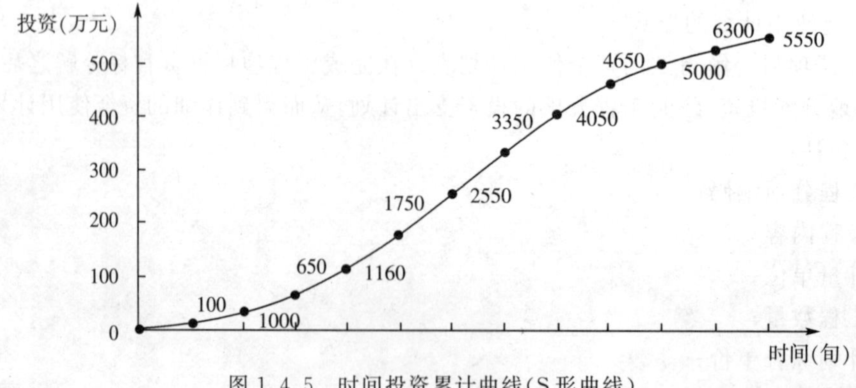

图 1.4.5 时间投资累计曲线(S 形曲线)

一般而言，所有工作都按最迟开始时间开始，对节约建设单位的建设资金贷款利息是有利的，但同时也降低了项目按期竣工的保证率。因此，监理工程师必须合理地确定投资支出计划，这样既能达到节约投资支出，又能控制项目工期的目的。

(3)综合分解资金使用计划表。将投资目标的不同分解方法相结合，得到比前者更为详尽、有效的综合分解资金使用计划表。综合分解资金使用计划表，一方面有助于检查各单项工程和单位工程的投资构成是否合理，有无缺陷或重复计算；另一方面也可以检查各项具体投资支出的对象是否明确和落实，并可校核分解的结果是否正确。

1.4.3.2　施工阶段投资控制的措施

众所周知，建设工程的投资主要发生在施工阶段，在这一阶段需要投入大量的人力、物力、资金等，是工程项目建设费用消耗最多的时期，浪费投资的可能性比较大。因此，精心地组织施工，挖掘各方面潜力，节约资源消耗，仍可以收到节约投资的明显效果。对施工阶段的投资控制应给予足够的重视，仅仅靠控制工程款的支付是不够的，应从组织、经济、技术、合同等多方面采取措施控制投资。

1. 组织措施

(1)在项目管理班子中，从投资控制角度进行施工跟踪人员、任务分工和职能分工；

(2)编制本阶段投资控制工作计划和详细的工作流程图。

2. 经济措施

(1)编制资金使用计划，确定、分解投资控制目标。对工程项目造价目标进行风险分析，并制定防范性对策。

(2)进行工程计量。

(3)复核工程付款账单，签发付款证书。

(4)在施工过程中进行投资跟踪控制，定期地进行投资实际支出值与计划目标值的比较；发现偏差，分析产生偏差的原因，采取纠偏措施。

(5)协商确定工程变更的价款，审核竣工结算。

(6)对工程施工过程中的投资支出作好分析与预测，经常或定期向建设单位提交项目投资控制及其存在问题的报告。

3. 技术措施

(1)对设计变更进行技术经济比较，严格控制设计变更；

(2)继续寻找通过设计挖潜节约投资的可能性；

(3)审核承包商编制的施工组织设计，对主要施工方案进行技术经济分析。

4. 合同措施

(1)做好工程施工记录，保存各种文件图纸，特别是注有实际施工变更情况的图纸，注意积累素材，为正确处理可能发生的索赔提供依据，参与处理索赔事宜。

(2)参与合同修改、补充工作，着重考虑它对投资控制的影响。

1.4.3.3　费用索赔计算

索赔是工程承包合同履行中，当事人一方因对方不履行或不完全履行既定的义务，或者由于对方的行为使权利人受到损失时，要求对方补偿损失的权利。索赔是工程承包中经常发生并随处可见的正常现象。由于施工现场条件、气候条件变化，施工进度变化，以及合同条款、规范、标准文件和施工图纸的变更、差异、延误等因素的影响，使得工程承包中不可避免地出现索赔，进而导致项目的投资发生变化。因此，索赔控制将是建设工程施工阶段投资控制的重要手段。

1. 常见的索赔内容

(1)承包商向业主的索赔：

① 不利的自然条件与人为障碍引起的索赔。不利的自然条件是指施工中遭遇到的实际自然条件比招标文件中所描述的更为困难和恶劣，是一个有经验的承包商无法预测的不利的自然条件与人为障碍，导致了承包商必须花费更多的时间和费用，在这种情况下，承包商可以向业主提出索赔要求。

Ⅰ. 地质条件变化引起的索赔。在招标文件中规定，由业主提供有关该项工程的勘察所取得的水文及地表以下的资料。但在合同中往往写明承包商在提交投标书之前，已对现场和周围环境及与之有关的可用资料进行了考察和检查，包括地表以下条件及水文和气候条件。承包商应对他自己对上述资料的解释负责。但合同条件中经常还有另外一条：在工程施工过程中，承包商如果遇到了现场气候条件以外的外界障碍或条件，在他看来这些障碍和条件是一个有经验的承包商也无法预见到的，则承包商应就此向监理工程师提供有关通知，并将一份副本呈交业主。收到此类通知后，如果监理工程师认为这类障碍或条件是一个有经验的承包商无法合理预见到的，在与业主和承包商适当协商以后，应给予承包商延长工期和费用补偿的权利，但不包括利润。以上两条并存的合同文件，往往是承包商同业主及监理工程师各执一端争议的缘由所在。例如，某承包商投标获得一项铺设管道工程，根据标书中介绍的情况算标。工程开工后，当挖掘深 7.0 m 的坑时，遇到了严重的地下渗水，不得不安装抽水系统，并开动了达 30 日之久，承包商对不可预见的额外成本要求索赔。但监理工程师根据承包商投标时业已承认考察过现场并了解现场情况，包括地表地下条件和水文条件等，认为安装抽水机是承包商自己的事，拒绝补偿任何费用。承包商则认为这是业主提供的地质资料不实造成的。监理工程师则解释为，地质资料是真实的，钻探是在 5 月中旬进行，这意味着是在旱季季尾，而承包商的挖掘工程是在雨季中期进行。承包商应预先考虑到会有一较高的水位，这种风险不是不可预见的，因此，拒绝索赔。

Ⅱ、工程中人为障碍引起的索赔。在施工过程中，如果承包商遇到了地下构筑物或文物，如地下电缆、管道和各种装置等，只要是图纸上并未说明的，承包商应立即通知监理工程师，并共同讨论处理方案。如果导致工程费用增加(如原计划是机械挖土，现在不得不改为人工挖土)，承包商即可提出索赔，这种索赔发生争议较少。由于地下构筑物和文物等确属是有经验的承包商难以合理预见的人为障碍，一般情况下，因遭遇人为障碍而要求索赔的数额并不太大，但闲置机器而引起的费用是索赔的主要部分。如果要减少突然发生的障碍的影响，监理工程师应要求承包商详细编制其工作计划，以便在必须停止一部分工作时，仍有其他工作可做。当未预知的情况所产生的影响是不可避免时，监理工程师应立即与承包商就解决问题的办法和有关费用达成协议，给予工期延长和成本补偿。如果办不到的话，可发出变更命令，并确定合适的费率和价格。

② 工程变更引起的索赔。在工程施工过程中，由于工地上不可预见的情况，环境的改变，或为了节约成本等，在监理工程师认为必要时，可以对工程或其任何部分的外形、质量或数量做出变更。任何此类变更，承包商均不应以任何方式使合同作废或无效。但如果监理工程师确定的工程变更单价或价格不合理，或缺乏说服承包商的依据，则承包商有权就此向

业主进行索赔。

③ 工期延期的费用索赔。工期延期的索赔通常包括两个方面：一是承包商要求延长工期；二是承包商要求偿付由于非承包商原因导致工程延期而造成的损失。这两方面的索赔报告一般要求分别编制，因为工期和费用索赔并不一定同时成立。例如，由于特殊恶劣气候等原因承包商可以要求延长工期，但不能要求补偿；也有些延误时间并不影响关键路线的施工，承包商可能得不到延长工期的承诺。但是，如果承包商能提出证据说明其延误造成的损失，就有可能有权获得这些损失的补偿，有时两种索赔可能混在一起，既可以要求延长工期，又可以获得对其损失的补偿。

Ⅰ. 工期索赔。承包商提出工期索赔，通常是由于下述原因：

* 合同文件的内容出错或互相矛盾；

* 监理工程师在合理的时间内未曾发出承包商要求的图纸和指示；

* 有关放线的资料不准；

* 不利的自然条件；

* 在现场发现化石、钱币、有价值的物品或文物；

* 额外的样本与试验；

* 业主和监理工程师命令暂停工程；

* 业主未能按时提供现场；

* 业主违约；

* 业主风险；

* 不可抗力。

以上这些原因要求延长工期，只要承包商能提出合理的证据，一般可获得监理工程师及业主的同意，有的还可索赔损失。

Ⅱ. 延期产生的费用索赔。以上提出的工期索赔中，凡属于客观原因造成的延期，属于业主也无法预见到的情况，如特殊反常天气等，承包商可得到延长工期，但得不到费用补偿。凡纯属业主方面的原因造成拖期，不仅应给承包商延长工期，还应给予费用补偿。

④ 加速施工费用的索赔。一项工程可能遇到各种意外的情况或由于工程变更而必须延长工期。但由于业主的原因（例如：该工程已经出售给买主，需按议定时间移交给买主），坚持不给延期，迫使承包商加班赶工来完成工程，从而导致工程成本增加，如何确定加速施工所发生的附加费用，合同双方可能差距很大。因为影响附加费用款额的因素很多，如投入的资源量、提前的完工天数、加班津贴、施工新单价等。解决这一问题建议采用"奖金"的办法，鼓励承包商克服困难，加速施工。即规定当某一部分工程或分部工程每提前完工1天，发给承包商奖金若干。这种支付方式的优点是：不仅促使承包商早日建成工程，早日投入运行，而且计价方式简单，避免了计算加速施工、延长工期、调整单价等许多容易扯皮的烦琐计算和讨论。

⑤ 业主不正当地终止工程而引起的索赔。由于业主不正当地终止工程，承包商有权要求补偿损失，其数额是承包商在被终止工程中的人工、材料、机械设备的全部支出，以及各项管理费用、保险费、贷款利息、保函费用的支出（减去已结算的工程款），并有权要求赔偿其盈利损失。

⑥ 物价上涨引起的索赔。物价上涨是各国市场的普遍现象，尤其在一些发展中国家，

由于物价上涨，使人工费和材料费不断增长，引起了工程成本的增加。如何处理物价上涨引起的合同价调整问题，常用的办法有以下三种：

Ⅰ. 对固定总价合同不予调整，这适用于工期短、规模小的工程。

Ⅱ. 按价差调整合同价，在工程结算时，对人工费及材料费的价差，即现行价格与基础价格的差值，由业主向承包商补偿。即：

* 材料价调整数＝(现行价－基础价)×材料数量；

* 人工费调整数＝(现时工资－基础工资)×(实际工作小时数＋加班工作小时数×加班工资增加率)；

* 对管理费及利润不进行调整。

Ⅲ. 用调价公式调整合同价。在每月结算工程进度款时，利用合同文件中的调价公式，计算人工、材料等的调整数。

⑦ 法律、货币及汇率变化引起的索赔如下：

Ⅰ. 法律改变引起的索赔。如果在基准日期(投标截止日期前的 28 天)以后，由于业主国家或地方的任何法规、法令、政令或其他法律或规章发生了变更，导致了承包商成本增加。对承包商由此增加的开支，业主应予补偿。

Ⅱ. 货币及汇率变化引起的索赔。如果在基准日期以后，工程施工所在国政府或其授权机构，对支付合同价格的一种或几种货币实行货币限制或货币汇兑限制，则业主应补偿承包商因此而受到的损失。

如果合同规定将全部或部分款额以一种或几种外币支付给承包商，则这项支付不应受上述指定的一种或几种外币与工程施工所在国货币之间的汇率变化的影响。

⑧ 拖延支付工程款的索赔。如果业主在规定的应付款时间内未能按工程师的任何证书向承包商支付应支付的款额，承包商可在提前通知业主的情况下，暂停工作或减缓工作速度，并有权获得任何误期的补偿和其他额外费用的补偿(如利息)。FIDIC 合同规定利息以高出支付货币所在国中央银行的贴现率加 3 %的年利率进行计算。

⑨ 业主的风险

Ⅰ. FIDIC 合同条件对业主风险的定义

业主的风险是指：

A. 战争、敌对行动(不论宣战与否)、入侵、外敌行动；

B. 工程所在国内的叛乱、恐怖主义、革命、暴动、军事政变或篡夺政权或内战；

C. 承包商人员及承包商和分包商的其他雇员以外的人员在工程所在国内的暴乱、骚动或混乱；

D. 工程所在国内的战争军火、爆炸物资、电离辐射或放射性引起的污染，但可能由承包商使用此类军火、炸药、辐射或放射性引起的除外；

E. 由音速或超音速飞行的飞机或飞行装置所产生的压力波；

F. 除合同规定以外业主使用或占有的永久工程的任何部分；

G. 由业主人员或业主对其负责的其他人员所做的工程任何部分的设计；

H. 不可预见的或不能合理预期一个有经验的承包商已采取适宜预防措施的任何自然力的作用。

Ⅱ. 业主风险的后果

如果上述业主风险列举的任何风险达到对工程、货物，或承包商文件造成损失或损害的程度，承包商应立即通知工程师，并应按照工程师的要求，修正此类损失或损害。

如果因修正此类损失或损害使承包商遭受延误和（或）招致增加费用，承包商应进一步通知工程师，并根据[承包商的索赔]的规定，有权要求：

＊根据[竣工时间的延长]的规定，如果竣工已经或将受到延误，对任何此类延误给予延长期；

＊任何此类成本应计入合同价格，给予支付。如有业主的风险的 F 和 G 项的情况，还应包括合理的利润。

10. 不可抗力

Ⅰ. FIDIC 合同条件对不可抗力的定义

不可抗力系指某种异常事件或情况，包括：

A. 一方无法控制的；

B. 该方在签订合同前，不能对之进行合理准备的；

C. 发生后，该方不能合理避免或克服的；

D. 不能主要归因他方的。

只要满足上述 A 和 B 项的条件，不可抗力可以包括（但不限于）下列各种异常事件或情况：

a. 战争、敌对行动（不论宣战与否）、入侵、外敌行为；

b. 叛乱、恐怖主义、革命、暴动、军事政变或篡夺政权、内战；

c. 承包商人员和承包商的其他雇员以外的人员的骚动、喧闹、混乱、罢工或停工；

d. 战争军火、爆炸物资、电离辐射或放射性污染，但可能因承包商使用此类军火、炸药、辐射或放射性引起的除外；

e. 自然灾害，如地震、飓风、台风或火山活动。

Ⅱ. 不可抗力的后果

如果承包商因不可抗力，妨碍其履行合同规定的任何义务，使其遭受延误和（或）招致增加费用，承包商有权根据[承包商的索赔]的规定作出如下要求：

＊根据[竣工时间的延长]的规定，如果竣工已经或将受到延误，对任何此类延误给予延长期；

＊如果是[不可抗力的定义]中 A～D 项所述的事件或情况，并且 B～D 项所述事件或情况发生在工程所在国时，对任何此类费用给予支付。

下表 1.4.5 为 FIDIC《施工合同条件》1999 年第一版中承包商可引用的索赔条款。

表 1.4.5　FIDIC《施工合同条件》1999 年第一版中承包商可引用的索赔条款

序号	合同条款	条款主要内容	索赔内容
1	1.3	通信交流	$T+C+P$
2	1.5	文件的优先次序	$T+C+P$
3	1.8	文件有缺陷或技术性错误	$T+C+P$

（续表）

序号	合同条款	条款主要内容	索赔内容
4	1.9	延误的图纸或指示	$T+C+P$
5	1.13	遵守法律	$T+C+P$
6	2.1	业主未能提供现场	$T+C+P$
7	2.3	业主人员引起的延误、妨碍	$T+C$
8	3.3	工程师的指示	$T+C+P$
9	4.7	因工程师数据差错，放线错误	$T+C+P$
10	4.10	业主应提供现场数据	$T+C+P$
11	4.12	不可预见的物质条件	$T+C$
12	4.20	业主设备和免费供应的材料	$T+C$
13	4.24	发现化石、硬币或有价值的文物	$T+C$
14	5.2	指定分包商	$T+C+P$
15	7.4	工程师改变规定试验细节或附加试验	$T+C+P$
16	8.3	进度计划	$T+C+P$
17	8.4	竣工时间的延长	$T(+C+P)$
18	8.5	当局造成的延长	T
19	8.9	暂停施工	$T+C$
20	10.2	业主接受或使用部分工程	$C+P$
21	10.3	工程师对竣工试验干扰	$T+C+P$
22	11.8	工程师指令承包商调查	$C+P$
23	12.3	工作测出的数量超过工程量表的10％	$T+C+P$
24	12.4	删减	C
25	13	工程变更	$T+C+P$
26	13.7	法规改变	$T+C$
27	13.8	成本的增减	C
28	14.8	延误的付款	$T+C+P$
29	15.5	业主终止合同	$C+P$
30	16.1	承包商暂停工作的权利	$T+C+P$
31	16.4	终止时的付款	$T+C+P$
32	17.4	业主的风险	$T+C(+P)$
33	18.1	当业主为应投保方而未投保时	C
34	19.4	不可抗力	$T+C$
35	20.1	承包商的索赔	$T+C+P$

注：T－工期；C－成本；P－利润

(2)业主向承包商的索赔。由于承包商不履行或不完全履行约定的义务,或者由于承包商的行为使业主受到损失时,业主可向承包商提出索赔。

① 工期延误索赔

在工程项目的施工过程中,由于多方面的原因,往往使竣工日期拖后,影响到业主对该工程的利用,给业主带来经济损失,按惯例,业主有权对承包商进行索赔,即由承包商支付误期损害赔偿费。承包商支付误期损害赔偿费的前提是:这一工期延误的责任属于承包商方面。施工合同中的误期损害赔偿费,通常是由业主在招标文件中确定的。业主在确定误期损害赔偿费的费率时,一般要考虑以下因素:

Ⅰ. 业主盈利损失;

Ⅱ. 由于工程拖期而引起的贷款利息增加;

Ⅲ. 工程拖期带来的附加监理费;

Ⅳ. 由于工程拖期不能使用,继续租用原建筑物或租用其他建筑物的租赁费。

至于误期损害赔偿费的计算方法,在每个合同文件中均有具体规定。一般按每延误一天赔偿一定的款额计算,累计赔偿额一般不超过合同总额的5%～10%。

② 质量不满足合同要求索赔

当承包商的施工质量不符合合同的要求,或使用的设备和材料不符合合同规定,或在缺陷责任期未满以前未完成应该负责修补的工程时,业主有权向承包商追究责任,要求补偿所受的经济损失。如果承包商在规定的期限内未完成缺陷修补工作,业主有权雇佣他人来完成工作,发生的成本和利润由承包商负担。如果承包商自费修复,则业主可索赔重新检验费。

③ 承包商不履行的保险费用索赔

如果承包商未能按照合同条款指定的项目投保,并保证保险有效,业主可以投保并保证保险有效,业主所支付的必要的保险费可在应付给承包商的款项中扣回。

④ 对超额利润的索赔

如果工程量增加很多,使承包商预期的收入增大,因工程量增加承包商并不增加任何固定成本,合同价应由双方讨论调整,收回部分超额利润。

由于法规的变化导致承包商在工程实施中降低了成本,产生了超额利润,应重新调整合同价格,收回部分超额利润。

⑤ 对指定分包商的付款索赔

在承包商未能提供已向指定分包商付款的合理证明时,业主可以直接按照监理工程师的证明书,将承包商未付给指定分包商的所有款项(扣除保留金)付给这个分包商,并从应付给承包商的任何款项中如数扣回。

⑥ 业主合理终止合同或承包商不正当地放弃工程的索赔

如果业主合理地终止承包商的承包,或者承包商不合理地放弃工程,则业主有权从承包商手中收回由新的承包商完成工程所需的工程款与原合同未付部分的差额。

2. 索赔费用的计算

(1)索赔费用的组成。索赔费用的主要组成部分,同工程款的计价内容相似。按我国现行规定(参见建标[2003]206号《建筑安装工程费用项目组成》),建安工程合同价包括直接工程费、间接费、利润和税金。可索赔的费用包括人工费、材料费、机械使用费、保函手续费、延迟付款利息、保险费、管理费、利润等。一般承包商可索赔的具体费用内容，如图 1.4.6 所示。

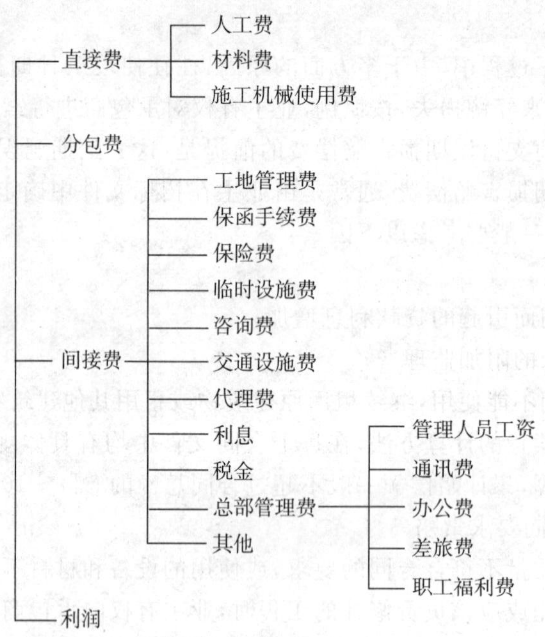

图 1.4.6 可索赔费用的组成部分

从原则上说，承包商有索赔权利的工程成本增加，都是可以索赔的费用，这些费用都是承包商为了完成额外的施工任务而增加的开支。但是，对于不同原因引起的索赔，承包商可索赔的具体费用内容是不完全一样的。哪些内容可索赔，要按照各项费用的特点、条件进行分析论证。

① 人工费。人工费包括施工人员的基本工资、工资性质的津贴、加班费、奖金以及法定的安全福利等费用。对于索赔费用中的人工费部分，人工费是指完成合同之外的额外工作所开支的人工费用；由于非承包商责任的工效降低所增加的人工费用；超过法定工作时间加班劳动；法定人工费增长以及非承包商责任工程延误，导致人员窝工费和工资上涨费等。

【应用案例 1.4.1】 人工费索赔款额的计算

某承包商对一项 10 000 延长米的木窗帘盒装修工程进行承包，在报价书中指明，计划用工 2 498 工日，即工效为 2498 工日/10 000 m＝0.2498 工日/m。每工日工资按 40 元计，共计报价人民币 99 920 元。

在装修过程中，由于业主供应木料不及时，影响了承包商的工作效率，完成 10 000 延长米的木窗帘盒的装修工作实际用 2 700 工日，由于工期拖延，导致工资上涨，实际支付工资按 43 元/工日计，共支付 116 100 元。

在这项承包工程中，承包商遇到了非承包商原因造成的工期延长和工资提高的损失。在索赔报告中，实际用工 2 700 工日，计划用工 2 498 工日，实际支付工资 43 元/工日，计划工资 40 元/工日。

【分析与解答】

实际支出费用：2700×43＝116100 元；　实际计划费用：2700×40＝108000 元；

计划支出费用：2498×40＝99920 元

由于工资提高增加开支：116100－108000＝8100 元

由于工效降低增加开支：108000－9992＝8080 元

两项造成成本增加：8100＋8080＝16180 元

这项成本增加是业主方面原因造成的，故业主同意予以补偿。

② 材料费。材料费的索赔包括：

Ⅰ．由于索赔事项材料实际用量超过计划用量而增加的材料费；

Ⅱ．由于客观原因材料价格大幅度上涨；

Ⅲ．由于非承包商责任工程延误导致的材料价格上涨和超期储存费用。

材料费中应包括运输费、仓储费，以及合理的损耗费用。如果由于承包商管理不善，造成材料损坏失效，则不能列入索赔计价。

③ 施工机械使用费。施工机械使用费的索赔包括：

Ⅰ．由于完成额外工作增加的机械使用费；

Ⅱ．非承包商责任工效降低增加的机械使用费；

Ⅲ．由于业主或监理工程师原因导致机械停工的窝工费。对于窝工费的计算，如系租赁设备，一般按实际租金和调进调出费的分摊计算；如系承包商自有设备，一般按台班折旧费计算，而不能按台班费计算，因台班费中包括了设备使用费。

④ 分包费用。分包费用索赔指的是分包商的索赔费，一般也包括人工、材料、机械使用费的索赔，应如数列入总承包商的索赔款总额以内。

⑤ 工地管理费。索赔款中的工地管理费是指承包商完成额外工程、索赔事项工作以及工期延长时间的工地管理费，包括管理人员工资、办公费、交通费等。但如果对部分工人窝工损失索赔时，因其他工程仍然进行，可能不予计算工地管理费索赔。

⑥ 利息。在索赔款额的计算中，经常包括利息。利息的索赔通常发生于下列情况：

Ⅰ．拖期付款的利息；

Ⅱ．由于工程变更和工程延期增加投资的利息；

Ⅲ．索赔款的利息；

Ⅳ．错误扣款的利息。

至于这些利息的具体利率应是多少，在实践中可采用不同的标准，主要有以下几种：

* 按当时的银行贷款利率；
* 按当时的银行透支利率；
* 按合同双方协议的利率；
* 按中央银行贴现率加 3％。

⑦ 总部管理费。索赔款中的总部管理费主要指的是工程延误期间所增加的管理费，这项索赔款的计算，目前没有统一的方法。在国际工程施工索赔中，总部管理费的计算有以下 3 种。

Ⅰ．按照投标书中总部管理费的比率(3％～8％)计算：

总部管理费＝合同中总部管理费比率(％)×(直接费索赔款额＋工地管理费索赔款额等)　(1.4.1)

Ⅱ．按照公司总部统一规定的管理费比率计算：

总部管理费＝公司管理费比率(％)×(直接费索赔款额＋工地管理费索赔款额等) (1.4.2)

Ⅲ. 以工程延期的总天数为基础，计算总部管理费的索赔额步骤如下：

对某一工程提取的管理费＝同期内公司的总管理费×该工程的合同额/同期内公司的合同额 (1.4.3)

该工程的每日管理费＝该工程向总部上缴的管理费/合同实施天数 (1.4.4)

索赔的总部管理费＝该工程的每日管理费×工程延期的天数 (1.4.5)

⑧ 利润。由于工程范围的变更、文件有缺陷或技术性错误、业主未能提供现场等引起的索赔，承包商可以列入利润。但对于工程暂停的索赔，由于利润通常是包括在每项实施的工程内容的价格之内，而延误工期并未影响削减某些项目的实施，而导致利润减少。所以，一般监理工程师很难同意在工程暂停的费用索赔中加进利润损失。

索赔利润的款额计算通常是与原报价单中的利润百分率保持一致，即在成本的基础上，增加原报价单中的利润率，作为该项索赔款的利润。

(2)索赔费用的计算方法包括实际费用法和总费用法。

① 实际费用法。实际费用法是工程索赔计算时最常用的一种方法，它是以承包商为某项索赔工作所支付的实际开支为依据，向业主要求费用补偿。

用实际费用法计算时，在直接费的额外费用部分的基础上，再加上应得的间接费和利润，即是承包商应得的索赔金额。由于实际费用法所依据的是实际发生的成本记录或单据，所以，在施工过程中，系统而准确地积累记录资料是非常重要的。

② 总费用法。总费用法即总成本法，就是当发生多次索赔事件以后，重新计算该工程的实际总费用，实际总费用减去投标报价时的估算总费用，即为索赔金额，即：

索赔金额＝实际总费用－投标报价估算总费用 (1.4.6)

不少人对采用该方法计算索赔费用持批评态度，因为实际发生的总费用中可能包括了承包商的原因，如施工组织不善而增加的费用，同时投标报价估算的总费用却因为想中标而过低，所以这种方法只有在难以采用实际费用法时才应用。

③ 修正的总费用法。修正的总费用法是对总费用法的改进，即在总费用计算的原则上，去掉一些不合理的因素，使其更合理。修正的内容如下：

Ⅰ. 将计算索赔款的时段局限于受到外界影响的时间，而不是整个施工期。

Ⅱ. 只计算受影响时段内的某项工作所受影响的损失，而不是计算该时段内所有施工工作所受的损失。

Ⅲ. 与该项工作无关的费用不列入总费用中。

Ⅳ. 对投标报价费用重新进行核算：按受影响时段内该项工作的实际单价进行核算，乘以实际完成的该项工作的工程量，得出调整后的报价费用。

按修正后的总费用计算索赔金额的公式如下：

索赔金额＝某项工作调整后的实际总费用－该项工作调整后的报价费用 (1.4.7)

修正的总费用法与总费用法相比，有了实质性的改进，它的准确程度已接近于实际费用法。

【应用案例 1.4.2】 某工程由于业主修改设计，监理工程师下令承包商工程暂停1个月。试分析在这种情况下，承包商可索赔哪些费用？

【分析与解答】

可索赔如下费用：

(1)人工费。对于不可辞退的工人，索赔人工窝工费，应按人工工日成本计算；对于可以辞退的工人，可索赔人工上涨费。

(2)材料费。可索赔超期储存费用或材料价格上涨费。

(3)施工机械使用费。可索赔机械窝工费或机械台班上涨费。自有机械窝工费一般按台班折旧费索赔，租赁机械一般按实际租金和调进调出的分摊费计算。

(4)分包费用。是指由于工程暂停分包商向总包索赔的费用，总包向业主索赔应包括分包商向总包索赔的费用。

(5)工地管理费。由于全停工，可索赔增加的工地管理费。可按日计算，也可按直接成本的百分比计算。

(6)保险费。可索赔延期1个月的保险费，按保险公司保险费率计算。

(7)保函手续费。可索赔延期1个月的保函手续费，按银行规定的保函手续费率计算。

(8)利息。可索赔延期1个月增加的利息支出，按合同约定的利率计算。

(9)总部管理费。由于全面停工，可索赔延期增加的总部管理费，按总部规定的百分比计算。如果工程只是部分停工，监理工程师可能不同意总部管理费的索赔。

1.4.3.4　工程结算

1. 工程价款的结算

(1)工程价款的主要结算方式。按现行规定，工程价款结算可以根据不同情况采取多种方式。

① 按月结算。即先预付工程备料款，在施工过程中按月结算工程进度款，竣工后进行竣工结算。我国现行建筑安装工程价款结算中，大部分是实行这种按月结算方式。

② 竣工后一次结算。建设项目或单项工程全部建筑安装工程建设期在12个月以内，或者工程承包合同价值在100万元以下的，可以实行工程价款每月月中预支，竣工后一次结算。

③ 分段结算。即当年开工，当年不能竣工的单项工程或单位工程按照工程形象进度，划分不同阶段进行结算，分段结算可以按月预支工程款。实行竣工后一次结算和分段结算的工程，当年结算的工程款应与分年度的工作量一致，年终不再清算。

④结算双方约定的其他结算方式。

(2)工程预付款。工程预付款是建设工程施工合同订立后由发包人按照合同约定，在正式开工前预先支付给承包人的工程款。它是施工准备和所需要材料、结构件等流动资金的主要来源，国内习惯上又称为预付备料款。预付工程款的具体事宜由发承包双方根据建设行政主管部门的规定，结合工程款、建设工期和包工包料情况在合同中约定。《建设工程施工合同(示范文本)》中，有关工程预付款作了如下约定："实行工程预付款的，双方应当在专用条款内约定发包人向承包人预付工程款的时间和数额，开工后按约定的时间和比例陆续扣回。预付时间应不迟于约定的开工日期前 7 天。发包人不按约定预付，承包人在约定预付时间 7 天后向发包人发出要求预付的通知，发包人收到通知后仍不能按要求预付，承包人可在发出通知后 7 天停止施工，发包人应从约定应付之日起向承包人支付应付款的贷款利息，并承担违约责任。”

对于工程预付款额度，各地区、各部门的规定不完全相同，主要是保证施工所需材料和构件的正常储备。一般是根据施工工期、建安工作量、主要材料和构件费用占建安工作量的比例以及材料储备周期等因素经测算来确定。

① 在合同条件中约定。发包人根据工程的特点、工期长短、市场行情、供求规律等因素，招标时在合同条件中约定工程预付款的百分比。

② 公式计算法。公式计算法是根据主要材料（含结构件等）占年度承包工程总价的百分比、材料储备定额天数和年度施工天数等因素，通过公式计算预付备料款额度的一种方法。

其计算公式是：

$$\text{工程预付款数额}=\frac{\text{工程总价}\times\text{材料百分比}}{\text{年度施工天数}}\times\text{材料储备定额天数} \qquad (1.4.8)$$

$$\text{工程预付款比率}=\text{工程预付款数额}/\text{工程总价}\times 100\,\% \qquad (1.4.9)$$

其中，年度施工天数按 365 天日历天计算；材料储备定额天数由当地材料供应的在途天数、加工天数、整理天数、供应间隔天数、保险天数等因素决定。

(3)工程预付款的扣回。发包人支付给承包人的工程预付款性质是预支，随着工程进度的推进，拨付的工程进度款数额不断增加，工程所需主要材料、构件的用量逐渐减少，原已支付的预付款应以抵扣的方式予以陆续扣回。扣款方法有：

① 发包人和承包人通过洽商用合同的形式予以确定，采用等比率或等额扣款的方式。也可针对工程实际情况具体处理，如有些工程工期较短、造价较低，就无需分期扣还；有些工期较长，如跨年度工程，其备料款的占用时间很长，根据需要可以少扣或不扣。

② 从未施工工程尚需的主要材料及构件的价值相当于工程预付款数额时扣起，从每次中间结算工程价款中，按材料及构件的百分比扣抵工程价款，至竣工之前全部扣清。因此，确定起扣点是工程预付款起扣的关键。

确定工程预付款起扣点的依据是：未完施工工程所需主要材料和构件的费用，等于工程预付款的数额。

工程预付款起扣点可按下式计算：

$$T=P-M/N \qquad (1.4.10)$$

式中，T——起扣点，即工程预付款开始扣回的累计完成工程金额；

P——承包工程合同总额；

M——工程预付款数额；

N——主要材料，构件所占百分比。

【应用案例 1.4.3】 某工程合同总额 200 万元，工程预付款为 24 万元，主要材料、构件所占百分比为 60 %，问：起扣点为多少万元？

【分析与解答】

按起扣点计算公式：$T=P-M/N=200-24/60\%=160$（万元）

则当工程完成 160 万元时，本项工程预付款开始起扣。

(4)工程进度款的计算和支付方式

① 工程进度款的计算

《建设工程施工合同(示范文本)》关于工程款的支付，也作出了相应的约定："在确认计量结果后 14 天内，发包人应向承包人支付工程款(进度款)"。"发包人超过约定的支付时间不支付工程款(进度款)，承包人可向发包人发出要求付款的通知，发包人接到承包人通知后仍不能按要求付款，可与承包人协商签订延期付款协议，经承包人同意后可延期支付。协议应明确延期支付的时间和从计量结果确认后第 15 天起计算应付款的贷款利息。发包人不按合同的约定支付进度款，双方又未达成延期付款协议，导致施工无法进行，承包人可停止施工，由发包人承担违约责任"。

工程进度款的计算，主要涉及工程量的计量和单价的计算方法。单价的计算方法，主要根据由发包人和承包人事先约定的工程价格的计价方法决定。目前，我国工程价格的计价方法可以分为工料单价和综合单价两种方法。所谓工料单价法是指单位工程分部分项的单价为直接成本单价，按现行计价定额的人工、材料、机械的消耗量及其预算价格确定，其他直接成本、间接成本、利润、税金等按现行计算方法计算。所谓综合单价法是指单位工程分部分项工程量的单价是全部费用单价，既包括直接成本，也包括间接成本、利润、税金等一切费用。二者在选择时，既可采取可调价格的方式，即工程价格在实施期间可随价格变化而调整，也可采取固定价格的方式，即工程价格在实施期间不因价格变化而调整，在工程价格中已考虑价格风险因素，并在合同中明确了固定价格所包括的内容和范围。实践中采用较多的是可调工料单价法和固定综合单价法，现结合实例进行介绍和计算工程进度款。

Ⅰ. 工程价格的计价方法。可调工料单价法和固定综合单价法在分项编号、项目名称、计量单位、工程量计算方面是一致的，都可按照国家或地区的单位工程分部分项进行划分、排列，包含了统一的工作内容，使用统一的计量单位和工程量计算规则。所不同的是，可调工料单价法将工、料、机再配上预算价作为直接成本单价，其他直接成本、间接成本、利润、税金分别计算。因为价格是可调的，其材料等费用在竣工结算时，按工程造价管理机构公布的竣工调价系数，或按主材计算差价或主材用抽料法计算，次要材料按系数计算差价而进行调整。固定综合单价法是包含了风险费用在内的全费用单价，故不受时间价值的影响。由于两种计价方法的不同，因此工程进度款的计算方法也不同。

Ⅱ. 工程进度款的计算。当采用可调工料单价法计算工程进度款时，在确定已完工程量后，可按以下步骤计算工程进度款：

* 根据已完工程量的项目名称、分项编号、单价得出合价；
* 将本月所完全部项目合价相加，得出直接费小计；
* 按规定计算其他直接费、现场经费、间接费、利润；
* 按规定计算主材差价或差价系数；
* 按规定计算税金；
* 累计本月应收工程进度款。

【应用案例 1.4.4】 某工程开工第一个月末，已全部完成工程打桩（工程量 15 0m^3，单价 1150 元/m^2）、人工挖、运土（工程量 150 m^3，挖土单价 5.40 元/m^3，运土单价 6 元/m^3）、支木挡土板（工程量 70 m^2，单价 21 元/m^2）、机械挖土（工程量 2400 m^3，单价 5.245 元/m^3）、垫层木模板（工程量 138 m^2，单价 12 元/m^2）、混凝土工程量（基础模板 488 m^2，单价 14.5 元/m^2；螺纹钢筋 ϕ20 以内 4.8 t，单价 3 600 元/t；螺纹钢筋 ϕ30 以内 7.6 t，单价 3 400 元/t；箍筋 ϕ8 以内 12 t，单价 3 300 元/t），完成土方外运 2 400 m，计算当月的工程进度款。

【分析与解答】

第一步，计算直接费。

打预制方桩：150 m^3×1150 元/m^3＝172 500 元

人工挖土：150 m^3×5.40 元/m^3＝810 元

人工运土方：150 m^3×6 元/m^3＝900 元

支木挡土板：70 m^2×21 元/m^2＝1470 元

机械挖土：2 400 m^3×5.245 元/m^3＝12 588 元

自卸汽车外运土方：2 400 m^3×12.5 元/m^3－30 000 元

钢筋混凝土带型基础模板：488 m^2×14.5 元/m^2＝7 076 元

混凝土垫层木模板：138 m^2×12 元/m^2＝1 656 元

螺纹钢筋 ϕ20 以内：4.8 t×3 600 元/t＝7 280 元

螺纹钢筋 ϕ30 以内：7.6 t×3 400 元/t＝25 840 元

箍筋 ϕ8 以内：1.2 t×3 300 元/t＝3 960 元

C20 混凝土浇捣：270 m^3×350 元/m^3＝94 500 元

以上直接费小计 368 580 元

第二步，计算措施费、间接费、利润（按报价单计算顺序）。

措施费：368 580×8 %＝29 486.4 元

间接费：398 066×10 %＝39 806.6 元

利润：437 872.6×5 %＝21 893.6 元

以上费用小计 91 186.6 元

第三步，计算主材差价和次要材料差价系数。

按可调工料单价法规定，中间结算和竣工结算应以结算当时的价格进行价差调整。本例次要材料差价系数依规定以直接费为基数按 1 %计算，主材按实际完成工程量和当月公布的价格进行调整，经计算如下：

螺纹钢筋担 ϕ20 以内：4.8 t×(3 700－3 600)元/t＝480 元

普通硅酸盐 32.5 级水泥：95 t×(360－345)元/t＝1425 元

木材：3.5 m^3×(1600－1800)元/m^3＝－700 元

次要材料差价系数：368 580 元×1 %＝3 686 元

以上主次材料差价小计 4 891 元。

第四步，计算税金（以上费用合计）。

464 657.6×3.41 %＝15 844.8 元

第五步，累计本月应收款。

368580＋91186.6＋4891＋15844.8＝480502.4 元

则本月应收工程进度款为480502.4元。

用固定综合单价法计算工程进度款比用可调工料单价法更方便、省事，工程量得到确认后，只要将工程量与综合单价相乘得出合价，再累加即可完成本月工程进度款的计算工作。

② 工程进度款的支付

工程进度款的支付，一般按当月实际完成工程量进行结算，工程竣工后办理竣工结算。在工程竣工前，承包人收取的工程预付款和进度款的总额一般不超过合同总额(包括工程合同签订后经发包人签证认可的增减工程款)的95％，其余5％尾款，在工程竣工结算时除保修金外一并清算。

【应用案例1.4.5】 某建筑工程承包合同总额为600万元，主要材料及结构件金额占合同总额62.5％，预付备料款额度为25％，预付款扣款的方法是以未施工工程尚需的主要材料及构件的价值相当于预付款数额时起扣，从每次中间结算工程价款中，按材料及构件比重抵扣工程价款。保留金为合同总额的5％。2009年上半年各月实际完成合同价值，见表1.4.6所列。问如何按月结算工程款。

表1.4.6　各月实际完成合同价值表

月份	二	三	四	五
实际完成值/万元	100	140	180	180

【分析与解答】

① 预付备料款＝600×25％＝150(万元)。

② 求预付备料款的起扣点，即：

开始扣回预付备料款时的合同价值＝600－150/62.5％＝600－240＝360(万元)

当累计完成合同价值为360万元后，开始扣预付款。

③ 二月完成合同价值100万元，结算100万元。

④ 三月完成合同价值140万元，结算140万元，累计结算工程款240万元。

⑤ 四月完成合同价值180万元，到四月份累计完成合同价值420万元，超过了预付备料款的起扣点。

四月份应扣回的预付备料款＝(420－360)×62.5％＝37.5(万元)

四月份结算工程款＝180－37.5＝142.5(万元)，累计结算工程款382.5万元。

⑥ 五月份完成合同价值180万元，应扣回预付备料款＝180×62.5％＝112.5(万元)；应扣5％的预留款＝600×5％＝30(万元)。

五月份结算工程款＝180－112.5－30＝37.5(万元)，累计结算工程款420万元，加上预付备料款150万元，共结算570万元。预留合同总额的5％作为保留金。

(5)竣工结算。工程竣工验收报告经发包人认可后28天内，承包人向发包人递交竣工结算报告及完整的结算资料，双方按照协议书约定的合同价款及专用条款约定的合同价款调整内容，进行工程竣工结算。专业监理工程师审核承包人报送的竣工结算报表，总监理工程师审定竣工结算报表，与发包人，承包人协商一致后，签发竣工结算文件和最终的工程款支付证书。发包人收到承包人递交的竣工结算报告结算资料后28天内进行核实，给予确认或者提出修改意见。发包人确认竣工结算报告后，通知经办银行向承包人支付竣工结算价款，承包人收到竣工结算价款后14天内将竣工工程交付发包人。发包人收到竣工结算报告及结算资料后28天内，无正当理由不支付工程竣工结算价款，从第29天起按承包人同期向银行贷款利率支付拖欠工程价款的利息，并承担违约责任。发包人收到竣工结算报告及结算资料后28天内，无正当理由不支付工程竣工结算价款，承包人可以催告发包人支付结算价款。发包人在收到竣工结算报告及结算资料后56天内仍不支付的，承包人可以与发包人协议将该工程折价。也可以由承包人向法院申请将该工程依法拍卖，承包人就该工程折价或者拍卖的价款优先受偿。

工程竣工验收报告经发包人认可后28天内，承包人未能向发包人递交竣工结算报告及完整的结算资料，造成工程竣工结算不能正常进行或工程竣工结算价款不能及时支付，发包人要求交付工程的，承包人应当交付；发包人不要求交付工程的，承包人承担保管责任。

竣工结算要有严格的审查，一般从以下几个方面入手：

① 核对合同条款。首先，应核对竣工工程内容是否符合合同条件要求，工程是否竣工验收合格，只有按合同要求完成全部工程并验收合格才能竣工结算；其次，应按合同规定的结算方法、计价定额、取费标准、主材价格和优惠条款等，对工程竣工结算进行审核，若发现合同开口或有漏洞，应请建设单位与施工单位认真研究，明确结算要求。

② 检查隐蔽验收纪录。所有隐蔽工程均需进行验收，2人以上签证，实行工程监理的项目应经监理工程师签证确认。审核竣工结算时应核对隐蔽工程施工记录和验收签证，手续完整，工程量与竣工图一致方可列入结算。

③ 落实设计变更签证。设计修改变更应有原设计单位出具设计变更通知单和修改的设计图纸，校审人员签字并加盖公章，经建设单位和监理工程师审查同意、签证；重大设计变更应经原审批部门审批，否则不应列入结算。

④ 按图核实工程数量。竣工结算的工程量应依据竣工图、设计变更单和现场签证等进行核算，并按国家统一规定的计算规则计算工程量。

⑤ 执行定额单价。结算单价应按合同约定或招标规定的计价定额与计价原则执行。

⑥ 防止各种计算误差。工程竣工结算子目多、篇幅大，往往有计算误差，应认真核算，防止因计算误差多计或少算。

(6)保修金的返还。工程保修金一般为施工合同价款的3%，在专用条款中具体规定。发包人在质量保修期后14天内，将剩余保修金和利息返还承包商。

2. FIDIC合同条件下工程费用的支付

(1)工程支付的范围和条件：

① 工程支付的范围。FIDIC合同条件所规定的工程支付的范围主要包括两部分，如图1.4.7所示。

一部分费用是工程量清单中的费用，这部分费用是承包商在投标时，根据合同条件的有关规定提出的报价，并经业主认可的费用。

另一部分费用是工程量清单以外的费用，这部分费用虽然在工程量清单中没有规定，但是在合同条件中却有明确规定，因此它也是工程支付的一部分。

② 工程支付条件如下：

Ⅰ. 质量合格是工程支付的必要条件。支付以工程计量为基础，计量必须以质量合格为前提。所以，并不是对承包商已完的工程全部支付，而只支付其中质量合格的部分，对于

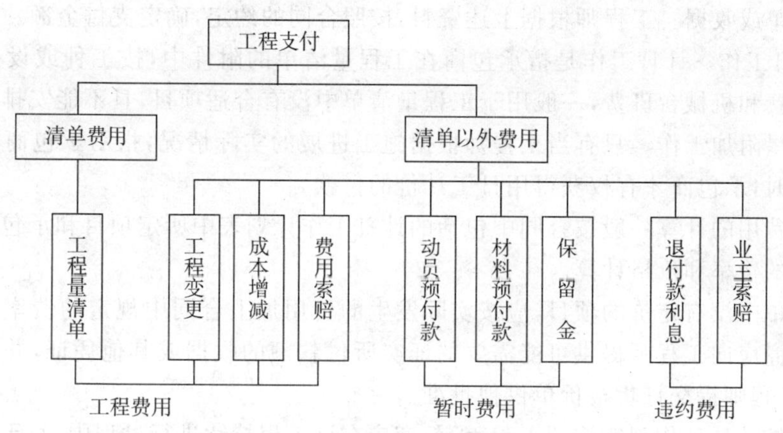

图1.4.7　工程支付的范围

工程质量不合格的部分一律不予支付。

Ⅱ．符合合同条件。一切支付均需要符合合同约定的要求，例如，动员预付款的支付款额要符合标书附录中规定的数量，支付的条件应符合合同条件的规定，即承包商提供履约保函和动员预付款保函之后，才予以支付动员预付款。

Ⅲ．变更项目必须有工程师的变更通知。没有工程师的指示承包商不得作任何变更，如果承包商没有收到指示就进行变更，则无理由就此类变更的费用要求补偿。

Ⅳ．支付金额必须大于期中支付证书规定的最小限额。合同条件约定，如果在扣除保留金和其他金额之后的净额少于投标书附录中规定的期中支付证书的最小限额时，工程师没有义务开具任何支付证书。不予支付的金额将按月结转，直到达到或超过最低限额时才予以支付。

Ⅴ．承包商的工作使工程师满意。为了确保工程师在工程管理中的核心地位，并通过经济手段约束承包商履行合同中规定的各项责任和义务，合同条件充分赋予了工程师有关支付方面的权力。对于承包商申请支付的项目，即使达到以上所述的支付条件，但承包商其他方面的工作未能使工程师满意，工程师可通过任何期中支付证书对他所签发过的任何原有的证书进行任何修正或更改，也有权在任何期中支付证书中删去或减少该工作的价值。

(2)工程支付的项目：

① 工程量清单项目分为一般项目、暂列金额和计日工作三种。

Ⅰ．一般项目的支付。一般项目是指工程量清单中除暂列金额和计日工作以外的全部项目，这类项目的支付是以经过监理工程师计量的工程数量为依据，乘以工程量清单中的单价，其单价一般是不变的。这类项目的支付占了工程费用的绝大部分，工程师应给予足够的重视。但这类支付的程序比较简单，一般通过签发期中支付证书支付进度款。

Ⅱ．暂列金额。“暂列金额”是指包括在合同中，供工程任何部分的施工，或提供货物、材料、设备或服务，或提供不可预料事件之费用的一项金额。这项金额按照工程师的指示可能全部或部分使用，或根本不予动用。没有工程师的指示，承包商不能进行暂列金额项目的任何工作。

承包商按照工程师的指示完成的暂列金额项目的费用，若能按工程量表中开列的费率和价格估价则按此估价，否则承包商应向工程师出示与暂列金额开支有关的所有报价单、发票、凭证、账单或收据。工程师根据上述资料，按照合同的约定，确定支付金额。

Ⅲ. 计日工作。计日工作是指承包商在工程量清单的附件中，按工种或设备填报单价的日工劳务费和机械台班费，一般用于工程量清单中没有合适项目，且不能安排大批量的流水施工的零星附加工作。只有当工程师根据施工进展的实际情况，指示承包商实施以日工计价的工作时，承包商才有权获得用日工计价的付款。

计日工费用的计算一般按合同中包括的计日工作计划表中所定项目和承包商在其投标书中所确定的费率和价格计算。

对于清单中没有定价的项目，应按实际发生的费用加上合同中规定的费率计算有关的费用。承包商应向工程师提供可能需要的证实所付款额的收据或其他凭证，并且在订购材料之前，向工程师提交订货报价单供他批准。

对这类按计日工作制实施的工程，承包商应在该工程持续进行过程中，每天向工程师提交从事该工作的承包人员的姓名、职业和工时的确切清单，一式两份，以及表明所有该项工程所用的承包商设备和临时工程的标识、型号、使用时间和所用的生产设备和材料的数量和型号。

应当说明，由于承包商在投标时，计日工作的报价不影响他的评标总价，所以，一般计日工作的报价较高。在工程施工过程中，监理工程师应尽量少用或不用计日工这种形式，因为大部分采用计日工作形式实施的工程，也可以采用工程变更的形式。

② 工程量清单以外项目包括八种形式。

Ⅰ. 动员预付款。当承包商按照合同约定提交一份保函后，业主应支付一笔预付款，作为用于动员的无息贷款。预付款总额、分期预付的次数和时间安排(如次数多于一次)及使用的货币和比例，应按投标书附录中的规定办理。

工程师收到承包商期中付款证书申请规定的报表，以及业主收到：按照履约担保要求提交的履约担保；由业主批准的国家(或其他司法管辖区)的实体，以专用条款所附格式或业主批准的其他格式签发的，金额和货币种类与预付款一致的保函后，应发出期中付款证书，作为首次分期预付款。

在还清预付款前，承包商应确保此保函一直有效并可执行，但其总额可根据付款证书列明的承包商付还的金额逐渐减少。如果保函条款中规定了期满日期，而在期满日期前28天预付款未还清时，承包商应将保函有效期延至预付款还清为止。

预付款应通过付款证书中按百分比扣减的方式付还，除非投标书附录中规定其他百分比。扣减应从确认的期中付款(不包括预付款、扣减款和保留金的付还)累计额超过中标合同金额，减去暂列金额后余额的 10 %时的付款证书开始；扣减应按每次付款证书中的金额(不包括预付款、扣减额和保留金的付还)的 25 %的摊还比率，并按预付款的货币和比例计算，直到预付款还清为止。

如果在颁发工程接收证书前，或按照由业主终止、由承包商暂停和终止，或不可抗力的规定终止前，预付款尚未还清，则全部余额应立即成为承包商对业主的到期付款。

Ⅱ. 材料设备预付款。材料、设备预付款一般是指运至工地尚未用于工程的材料设备预付款。对承包商买进并运至工地的材料、设备，业主应支付无息预付款，预付款按材料设备的某一比例(通常为发票价的 80 %)支付。在支付材料设备预付款时，承包商需提交材料、设备供应合同或订货合同的影印件，注明所供应材料的性质和金额等主要情况。材料已运到工地，应经工程师认可其质量和储存方式。

材料、设备预付款按合同中的规定从承包商应得的工程款中分批扣除，扣除次数和各次扣除金额随工程性质不同而异，一般要求在合同规定的完工日期前至少3个月扣清，最好是材料设备用完，该材料设备的预付款即扣还完毕。

Ⅲ. 保留金。保留金是为了确保在施工阶段，或在缺陷责任期间，由于承包商未能履行合同义务，由业主（或工程师）指定他人完成应由承包商承担的工作所发生的费用。保留金的限额一般为合同总价的5％，从第一次付款证书开始，按投标函附录中标明的保留金百分率乘以当月末已实施的工程价值，加上工程变更、法律改变和成本改变应增加的任何款额，直到累计扣留达到保留金的限额为止。

根据FIDIC施工合同条件（1999年第一版）第14.9条规定，当已颁发工程接收证书时，工程师应确认将保留金的前一半支付给承包商。如果某分项工程或部分工程颁发了接收证书，保留金应按一定比例予以确认和支付，此比例应是该分项工程或部分工程估算的合同价值除以估算的最终合同价格所得比例的40％。

在各缺陷通知期限的最末一个期满日期后，工程师应立即对付给承包商保留金未付的余额加以确认。如对某分项工程颁发了接收证书，保留金后一半的比例额在该分项工程的缺陷通知期限期满日期后，应立即予以确认和支付。此比例应是该分项工程的估算合同价值，除以估算的最终合同价格所得比例的40％。

但如果在此时尚有任何工作要做，工程师应有权在这些工作完成前，暂不颁发这些工作估算费用的证书。

在计算上述的各百分比时，无需考虑法规改变和成本改变所进行的任何调整。

Ⅳ. 工程变更的费用。工程变更也是工程支付中的一个重要项目，工程变更费用的支付依据是工程变更令和工程师对变更项目所确定的变更费用，支付时间和支付方式也是列入期中支付证书予以支付。

Ⅴ. 索赔费用。索赔费用的支付依据是工程师批准的索赔审批书及其计算而得的款额，支付时间则随工程月进度款一并支付。

Ⅵ. 价格调整费用。价格调整费用按照合同条件规定的计算方法计算调整的款额。包括因法律改变和成本改变的调整。

Ⅶ. 迟付款利息。如果承包商没有在合同规定的时间收到付款，承包商应有权就未付款额按月计算复利，收取延误期的融资费用。该延误期应认为从合同规定的支付日期算起，而不考虑颁发任何期中付款证书的日期。除非专用条件中另有规定，上述融资费用应以高出支付货币所在国中央银行的贴现率加3％的年利率进行计算，并应用同种货币支付。

承包商应有权得到上述付款，无需正式通知或证明，且不损害他的任何其他权利或补偿。

Ⅷ. 业主索赔。业主索赔主要包括拖延工期的误期损害赔偿费和缺陷工程损失等，这类费用可从承包商的保留金中扣除，也可从支付给承包商的款项中扣除。

(3)工程费用支付的程序如下：

① 承包商提出付款申请。工程费用支付的一般程序是首先由承包商提出付款申请，填报一系列工程师指定格式的月报表，说明承包商本月应得的有关款项。

② 工程师审核，编制期中付款证书。工程师在28天内对承包商提交的付款申请进行

全面审核、修正或删除不合理的部分，计算付款净金额。计算付款净金额时，应扣除该月应扣除的保留金、动员预付款、材料设备预付款、违约金等。若净金额小于合同规定的期中支付的最小限额时，则工程师不需开具任何付款证书。

③ 业主支付。业主收到工程师签发的付款证书后，按合同规定的时间支付给承包商。

(4)工程支付的报表与证书如下：

① 月报表。月报表是指对每月完成的工程量的核算、结算和支付的报表。承包商应在每个月末后，按工程师批准的格式向工程师递交一式六份月报表，详细说明承包商自己认为有权得到的款额，以及包括按照进度报告的规定编制的相关进度报告在内的证明文件。该报表应包括下列项目：

Ⅰ. 截止到月末已实施的工程和已提出的承包商文件的估算合同价值(包括各项变更，但不包括以下Ⅱ～Ⅶ项所列项目)；

Ⅱ. 按照合同中因法律改变的调整和因成本改变的调整的有关规定，应增减的任何款额；

Ⅲ. 至业主提取的保留金额达到投标书附录中规定的保留金限额(如果有)以前，用投标书附录中规定的保留金百分比计算的，对上述款项总额应减少的任何保留金额，即：保留金=[Ⅰ+Ⅱ]×保留金百分率；

Ⅳ. 按照合同中预付款的规定，因预付款的支付和付还，应增加和减少的任何款额；

Ⅴ. 按照合同中拟用于工程的生产设备和材料的规定，因生产设备和材料应增减的任何款额；

Ⅵ. 根据合同或包括索赔、争端与仲裁等其他规定，应付的任何其他增加或减少额；

Ⅶ. 所有以前付款证书中确认的减少额。

工程师应在收到上述月报表 28 天内向业主递交一份期中付款证书，并附详细说明。但是在颁发工程接收证书前，工程师无需签发金额(扣减保留金和其他应扣款项后)低于投标书附录中期中付款证书的最低额(如果有)的期中付款证书，在此情况下，工程师应通知承包商。工程师可在任何一次付款证书中，对以前任何付款证书作出应有的任何改正或修改，付款证书不应被视为工程师接收、批准、同意或满意的表示。

② 竣工报表。承包商在收到工程的接收证书后 84 天内，应向工程师送交竣工报表(一式六份)，该报表应附有按工程师批准的格式所编写的证明文件，并应详细说明以下几点：

Ⅰ. 截止到工程接收证书载明的日期，按合同要求完成的所有工作的价值；

Ⅱ. 承包商认为应支付的任何其他款项，如所要求的索赔款等；

Ⅲ. 承包商认为根据合同规定应付给他的任何其他款项的估计款额，估计款额在竣工报表中应单独列出。

工程师应根据竣工工程量的核算，对承包商其他支付要求的审核，确定应支付而尚未支付的金额，上报业主批准支付。

③ 最终报表和结清单。承包商在收到履约证书后 56 天内，应向工程师提交按照工程师批准的格式编制的最终报表草案并附证明文件，一式六份，并详细列出。

Ⅰ. 根据合同应完成的所有工作的价值；

Ⅱ. 承包商认为根据合同或其他规定应支付给他的任何其他款额。

如承包商和工程师之间达成一致意见后，则承包商可向工程师提交正式的最终报表，承包商同时向业主提交一份书面结清单,进一步证实最终报表中按照合同应支付给承包商的总金额。如承包商和工程师未能达成一致,则工程师可对最终报表草案中没有争议的部分向业主签发期中支付证书,争议留待裁决委员会裁决。

④ 最终付款证书。工程师在收到正式最终报表及结清单之后28天内,应向业主递交一份最终付款证书。

Ⅰ. 工程师认为按照合同最终应支付给承包商的款额;

Ⅱ. 业主以前所有应支付和应得到的款额的收支差额。

如果承包商未申请最终付款证书,工程师应要求承包商提出申请。如果承包商未能在28天期限内提交此类申请,工程师应按其公正决定的应支付的此类款额颁发最终付款证书。

在最终付款证书送交业主56天内,业主应向承包商支付,否则应按投标书附录中的规定支付利息。如果56天期满之后再超过28天不支付,就构成业主违规。承包商递交最终付款证书后,就不能再要求任何索赔。

⑤ 履约证书。履约证书应由工程师在整个工程的最后一个区段缺陷通知期限期满之后28天内颁发,这说明承包商已尽其义务完成施工和竣工并修补了其中的缺陷,达到了使工程师满意的程度。至此,承包商与合同有关的实际业务业已完成,但如业主或承包商任一方有未履行的合同义务时,合同仍然有效,履约证书发出后14天内业主应将履约保证退还给承包商。

3. 工程价款的动态结算

工程价款的动态结算就是要把各种动态因素渗透到结算过程中,使结算大体能反映实际的消耗费用。

(1)按实际价格结算法。在我国,由于建筑材料市场采购的范围越来越大,有些地区规定对钢材、木材、水泥等三大材的价格采取按实际价格结算的办法,工程承包商可凭发票按实报销。这种方法比较方便,但由于是实报实销,因而承包商对降低成本不感兴趣,为了避免产生副作用,造价管理部门应定期公布最高结算限价,同时合同文件中应规定建设单位或监理工程师有权要求承包商选择更廉价的供应来源。

(2)按主材计算价差。发包人在招标文件中列出需要调整价差的主要材料表及其基期价格(一般采用当时当地工程价格管理机构公布的信息价或结算价),工程竣工结算时按竣工当时当地工程价格管理机构公布的材料信息价或结算价,与招标文件中列出的基期价比较计算材料差价。

(3)主料按抽料计算价差。其他材料按系数计算价差,主要材料按施工图预算计算的用量和竣工时当月当地工程价格管理机构公布的材料结算价,或信息价与基价对比计算差价,其他材料按当地工程价格管理机构公布的竣工调价系数计算方法计算差价。

(4)竣工调价系数法。按工程价格管理机构公布的竣工调价系数及调价计算方法计算差价。

(5)调值公式法(又称动态结算公式法)。根据国际惯例,对建设工程已完成投资费用的结算,一般采用此法。事实上,绝大多数情况是发包方和承包方在签订的合同中就明确规定了调值公式。

① 利用调值公式进行价格调整,计算工作比较复杂,其程序是:

Ⅰ. 确定计算物价指数的品种。一般情况下,品种不宜太多,只确立那些对项目投资影响较大的因素，如设备、水泥、钢材、木材和工资等，这样便于计算。

Ⅱ. 在合同价格条款中，应写明经双方商定的调整因素，在签订合同时要写明考核几种物价波动到何种程度才进行调整，一般都在±10％左右；考核的地点一般在工程所在地，或指定的某地市场价格，时点指的是某月某日的市场价格。这里要确定两个时点价格，即基准日期的市场价格（基础价格）和与特定付款证书有关的期间最后一天的49天前的时点价格，这两个时点就是计算调值的依据。

Ⅲ. 确定各成本要素的系数和固定系数。各成本要素的系数要根据各成本要素对总造价的影响程度而定，各成本要素系数之和加上固定系数应该等于1。

在实行国际招标的大型合同中，监理工程师应负责按下述步骤编制价格调值公式：

Ⅰ. 分析施工中必需的投入，并决定选用一个公式，还是选用几个公式；

Ⅱ. 估计各项投入占工程总成本的相对比重，以及国内投入和国外投入的分配，并决定对国内成本与国外成本是否分别采用单独的公式；

Ⅲ. 选择能代表主要投入的物价指数；

Ⅳ. 确定合同价中固定部分和不同投入因素的物价指数的变化范围；

Ⅴ. 规定公式的应用范围和用法；

Ⅵ. 如有必要，规定外汇汇率的调整。

② 建筑安装工程费用的价格调值公式。建筑安装工程费用价格调值公式与货物及设备的调值公式基本相同，它包括固定部分、材料部分和人工部分三项，但因建筑安装工程的规模和复杂性增大，公式也变得更长更复杂。典型的材料成本要素有钢筋、水泥、木材、钢构件、沥青制品等，同样，人工可包括普通工和技术工。调值公式一般为：

$$P=P_0(a_0+a_1\frac{A}{A_0}+a_2\frac{B}{B_0}+a_3\frac{C}{C_0}+a_4\frac{D}{D_0})\tag{1.4.11}$$

式中，P——调值后合同价款或工程实际结算款；

P_0——合同价款中工程预算进度款；

a_0——固定要素，代表合同支付中不能调整的部分；

a_1、a_2、a_3、a_4——代表有关成本要素（如人工费用、钢材费用、水泥费用、运输费等）在合同总价中所占百分比$a_1+a_2+a_3+a_4=1$；

A_0、B_0、C_0、D_0——基准日期与a_0、a_1、a_2、a_3、a_4对应的各项费用的基期价格指数或价格；

A、B、C、D——表示特定付款证书有关的期间最后一天的49天前与a_1、a_2、a_3、a_4对应的各成本要素的现行价格指数或价格。

各部分成本的比例系数在许多标书中要求承包方在投标时即提出，并在价格分析中予以论证。但也有的是由发包方在标书中规定一个允许范围，由投标人在此范围内选定。因此，监理工程师在编制标书中，尽可能要确定合同价中固定部分和不同投入因素的比例系数和范围，招标时以给投标人留下选择余地。

【应用案例1.4.6】 某工程合同总价为100万美元。其组成为：土方工程费10万美元，占10％；砌体工程费40万美元，占40％；钢筋混凝土工程费50万美元，占50％。这3个组成部分的人工费和材料费占工程价款85％；人工、材料费中各项费用比例如下：

(1)土方工程:人工费 50 %,机具折旧费 26 %,柴油 24 %。

(2)砌体工程:人工费 53 %,钢材 5 %,水泥 20 %,骨料 5 %,空心砖 12 %,柴油 5 %。

(3)钢筋混凝土工程:人工费 53 %,钢材 22 %,水泥 10 %,骨料 7 %,木材 4 %,柴油 4 %。

假定该合同的基准日期为 2001 年 1 月 4 日,2001 年 9 月完成的工程价款占合同总价的 10 %,有关月报的工资、材料物价指数如表 1.4.7 所示。(注:A、B、C、D 等应采用 8 月份的物价指数)。

表 1.4.7　工资、物价指数表

费用名称	代号	2001 年 1 月指数	代号	2001 年 8 月指数
人工费	A_0	100.0	A	116.0
钢　材	B_0	153.4	B	187.6
水　泥	C_0	154.8	C	175.0
骨　料	D_0	132.6	D	169.3
柴　油	E_0	178.3	E	192.8
机具折旧	F_0	154.4	F	162.5
空心砖	G_0	160.1	G	162.0
木　材	H_0	142.7	H	159.5

试计算 2001 年 9 月的工程款。

【分析与解答】

该工程其他费用(即不调值的费用)占工程价款的 15 %,计算出各项参加调值的费用占工程价款比例。

人工费:(50 %×10 %+53 %×40 %+53 %×50 %)×85 %≈45 %

钢　材:(5 %×40 %+22 %×50 %)×85 %≈11 %

水　泥:(20 %×40 %+10 %×50 %)×85 %≈11 %

骨　料:(5 %×40 %+7 %×50 %)×85 %≈5 %

柴　油:(24 %×10 %+5 %×40 %+4 %×50 %)×85 %≈5 %

机具折旧:26 %×10 %×85 %≈2 %

空心砖:12 %×40 %×85 %≈4 %

木　材:4 %×50 %×85 %≈2 %

不调值费用占工程价款的比例为:15 %

具体的人工费及材料费的调值公式为:

$$P=P_0\left(0.15+0.45\frac{A}{A_0}+0.11\frac{B}{B_0}+0.11\frac{C}{C_0}+0.05\frac{D}{D_0}+0.05\frac{E}{E_0}+0.02\frac{F}{F_0}+0.04\frac{G}{G_0}+0.02\frac{H}{H_0}\right)$$

则 2001 年 9 月的工程款经过调值后为:

$$P=10\%P_0\left(0.15+0.45\frac{A}{A_0}+0.11\frac{B}{B_0}+0.11\frac{C}{C_0}+0.05\frac{D}{D_0}+0.05\frac{E}{E_0}+0.02\frac{F}{F_0}+0.04\frac{G}{G_0}+0.02\frac{H}{H_0}\right)$$

=10 %×100(0.15+0.45×116/100+0.11×187.6/153.4+0.11×175.0/154.8+0.05×169.3/132.6+0.05×192.8/178.3+0.02×162.5/154.4+0.04×162.0/160.1+0.02×159.5/142.7)

=11.33(万美元)

由此可见,通过调值,2001 年 9 月实得工程款比原价款多 11.33 万美元。

1.4.3.5 投资偏差分析

在确定了投资控制目标之后,为了有效地进行投资控制,监理工程师必须定期地进行投资计划值与实际值的比较,当实际值偏离计划值时,分析产生偏差的原因,采取适当的纠偏措施,以使投资超支尽可能小。

1. 投资偏差的概念

在投资控制中,把投资的实际值与计划值的差异叫做投资偏差,即:

投资偏差=已完工程实际投资-已完工程计划投资 (1.4.12)

结果为正,表示投资超支;结果为负,表示投资节约。但是,必须指出进度偏差对投资偏差分析的结果有重要影响,如果不加考虑就不能正确反映投资偏差的实际情况。如某一阶段的投资超支,可能是由于进度超前导致的,也可能由于物价上涨导致。所以,必须引入进度偏差的概念。

进度偏差 1=已完工程实际时间-已完工程计划时间 (1.4.13)

为了与投资偏差联系起来,进度偏差也可表示为:

进度偏差 2=拟完工程计划投资-已完工程计划投资 (1.4.14)

所谓拟完工程计划投资,是指根据进度计划安排在某一确定时间内所应完成的工程内容的计划投资,即:

拟完工程计划投资=拟完工程量(计划工程量)×计划单价 (1.4.15)

进度偏差为正值,表示工期拖延;结果为负值,表示工期提前。另外,在进行投资偏差分析时,还要考虑以下几组投资偏差参数:

(1)局部偏差和累计偏差。所谓局部偏差,有两层含义:对于整个项目而言,指各单项工程、单位工程及分部分项工程的投资偏差;对于整个项目已经实施的时间而言,是指每一控制周期所发生的投资偏差。累计偏差是个动态的概念,其数值总是与具体的时间联系在一起,第一个累计偏差在数值上等于局部偏差,最终的累计偏差就是整个项目的投资偏差。

局部偏差的引入,可使项目投资管理人员清楚地了解偏差发生的时间、所在的单项工程,这有利于分析其发生的原因。而累计偏差所涉及的工程内容较多、范围较大,且原因也较复杂,因而累计偏差分析必须以局部偏差分析为基础。从另一方面来看,因为累计偏差分析是建立在对局部偏差进行综合分析的基础上,所以其结果更能显示出代表性和规律性,在较大范围内对投资控制工作具有指导作用。

(2)绝对偏差和相对偏差。绝对偏差是指投资实际值与计划值比较所得到的差额,绝对偏差的结果很直观,有助于投资管理人员了解项目投资出现偏差的绝对数额,并依此采取一定措施，制定或调整投资支付计划和资金筹措计划。但是，绝对偏差有其不容忽视的局限性。如同样是1万元的投资偏差，对于总投资1000万元的项目和总投资10万元的项目，其严重性显然不同。因此，又引入相对偏差这一参数，即：

$$\text{相对偏差}=\frac{\text{相对偏差}}{\text{投资计划值}}=\frac{\text{投资实际值}-\text{投资计划值}}{\text{投资计划值}} \tag{1.4.16}$$

与绝对偏差一样，相对偏差可正可负，且二者同号。正值表示投资超支，负值表示投资节约。二者都只涉及投资的计划值和实际值，既不受项目层次的限制，也不受项目实施时间的限制，因而在各种投资比较中均可采用。

(3)偏差程度。偏差程度是指投资实际值对计划值的偏离程度，其表达式为：

$$\text{投资偏差程度}=\frac{\text{投资实际值}}{\text{投资计划值}} \tag{1.4.17}$$

2. 偏差分析的方法

偏差分析可采用不同的方法，常用的有横道图法、表格法和曲线法。

(1)横道图法。用横道图法进行投资偏差分析，是用不同的横道标识已完工程计划投资、拟完工程计划投资和已完工程实际投资，横道的长度与其金额成正比例。

横道图法具有形象、直观、一目了然等优点，它能够准确表达出投资的绝对偏差，而且能直观地感受到偏差的严重性。但是，这种方法反映的信息量少，一般在项目的较高管理层应用。

(2)表格法。表格法是进行偏差分析最常用的一种方法，它将项目编号、名称、各投资参数以及投资偏差数综合归纳入一张表格中，并且直接在表格中进行比较。由于各偏差参数都在表中列出，使得投资管理者能够综合地了解并处理这些数据。

用表格法进行偏差分析具有如下优点：

① 灵活、适用性强。可根据实际需要设计表格，进行增减项。

② 信息量大。可以反映偏差分析所需的资料，从而有利于投资控制人员及时采取针对性措施，加强控制。如表1.4.8所示。

表1.4.8　表格法的投资偏差分析

项目编码	(1)	041	042	043
项目名称	(2)	木门窗安装	钢门窗安装	铝合金门窗安装
单　位	(3)			
计划单价	(4)			
拟完工程量	(5)			
拟完工程计划投资	(6)＝(4)×(5)	30	30	40
已完工程量	(7)			
已完工程计划投资	(8)＝(4)×(7)	30	40	40
实际单价	(9)			
其他款项	(10)			
已完工程实际投资	(11)＝(7)×(9)＋(10)	30	50	50

（续表）

项目编码	(1)	041	042	043
投资偏差	(12)=(11)-(8)	0	10	10
投资偏差程度	(13)=(11)÷(8)	1	1.25	1.25
进度偏差	(16)=(6)-(8)	0	-10	0
进度偏差程度	(17)=(6)÷(8)	1	0.75	1

(3)曲线法(赢值法)。曲线法是用投资累计曲线(S形曲线)来进行投资偏差分析的一种方法,如图1.4.8所示。其中a表示投资实际值曲线,p表示投资计划值曲线,两条曲线间的竖向距离表示投资偏差。

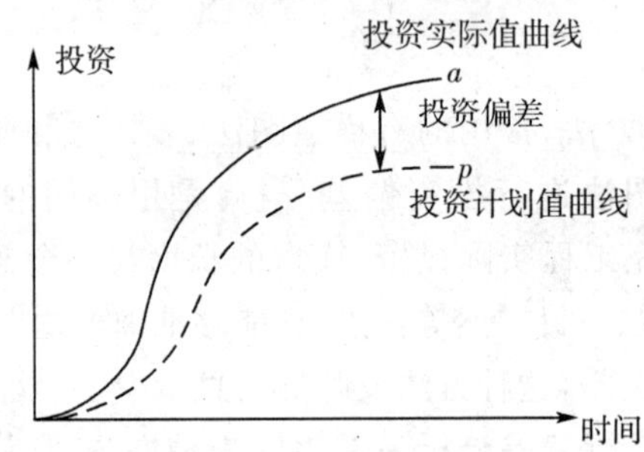

图1.4.8　投资实际值与投资计划值曲线

在用曲线法进行投资偏差分析时,首先要确定投资计划值曲线,投资计划值曲线是与确定的进度计划联系在一起的。同时,也应考虑实际进度的影响,应当引入三条投资参数曲线,即已完工程实际投资曲线a,已完工程计划投资曲线b和拟完工程计划投资曲线p,如图1.4.9所示。图中曲线a与曲线b的竖向距离表示投资偏差;曲线b与曲线p的水平距离表示进度偏差。

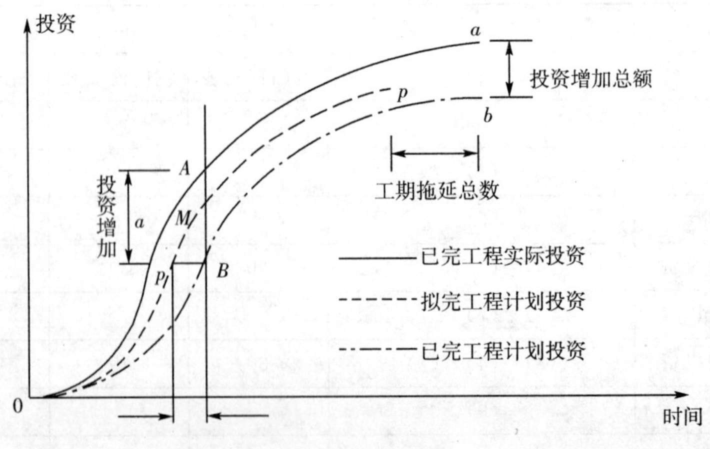

图1.4.9　三条投资参数曲线

用曲线法进行偏差分析同样具有形象、直观的特点，但这种方法很难直接用于定量分析，只能对定量分析起一定的指导作用。

3. 偏差原因分析

偏差分析的一个重要目的就是要找出引起偏差的原因，从而有可能采取有针对性的措施，减少或避免相同原因的再次发生。产生投资偏差的原因有：

(1)物价上涨；

(2)设计原因；

(3)业主原因；

(4)施工原因；

(5)客观原因。

4. 纠偏

对偏差原因进行分析的目的是为了有针对性地采取纠偏措施，从而实现投资的动态控制和主动控制。

纠偏首先要确定纠偏的主要对象，如上面介绍的偏差原因，有些是无法避免和控制的，如客观原因，充其量只能对其中少数原因做到防患于未然，力求减少该原因所产生的经济损失。纠偏可以采用组织措施、经济措施、技术措施和合同措施等。

【实践练习】

(1)人工费索赔款额的计算。某承包商对一项 100 000 延长米的木窗帘盒装修工程进行承包，在报价书中指明，计划用工 24 980 工日，即工效为 24 980 工日/100 000 m：0.2498 工日/m。每工日工资按 40 元计，共计报价人民币 999 200 元。

在装修过程中，由于业主供应木料不及时，影响了承包商的工作效率，完成 100 000 延长米的木窗帘盒的装修工作实际用 27 000 工日。由于工期拖延，导致工资上涨，实际支付工资按 43 元/工日计，试计算共承包商成本增加多少？这项成本增加是哪方面原因造成的，应由谁来补偿？

(2)某单机容量为 30 万 kW 的火力发电站工程，业主与施工单位签订了单价合同，并委托了监理。在施工过程中，施工单位向监理工程师提出如下费用应由业主支付：

① 职工教育经费。因该项目的汽轮机是国外进口的设备，在安装前，需要对安装操作职工进行培训，培训经费 2 万元。

② 临时设施费。为修建变电房搭建的临时用房 5 间和为业主搭建的临时办公室 3 间，分别为 2 万元和 1 万元，合计 3 万元。

③ 研究试验费。本项目中铁路专用线的一座跨公路预应力拱桥的模型破坏性试验费 8 万元，改进混凝土泵送工艺试验费 3 万元，合计 11 万元。

④ 施工机械迁移费。施工吊装机械从另一工地调本工地的费用 1 万元。

⑤ 施工降效费。

Ⅰ. 根据施工组织设计，部分项目安排在雨季施工，由于采取防雨措施，增加费用 2 万元。

Ⅱ. 由于业主委托另一家施工单位进行厂区道路施工，影响了本施工单位正常的混凝土浇筑运输作业，监理工程师已审批了原计划和降效增加的工日及机械台班的数量。受影响部分的工程原计划用工 2200 工日，计划支出 40 元/工日；原计划机械台班 360 台班，综合台班单价为 180 元/台班，受施工干扰后完成该部分工程实际用工 2800 工日，实际支出 45 元/工日，实际机械台班 410 台班，实际支出 200 元/台班。

【问题】

(1)试分析以上各项费用业主是否该支付？为什么？

(2)第五条Ⅱ中提出的降效支出费用，人工费和机械使用费各应补偿多少？

(3)监理工程师测算出到第五个月底工程进度情况，拟完工程计划投资 1500 万元，已完工程实际投资 2000 万元，已完工程计划投资 1500 万元。试分析：合同执行到第五个月底时的进度偏差和投资偏差分别为多少？

【思考题】

1. 简述建设工程投资控制原理、目标、任务、措施。
2. 简述建设工程设计招标、施工招标过程中应注意的事项。
3. 简述施工阶段投资控制的工作流程。
4. 工程计量的依据和方法有哪些？
5. 工程价款现行结算办法和动态结算办法有哪些？
6. 简述工程变更价款的确定办法。
7. 简述索赔费用的一般构成和计算方法。
8. 投资偏差分析的方法有哪些？
9. 投资偏差的原因有哪些？

学习情境 1.5　安全监理

【情境描述】 本工程为砖混结构，主体七层；占地面积 4725 m^2，总建筑面积9522.88 m^2；容积率 2.01，±000 绝对标高 276.7 m，建筑物总高度 27.00 m。一层层高为 3.90 m，局部板降低 300 mm，为减少温度带来的次应力影响，分别在 11～12、2－4～1/2－4 轴间设收缩缝，局部设有阳光窗，屋面局部为斜坡屋面。基础嵌入强风化岩层，地基承载力为 300 kPa，基础垫层砼强度为 C15，基础砼强度等级为 C20，除一层梁板结构砼为 C30 外，其余均为 C25。抗震设计按 6 度丙级设防。

安全文明施工：

督促总包单每日定期、不定期组织安全检查，检查安全隐患，杜绝安全事故发生；

督促总包单位安全负责人落实具体安全措施；

工程协调会应对现场安全管理进行专题讨论；

督促总包单位建立和完善安全施工管理制度，组织安全文明施工；

督促总包单位落实现场施工安全保证体系。

【情境剖析】 本情境牵涉砖混结构工程的安全文明施工要求、安全控制监理工作流程，请思考该工程安全文明施工方案是否可行和完善。结合后面介绍土建工程施工安全控制监理工作流程，拟定更加有效的安全文明施工措施。

【工作任务】 本情境的工作任务如表 1.5.1 所示。

表 1.5.1　工作任务表

<table>
<tr><th>能力目标</th><th>主讲内容</th><th>学生完成任务</th><th colspan="2">评价标准</th></tr>
<tr><td rowspan="3">了解砖混结构工程安全监理工作流程</td><td rowspan="3">安全监理的必要性;建筑工程安全监理的工作流程</td><td rowspan="3">熟悉安全监理工作流程,并结合具体工程编写安全监理工作流程</td><td>优秀</td><td>了解砖混结构工程安全监理工作流程,并能根据具体工程编写相适应的流程图</td></tr>
<tr><td>良好</td><td>了解砖混结构工程安全监理工作流程,并熟悉具体的流程操作</td></tr>
<tr><td>合格</td><td>了解砖混结构工程安全监理工作流程及其重要性</td></tr>
<tr><td rowspan="3">掌握砖混结构工程安全监理细则的编写</td><td rowspan="3">安全监理细则的编写依据;建筑工程安全监理细则的编写</td><td rowspan="3">熟悉并掌握建筑工程安全监理细则的编写方法,并能结合实际工程进行细则编写</td><td>优秀</td><td>熟悉并掌握建筑工程安全监理细则,并能结合实际工程进行细则编写</td></tr>
<tr><td>良好</td><td>掌握建筑工程安全监理细则的编写方法,并能编写出安全监理大纲</td></tr>
<tr><td>合格</td><td>掌握建筑工程安全监理细则的编写方法</td></tr>
</table>

1.5.1　安全监理的工作流程

1.5.1.1　安全监理的必要性

安全生产事关人民群众的生命财产安全和社会稳定,搞好安全生产工作是认真实践“三个代表”重要思想,切实保护好人民群众的切身利益的具体体现。建设工程由于其工种多,工期长,工序复杂,人员流动性大,立体、露天、高空、交叉作业等,易发生生产安全事故,造成人员伤亡,属于高危行业。每年发生的生产安全事故仅次于交通、煤矿和非煤矿山,排第三位。因此,依法强化建设工程各方落实安全生产责任,是坚持预防为主,实现群防群治、抓好安全生产的重要原则。

监理单位是除建设、施工单位之外的一个重要责任主体,在项目实施过程中,切实履行好安全监理职责,是确保项目投资、进度、质量目标实现的基础性工作,也是避免发生重大安全事故的重要环节。如:帮助建设单位选择安全生产条件较好的施工企业,进行资质资格把关;审批施工组织设计和专项技术方案;施工过程监督等。因此,监理单位对建设工程安全生产实施有效的监督和严格把关,对于消除施工现场安全隐患,避免造成人员伤亡具有重要作用。

1.5.1.2　安全监理的工作流程

1. 安全监理工作主要解决的问题

(1)统一监理单位对安全监理工作重要性的思想认识,明确监理单位及监理人员对建设工程必须依法履行安全监理职责,承担安全监理责任,同时规范安全监理行为。

(2)监理单位要根据国家法律法规及强制性标准的规定以及工程实际情况,编制安全监理文件,以指导安全监理工作。

(3)在施工前期,协助建设单位办理建设工程安全报监备案手续,建立建设、施工、监理三方安全生产责任制度,对施工现场的安全生产前提条件进行审查把关,提高生产安全的保障率。

(4)在工程建设过程中,督促施工单位落实安全生产责任制,完善各项具体措施,并进行监督检查,及时发现并督促施工单位消除事故隐患,避免事故发生。

(5)建立安全监理资料管理制度,一是规范安全监理工作;二是监管部门可通过安全监理资料,检查监理单位落实安全监理职责的情况;三是便于分清责任。

(6)规定建设行政主管部门(安全监督机构)对监理单位落实安全监理职责的情况要进行监督检查,支持安全监理单位工作。同时明确施工单位是安全生产的第一责任主体,以及参建各方的安全生产责任。

2. 安全监理的工作流程

建设工程安全监理的工作流程,如图 1.5.1 所示。

施工过程中,监理进行安全控制,安全控制流程如图 1.5.2 所示。

监理过程中,遇到安全隐患或安全事故,监理进行处理的工作流程,如图 1.5.3 所示。

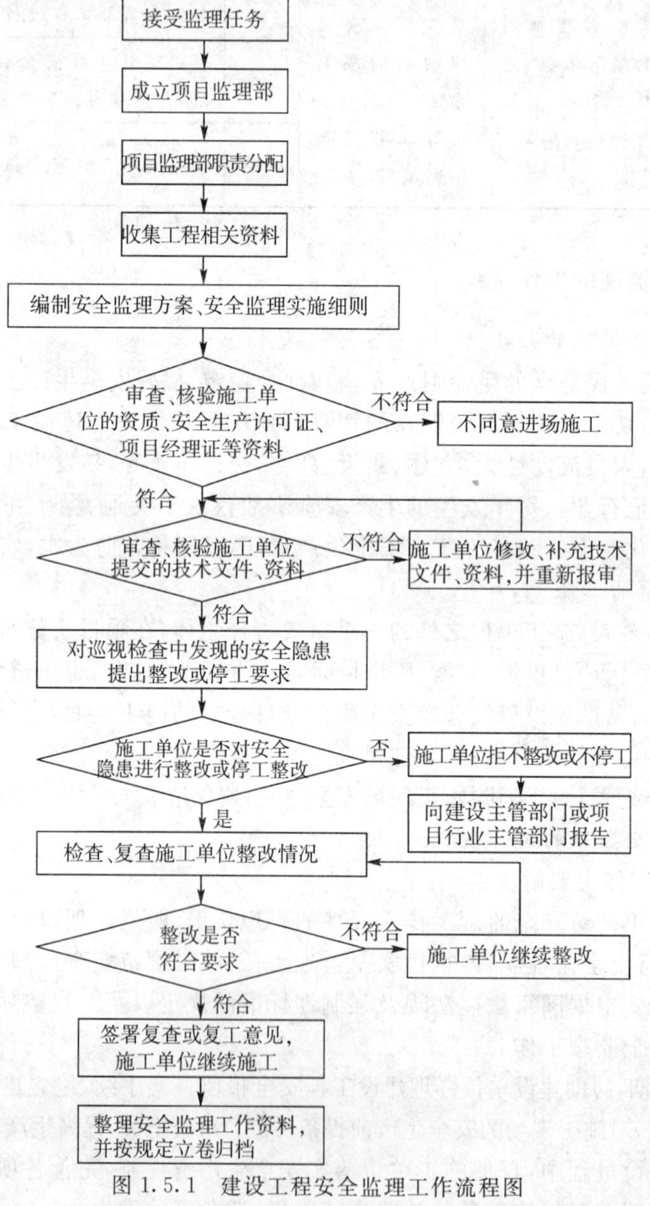

图 1.5.1 建设工程安全监理工作流程图

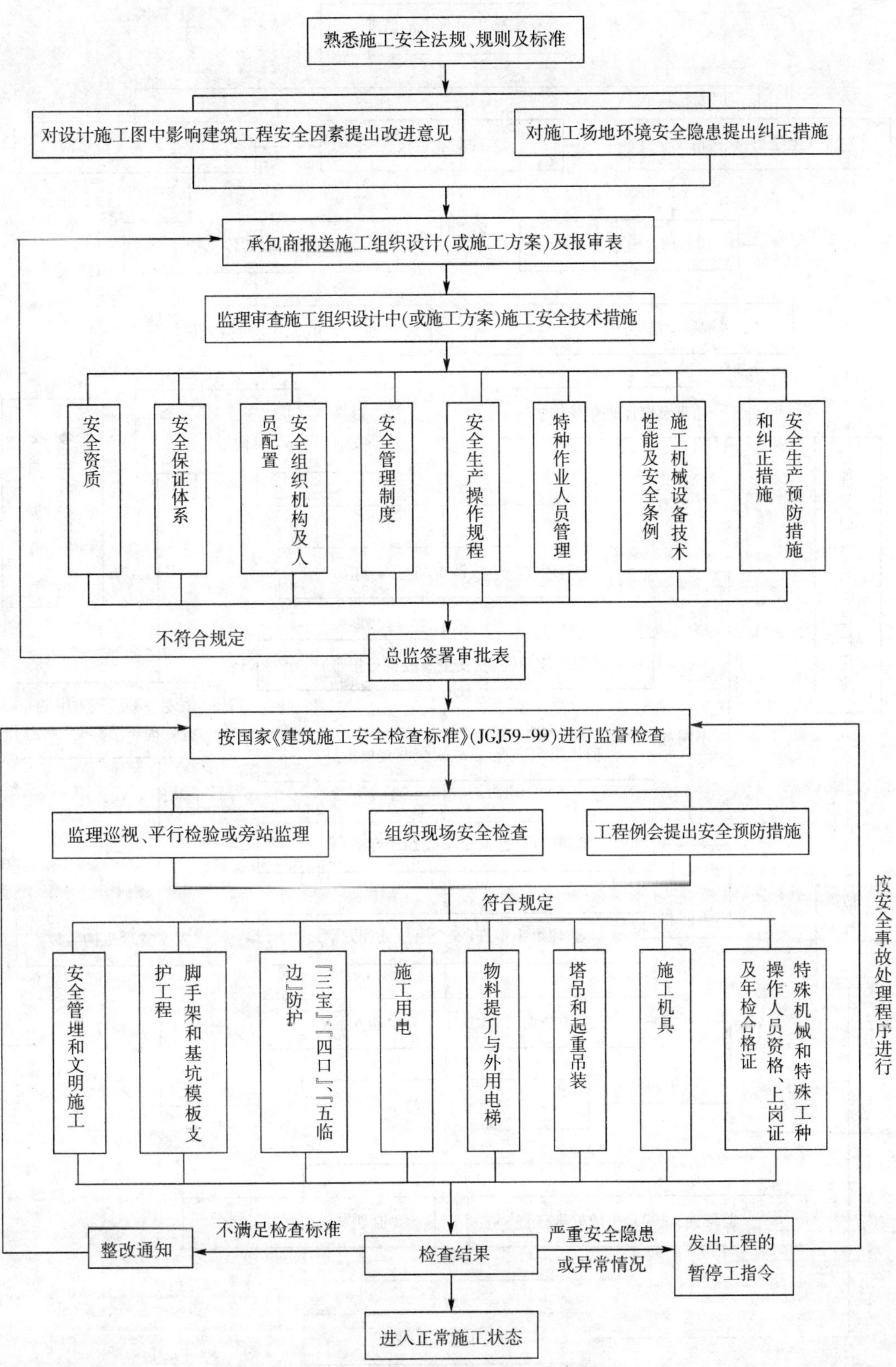

图 1.5.2　施工安全控制监理工作流程图

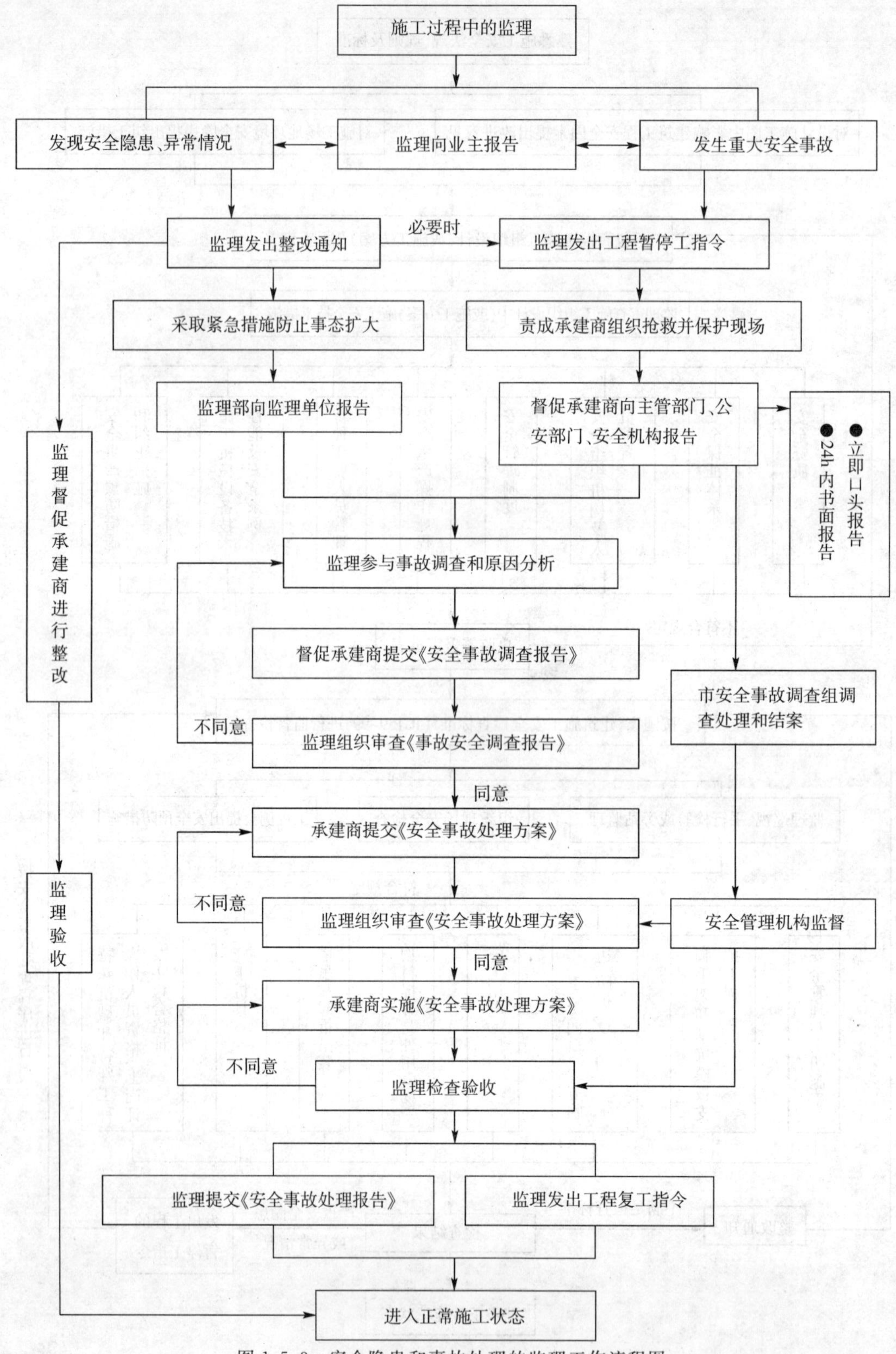

图 1.5.3　安全隐患和事故处理的监理工作流程图

【实践练习】 本工程位于合肥市某繁华小区,总建筑面积为6 404 m,结构类型为砖混结构,共7层。一层为商服网点及车库;2~6层为住宅;1层层高为3.6 m;2~6层层高为2.9 m;室内外高差0.15 m;工程总高度21.25 m。本工程采用砖混结构,一层楼板现浇。梁、柱、楼梯现浇。本工程采用一层(局部2层)框架—抗震墙结构;一层(局部2层)采用现浇板;A—D轴为2层混合结构与主体间设沉降缝,其他层采用预制楼板;墙体采用复合节能墙体(专威特系统)。厨房卫生间现浇楼板,屋面保温层采用100厚苯板保温,ρ苯板≥18 kg/m³,导热系数≤0.042 W/(m² · K),压型钢板坡屋面,底板条形基础。工期要求:2008年5月1日~2008年11月30日。

根据本工程实际情况,结合砖混结构工程安全施工要求,制订本工程施工安全监理工作流程图。

1.5.2 安全监理的工作方法和措施

1. 安全监理依据

(1)《中华人民共和国建筑法》;

(2)《中华人民共和国安全生产法》;

(3)《建设工程安全生产管理条例》;

(4)建筑工程施工强制性条文;

(5)国家安全生产法律、法规及政策;

(6)建设行业安全生产规章、规范性文件、安全技术规范等;

(7)《建筑施工安全检查标准》及其他建筑施工安全技术规范和标准等;

(8)已批准的《监理规划》;

(9)已批准的施工组织设计和专项安全施工方案。

2. 安全监理细则

(1)为加强和规范建设工程安全监理工作,维护人民群众生命财产安全和社会稳定,根据国务院《建设工程安全生产管理条例》及有关法律法规,结合实际制定本细则。

(2)本细则所称建设工程,是指《建设工程安全生产管理条例》第二条所界定的土木工程、建筑工程、线路管道和设备安装及装修工程。

本细则所称建设工程安全监理,是指监理单位按照《建设工程安全生产管理条例》及有关法律法规和工程建设强制性标准的规定,对施工现场生产安全实施监督管理的活动。

(3)建设行政主管部门负责统一指导、监督建设工程安全监理工作。各州(市)、县(区)建设行政主管部门按照属地管理原则,负责本行政区域内建设工程安全监理的监督管理工作。

(4)监理单位的法定代表人对本单位承担监理的建设工程项目安全监理工作全面负责;项目总监理工程师对所承担的具体工程项目的安全监理工作负总责;项目其他监理人员在总监理工程师的领导下,按照职责分工,对各自承担的安全监理工作负责。

对大型工程项目,或工程总量不大,但施工安全风险较大的工程项目,监理单位应当在施工现场建立专门的安全监理机构,配备专职安全监理工程师,实施安全监理。

对中型工程项目,监理单位应当在施工现场配备专职安全监理工程师,实施安全监理。

对小型工程项目,由总监理工程师负责实施安全监理。

(5)建设单位、勘察设计单位、施工单位及其他与建设工程安全生产有关的单位，应当按照《建设工程安全生产管理条例》等有关法律法规和工程建设强制性标准的规定，在各自职责范围内承担安全生产责任，并支持和配合监理单位做好安全监理工作。

监理单位履行安全监理职责，不能免除施工单位的安全生产主体责任，也不能免除建设单位、勘察设计单位及其他与建设工程安全生产有关单位的安全生产责任。

(6)监理单位在施工准备阶段的安全监理工作：

① 制定安全监理工作文件，建立岗位责任制；

② 协助建设单位办理建设工程安全报监备案手续；

③ 协助建设单位与施工单位签订建设工程项目安全生产协议书，签署《××省建设工程安全文明生产承诺书》；

④ 在审查勘察、设计文件时，发现不满足有关法律、法规、强制性标准的规定，或存在较大施工安全风险时，应及时向建设单位、施工单位提出；

⑤ 审查总包单位、专业分包和劳务分包单位资质、安全生产许可证；

⑥ 审查施工现场专职安全员及电工、焊工、架子工、起重机械工、塔吊司机及指挥人员、爆破工等特种作业人员资格；

⑦ 审查施工单位编制的施工组织设计、专项安全施工方案等；

⑧ 检查施工单位是否制定确保安全生产的各项规章制度、建立岗位责任制；

⑨ 检查施工单位是否针对施工现场实际制定应急救援预案、建立应急救援体系；

⑩ 检查施工单位拟投入施工使用的大型施工机械(特别是塔式起重机等垂直运输机械，整体提升脚手架、模板等自升式架设设施，打桩机械等大型施工机械)的检测检验、验收、备案手续；

⑪ 检查施工现场的实体安全施工前提条件。

(7)监理单位编制的建设工程项目监理规划应当包含安全监理方案，并明确安全监理内容、工作程序、工作制度和有关措施，编制的监理实施细则应包含安全监理的具体措施和方法。

(8)对于施工安全风险较大的工程，应单独编制安全监理实施细则，按照《建设工程安全生产管理条例》的规定，实施细则具体内容如下：

① 基坑支护与降水工程。基坑支护工程是指开挖深度超过 5 m(含 5 m)的基坑(槽)并采用支护结构施工的工程；或基坑虽未超过 5 m，但地质条件和周围环境复杂、地下水位在坑底以上等工程。

② 土方开挖工程。土方开挖工程是指开挖深度超过 5 m(含 5 m)的基坑(槽)的土方开挖。

③ 模板工程。各类工具式模板工程，包括滑模、爬模、大模板等；水平混凝土构件模板支撑系统及特殊结构模板工程。

④ 起重吊装工程。

⑤ 脚手架工程。高度超过 24 m 的落地式钢管脚手架；附着式升降脚手架，包括整体提升与分片式提升；悬挑式脚手架；门型脚手架；挂脚手架；吊篮脚手架；卸料平台。

⑥ 拆除、爆破工程。采用人工、机械拆除或爆破拆除的工程。

⑦ 其他危险性较大的工程如下：

Ⅰ. 建筑幕墙的安装施工；

Ⅱ. 预应力结构张拉施工；

Ⅲ. 隧道工程施工；

Ⅳ. 桥梁工程施工(含架桥)；

Ⅴ. 特种设备施工；

Ⅵ. 网架和索膜结构施工；

Ⅶ. 6 m 以上的边坡施工；

Ⅷ. 大江、大河的导流、截流施工；

Ⅸ. 港口工程、航道工程；

Ⅹ. 人工挖(扩)孔桩施工；

Ⅺ. 采用新技术、新工艺、新材料，可能影响建设工程质量安全，已经行政许可，尚无技术标准的施工。

(9)对以下工程，监理单位应当根据专家组论证审查的意见完善安全监理实施细则，督促施工单位按照专家组意见完善施工方案，并予以审查签认。

① 深基坑工程。开挖深度超过 5 m(含 5 m)或地下室三层以上(含三层)，或深度虽未超过 5 m(含 5 m)，但地质条件和周围环境及地下管线极其复杂的工程。

② 地下暗挖工程。地下暗挖及遇有溶洞、暗河、瓦斯、岩爆、涌泥、断层等地质复杂的隧道工程。

③ 高大模板工程。水平混凝土构件模板支撑系统高度超过 8 m，或跨度超过 18 m，施工总荷载大于 10 kN/m^2，或集中线荷载大于 15 kN/m^2 的模板支撑系统。

④ 30 m 及以上高空作业的工程。

⑤ 大江、大河中深水作业的工程。

⑥ 城市房屋拆除爆破和其他土石大爆破工程。

⑦ 施工安全难度较大的起重吊装工程。

(10)监理单位在施工过程中的安全监理工作：

① 监督施工单位按照国家有关法律法规、工程建设强制性标准和已经通过审查批准的专项安全施工方案组织施工。

② 对施工现场安全生产情况进行巡视检查，检查施工单位各项安全措施的具体落实情况，对易发生事故的重点部位和环节实施旁站监理。

发现存在事故隐患的，应当要求施工单位立即进行整改；情况严重的，由总监理工程师下达暂时停工令并报告建设单位；施工单位拒不整改的，应及时向工程所在地建设行政主管部门(安全监督机构)报告。

③ 督促施工单位进行安全自查工作(班组检查、项目部检查、公司检查)，参加施工现场的安全生产检查，不定期抽查现场持证上岗情况。

④ 检查施工现场使用的大型施工机械(塔式起重机等垂直运输机械，整体提升脚手架、模板等自升式架设设施，打桩机械等)、安全设施的验收、备案情况，施工单位对大型施工机械的定期检查和维护保养情况。对未按照规定进行检测检验、验收、备案，以及定期检查和维护保养的，总监理工程师应当下达暂停使用指令，责令施工单位整改，并报告建设单位，施工单位拒不整改的，应当及时报告工程所在地建设行政主管部门(安全监督机构)。

⑤ 检查施工单位安全文明措施费的使用情况，督促施工单位按规定投入、使用安全文明施工措施费。对未按照规定使用安全文明施工措施费用的，总监不予签认，应当向建设单位报告。

⑥ 发生重大安全事故或突发性事件时，应当立即下达暂时停工令，并督促施工单位立即向当地建设行政主管部门（安全监督机构）和有关部门报告，并积极配合有关部门、单位做好应急救援和现场保护工作，协助有关部门对事故进行调查分析，督促施工单位按照"四不放过"原则对事故进行调查处理。

(11)监理单位及监理人员应按以下要求建立和收集安全监理全过程资料：

① 监理单位应当建立严格的安全监理资料管理制度，规范资料管理工作。

② 安全监理资料必须真实、完整，能够反映监理单位及监理人员依法履行安全监理职责的全貌。在实施安全监理过程中，应当以文字材料作为传递、反馈、记录各类信息的凭证。

③ 监理人员应在监理日志中记录当天施工现场安全生产和安全监理工作情况，记录发现和处理的安全问题，总监理工程师应定期审阅并签署意见。

④ 监理月报应包含安全监理内容，对当月施工现场的安全施工状况和安全监理工作作出评述，报建设单位。必要时，应当报工程所在地建设行政主管部门（安全监督机构）。

⑤ 提倡使用音像资料记录施工现场安全生产重要情况和施工安全隐患，并摘要载入安全监理月报。

(12)建设行政主管部门（安全监督机构）在对施工现场进行检查、巡查时，应当检查监理单位履行安全监理职责的情况，查阅有关文件资料，听取监理单位对施工现场安全生产的意见和建议。对监理单位反映的施工单位拒不履行安全生产职责义务的情况，要及时、认真调查，并依法严肃处理，处理情况要通报建设、监理单位。

(13)有关部门和单位在安全文明工地等评优活动时，应听取监理单位的意见。建设行政主管部门（安全监督机构）在对工程项目进行安全文明生产总体评价时，应听取监理单位意见。

(14)本细则由建设行政主管部门负责解释。

(15)本细则自二〇〇八年七月一日起施行。

【实践练习】 结合 1.5.1 实践练习的工程案例，编写适应该工程的安全监理细则。

【思考题】

1. 实施安全监理的必要性。
2. 建设工程安全监理工作和施工安全控制监理工作的异同。

学习情境 1.6　合同管理

【情境描述】 此砖混结构工程在施工过程中，由于建设单位提出对原设计进行修改，使施工单位停工待图 1 个月。在基础施工时，施工单位为保证施工质量，自行将原设计要求的混凝土强度由 C20 提高到 C25，导致费用增加 10 万元。工程竣工结算时，施工单位向监理工程师提出了费用索赔和工期延长的要求。

【情境剖析】 本情境涉及合同管理中的工程设计变更管理问题，包括变更事项的内容、变更程序、变更价款的确定等。在此过程中承包商就工程设计变更向监理工程师提出索赔，索赔是否成立、索赔成立的条件是什么、索赔的程序有哪些、监理工程师如何处理索赔事件等。

【工作任务】 本情境的工作任务如表1.6.1所示。

表1.6.1　工作任务表

能力目标	主讲内容	学生完成任务	评价标准	
了解变更事项的内容、变更程序、变更价款的确定	变更事项的内容、变更程序、变更价款的确定方法	学生总结变更价款的确定方法	优秀	熟悉变更事项的内容、变更程序、熟练掌握变更价款的确定方法
			良好	熟悉变更事项的内容、变更程序、掌握变更价款的确定方法
			合格	了解变更事项的内容、变更程序、变更价款的确定方法
了解施工索赔的概念和分类；掌握索赔的程序、工程师审查索赔应注意的问题、工程师处理索赔应遵循的原则	施工索赔的概念和分类、索赔的程序、工程师审查索赔应注意的问题、工程师处理索赔应遵循的原则等	学生分组讨论索赔的分类和程序并进行总结	优秀	熟练掌握索赔的程序、工程师审查索赔应注意的问题、工程师处理索赔应遵循的原则等
			良好	熟悉索赔的程序、工程师审查索赔应注意的问题、工程师处理索赔应遵循的原则等
			合格	熟悉索赔的程序、工程师处理索赔应遵循的原则等

1.6.1　设计变更的管理

1.6.1.1　工程师指示的设计变更范围

施工合同范本中将工程变更分为工程设计变更和其他变更两类。其他变更是指合同履行中，发包人要求变更工程质量标准及其他实质性变更。发生这类情况后，由当事人双方协商解决。工程施工中经常发生设计变更，对此通用条款作出了较详细的规定。工程师在合同履行管理中应严格控制变更，施工中承包人未得到工程师的同意也不允许对工程设计随意变更。如果由于承包人擅自变更设计，发生的费用和因此而导致的发包人的直接损失，应由承包人承担，延误的工期不予顺延。

施工合同范本通用条款中明确规定，工程师依据工程项目的需要和施工现场的实际情况，可以就以下方面向承包人发出变更通知：

1. 更改工程有关部分的标高、基线、位置和尺寸；
2. 增减合同中约定的工程量；
3. 改变有关工程的施工时间和顺序；
4. 其他有关工程变更需要的附加工作。

1.6.1.2　设计变更程序

1. 发包人要求的设计变更

施工中发包人需对原工程设计进行变更，应提前 14 天以书面形式向承包人发出变更通知。变更超过原设计标准或批准的建设规模时，发包人应报规划管理部门和其他有关部门重新审查批准，并由原设计单位提供变更的相应图纸和说明。

工程师向承包人发出设计变更通知后，承包人按照工程师发出的变更通知及有关要求，进行所需的变更。因设计变更导致合同价款的增减及造成的承包人损失由发包人承担，延误的工期相应顺延。

2. 承包人要求的设计变更

施工中承包人不得因施工方便而要求对原工程设计进行变更。承包人在施工中提出的合理化建议被发包人采纳，若建议涉及对设计图纸或施工组织设计的变更及对材料、设备的换用，则须经工程师同意。

承包人未经工程师同意擅自更改或换用，承包人应承担由此发生的费用，并赔偿发包人的有关损失，延误的工期不予顺延。工程师同意采用承包人的合理化建议，所发生费用和获得收益的分担或分享，由发包人和承包人另行约定。

1.6.1.3 变更价款的确定

1. 确定变更价款的程序

(1)承包人在工程变更确定后 14 天内，可提出变更涉及的追加合同价款要求的报告，经工程师确认后相应调整合同价款。如果承包人在双方确定变更后的 14 天内，未向工程师提出变更工程价款的报告，视为该项变更不涉及合同价款的调整。

(2)工程师应在收到承包人的变更合同价款报告后 14 天内，对承包人的要求予以确认或作出其他答复。工程师无正当理由不确认或答复时，自承包人的报告送达之日起 14 天后，视为变更价款报告已被确认。

(3)工程师确认增加的工程变更价款作为追加合同价款，与工程进度款同期支付。工程师不同意承包人提出的变更价款，按合同约定的争议条款处理。因承包人自身原因导致的工程变更，承包人无权要求追加合同价款。如由于承包人原因实际施工进度滞后于计划进度，某工程部位的施工与其他承包人的施工发生干扰，工程师发布指示改变了他的施工时间和顺序，导致施工成本的增加或效率降低，承包人无权要求补偿。

2. 确定变更价款的原则

(1)合同中已有适用于变更工程的价格，按合同已有的价格变更合同价款；

(2)合同中只有类似于变更工程的价格，可以参照类似价格变更合同价款；

(3)合同中没有适用或类似于变更工程的价格，由承包人提出适当的变更价格，经工程师确认后执行。

1.6.2 索赔管理

1.6.2.1 建设工程施工索赔概述

1. 施工索赔的概念及特征

(1)施工索赔的概念。索赔是当事人在合同实施过程中，根据法律、合同规定及惯例，对不应由自己承担责任的情况造成的损失，向合同的另一方当事人提出给予赔偿或补偿要求的行为。在工程建设的各个阶段，都有可能发生索赔，但在施工阶段索赔发生较多。

对施工合同的双方，都有通过索赔维护自己合法利益的权利，依据双方约定的合同责任，构成正确履行合同义务的制约关系。

(2)索赔的特征。从索赔的基本含义可以看出索赔具有以下基本特征：

① 索赔是双向的，不仅承包人可以向发包人索赔，发包人同样也可以向承包人索赔。由于实践中发包人向承包人索赔发生的频率相对较低，而且在索赔处理中，发包人始终处于主动和有利地位，对承包人的违约行为可以直接从应付工程款中扣抵、扣留保留金或通过履约保函向银行索赔来实现自己的索赔要求。因此在工程实践中，发生大量的、处理比较困难的是承包人向发包人的索赔，也是工程师进行合同管理的重点内容之一。承包人的索赔范围非常广泛，一般只要因非承包人自身责任造成其工期延长或成本增加，都有可能向发包人提出索赔。有时发包人违反合同，如未及时交付施工图纸、合格施工现场、决策错误等，造成工程修改、停工、返工、窝工，未按合同规定支付工程款等，承包人均可向发包人提出赔偿要求。也可能由于发包人应承担风险的原因，如恶劣气候条件影响、国家法规修改等造成承包人损失或损害时，也会向发包人提出补偿要求。

② 只有实际发生了经济损失或权利损害，一方才能向对方索赔。经济损失是指因对方因素造成合同外的额外支出，如人工费、材料费、机械费、管理费等额外开支；权利损害是指虽然没有经济上的损失，但造成了一方权利上的损害，如由于恶劣气候条件对工程进度的不利影响，承包人有权要求工期延长等。因此发生了实际的经济损失或权利损害，应是一方提出索赔的一个基本前提条件。有时上述两者同时存在，如发包人未及时交付合格的施工现场，既造成承包人的经济损失，又侵犯了承包人的工期权利，因此，承包人既要求经济赔偿，又要求工期延长。有时两者则可单独存在，如恶劣气候条件影响、不可抗力事件等，承包人根据合同规定或惯例则只能要求工期延长，不应要求经济补偿。

③ 索赔是一种未经对方确认的单方行为，与通常所说的工程签证不同。在施工过程中，签证是承发包双方就额外费用补偿或工期延长等达成一致的书面证明材料和补充协议，它可以直接作为工程款结算或最终增减工程造价的依据。而索赔则是单方面行为，对对方尚未形成约束力，这种索赔要求能否得到最终实现，必须要通过确认(如双方协商、谈判、调解或仲裁、诉讼)后才能实现。

许多人一听到"索赔"两字，很容易联想到争议的仲裁、诉讼或双方激烈的对抗，因此往往认为应当尽可能避免索赔，担心因索赔而影响双方的合作或感情。实质上索赔是一种正当的权利或要求，是合情、合理、合法的行为，它是在正确履行合同的基础上争取合理的偿付，不是无中生有，无理争利。索赔同守约、合作并不矛盾、对立，索赔本身就是市场经济中合作的一部分，只要是符合有关规定的、合法的或者符合有关惯例的，就应该理直气壮地、主动地向对方索赔。大部分索赔都可以通过协商谈判和调解等方式获得解决，只有在双方坚持己见而无法达成一致时，才会提交仲裁或诉诸法院求得解决，即使诉诸法律程序，也应当被看成是遵法守约的正当行为。

2. 施工索赔分类

(1)按索赔的合同依据分类为明示和默示的索赔。

① 合同中明示的索赔。合同中明示的索赔是指承包人所提出的索赔要求，在该工程项目的合同文件中有文字依据，承包人可以据此提出索赔要求，并取得经济补偿。这些在合同文件中有文字规定的合同条款，称为明示条款。

② 合同中默示的索赔。虽然在工程项目的合同条款中没有专门的文字叙述，但可以根

据该合同的某些条款的含义，推论出承包人有索赔权。这种索赔要求，同样有法律效力，有权得到相应的经济补偿。这种有经济补偿含义的条款，在合同管理工作中被称为"默示条款"或称为"隐含条款"。

默示条款是一个广泛的合同概念，它包含合同明示条款中没有写入、但符合双方签订合同时设想的愿望和当时环境条件的一切条款。这些默示条款，或者从明示条款所表述的设想愿望中引伸出来，或者从合同双方在法律上的合同关系引伸出来，经合同双方协商一致，或被法律和法规所指明，都成为合同文件的有效条款，要求合同双方遵照执行。

(2)按索赔目的分类又分为工期索赔和费用索赔。

① 工期索赔。由于非承包人责任的原因而导致施工进程延误，要求批准顺延合同工期的索赔，称之为工期索赔。工期索赔形式上是对权利的要求，以避免在原定合同竣工日不能完工时，被发包人追究拖期违约责任。一旦获得批准合同工期顺延后，承包人不仅免除了承担拖期违约赔偿费的严重风险，而且可能提前工期得到奖励，最终仍反映在经济收益上。

② 费用索赔。费用索赔的目的是要求经济补偿，当施工的客观条件改变导致承包人增加开支，要求对超出计划成本的附加开支给予补偿，以挽回不应由他承担的经济损失。

(3)按索赔事件的性质分类又分为 6 种索赔形式。

① 工程延误索赔。因发包人未按合同要求提供施工条件，如未及时交付设计图纸、施工现场、道路等，或因发包人指令工程暂停、不可抗力事件等原因造成工期拖延的，承包人对此提出索赔，这是工程中常见的一类索赔。

② 工程变更索赔。由于发包人或监理工程师指令增加、减少工程量，或增加附加工程、修改设计、变更工程顺序等，造成工期延长和费用增加，承包人对此提出索赔。

③ 合同被迫终止的索赔。由于发包人或承包人违约以及不可抗力事件等原因造成合同非正常终止，无责任的受害方因其蒙受经济损失而向对方提出索赔。

④ 工程加速索赔。由于发包人或工程师指令承包人加快施工速度，缩短工期，引起承包人的人、财、物的额外开支而提出的索赔。

⑤ 意外风险和不可预见因素索赔。在工程实施过程中，因人力不可抗拒的自然灾害、特殊风险以及一个有经验的承包人通常不能合理预见的不利施工条件或外界障碍，如地下水、地质断层、溶洞、地下障碍物等引起的索赔。

⑥ 其他索赔。如因货币贬值、汇率变化、物价、工资上涨、政策法令变化等原因引起的索赔。

3. 索赔的起因

(1)工程项目的特殊性。现代工程规模大、技术性强、投资额大、工期长、材料设备价格变化快。由于工程项目的差异性大、综合性强、风险大，使得工程项目在实施过程中存在许多不确定变化因素，而合同则必须在工程开始前签订，它不可能对工程项目所有的问题都能作出合理的预见和规定，而且发包人在实施过程中还会有许多新的决策，这一切使得合同变更极为频繁，而合同变更必然会导致项目工期和成本的变化。

(2)工程项目内外部环境的复杂性和多变性。工程项目的技术环境、经济环境、社会环境、法律环境的变化，诸如地质条件变化、材料价格上涨、货币贬值、国家政策、法规的变化等，会在工程实施过程中经常发生，使得工程的计划实施过程与实际情况不一致，这些因素同样会导致工程工期和费用的变化。

(3)参与工程建设主体的多元性。由于工程参与单位多,一个工程项目往往会有发包人、总包人、工程师、分包人、指定分包人、材料设备供应商等众多参加单位。各方面的技术、经济关系错综复杂,相互联系又相互影响,只要一方失误,不仅会造成自己的损失,而且会影响其他合作者,造成他人损失,从而导致索赔。

(4)工程合同的复杂性及易出错性。建设工程合同文件多且复杂,经常会出现措词不当、缺陷、图纸错误,以及合同文件前后自相矛盾或者可作不同解释等问题,容易造成合同双方对合同文件理解不一致,从而出现索赔。

以上这些问题会随着工程的逐步开展而不断暴露出来,必然使工程项目受到影响,导致工程项目成本和工期的变化,这就是索赔形成的根源。因此,索赔的发生,不仅是一个索赔意识或合同观念的问题,从本质上讲,索赔也是一种客观存在。

1.6.2.2　索赔程序

1. 承包人的索赔

承包人的索赔程序通常可分为以下几个步骤,如图 1.6.1 所示。

(1)承包人提出索赔要求如下:

① 发出索赔意向通知。索赔事件发生后,承包人应在索赔事件发生后的 28 天内,向工程师递交索赔意向通知,声明将对此事件提出索赔。该意向通知是承包人就具体的索赔事件向工程师和发包人表示的索赔愿望和要求,如果超过这个期限,工程师和发包人有权拒绝承包人的索赔要求。索赔事件发生后,承包人有义务做好现场施工的同期记录,工程师有权随时检查和调阅,以判断索赔事件造成的实际损害。

② 递交索赔报告。索赔意向通知提交后的 28 天内,或工程师可能同意的其他合理时间,承包人应递送正式的索赔报告。索赔报告的内容应包括:事件发生的原因,对其权益影响的证据资料,索赔的依据,此项索赔要求补偿的款项和工期顺延天数的详细计算等有关材料。

如果索赔事件的影响持续存在,28 天内还不能算出索赔额和工期顺延天数时,承包人应按工程师合理要求的时间间隔(一般为 28 天),定期陆续报出每一个时间段内的索赔证据资料和索赔要求。在该项索赔事件的影响结束后的 28 天内,报出最终详细报告,提出索赔论证资料和累计索赔额。

承包人发出索赔意向通知后,可以在工程师指示的其他合理时间内再报送正式索赔报告,也就是说,工程师在索赔事件发生后有权不马上处理该项索赔。如果事件发生时,现场施工非常紧张,工程师不希望立即处理索赔而分散各方抓施工管理的精力,可通知承包人将索赔的处理留待施工不太紧张时再去解决。但承包人的索赔意向通知必须在事件发生后的 28 天内提出,包括因对变更估价双方不能取得一致意见,而先按工程师单方面决定的单价或价格执行时,承包人提出的保留索赔权利的意向通知。如果承包人未能按时间规定提出索赔意向和索赔报告,则他就失去了就该项事件请求补偿的索赔权力。此时他所受到损害的补偿,将不超过工程师认为应主动给予的补偿额。

(2)工程师审核索赔报告如下:

① 工程师审核承包人的索赔申请。接到承包人的索赔意向通知后,工程师应建立自己的索赔档案,密切关注事件的影响,检查承包人的同期记录时,随时就记录内容提出他的不同意见,或希望应予以增加的记录项目。在接到正式索赔报告以后,认真研究承包人报送的

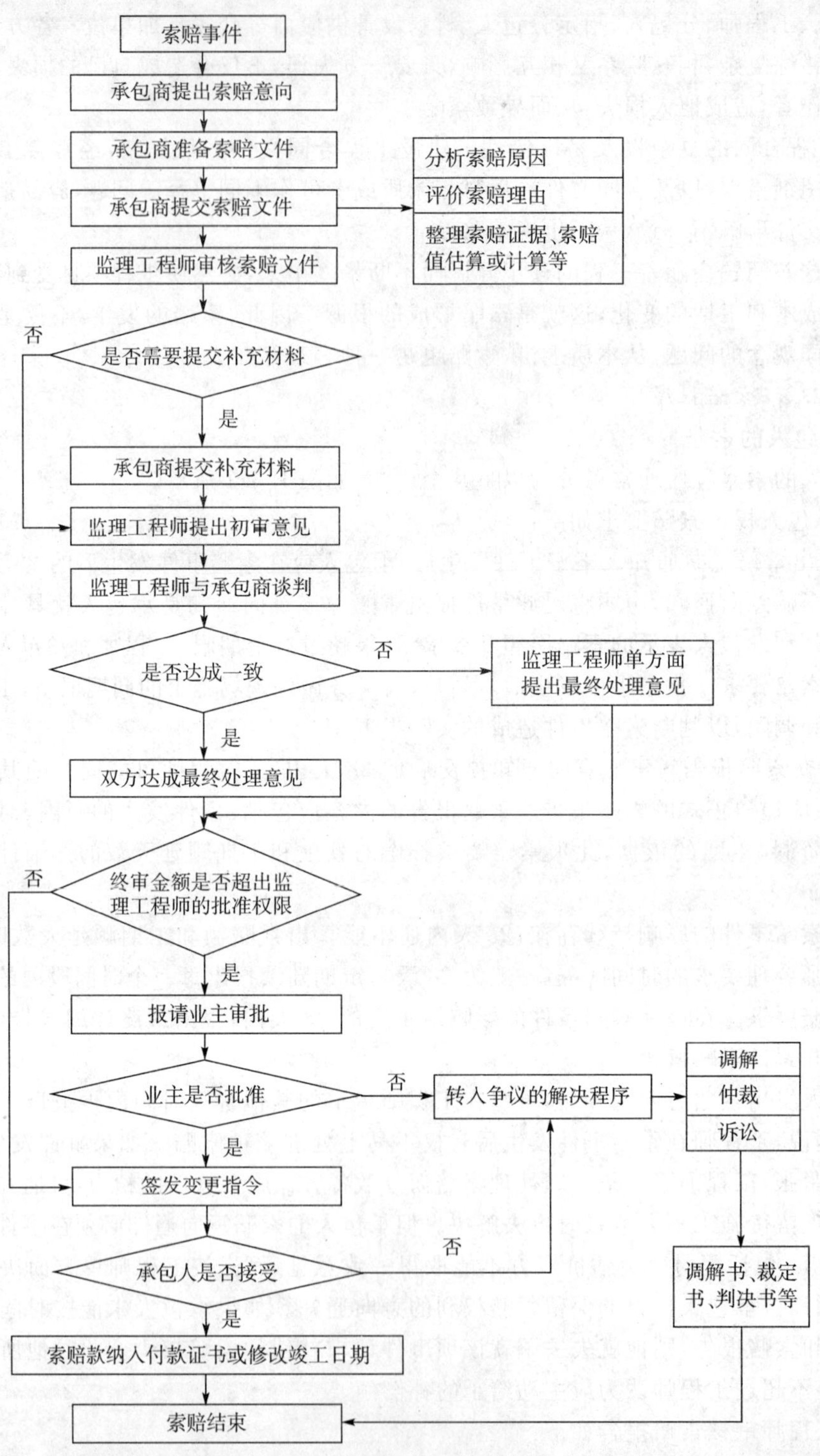

图 1.6.1 索赔工作程序

索赔事件
承包商提出索赔意向
承包商准备索赔文件
承包商提交索赔文件
分析索赔原因
评价索赔理由
整理索赔证据、索赔值估算或计算等
监理工程师审核索赔文件
否
是否需要提交补充材料
是
承包商提交补充材料
监理工程师提出初审意见
监理工程师与承包商谈判
是否达成一致
否
监理工程师单方面提出最终处理意见
是
双方达成最终处理意见
否
终审金额是否超出监理工程师的批准权限
是
报请业主审批
业主是否批准
否
转入争议的解决程序
调解
仲裁
诉讼
是
签发变更指令
否
承包人是否接受
调解书、裁定书、判决书等
是
索赔款纳入付款证书或修改竣工日期
索赔结束

索赔资料。首先在不确认责任归属的情况下，客观分析事件发生的原因，重温合同的有关条款，研究承包人的索赔证据，并检查他的同期记录；其次通过对事件的分析，工程师再依据合同条款划清责任界限，必要时还可以要求承包人进一步提供补充资料。尤其是对承包人与发包人或工程师都负有一定责任的事件影响，更应划出各方应该承担合同责任的比例。最后再审查承包人提出的索赔补偿要求，剔除其中的不合理部分，拟定自己计算的合理索赔款额和工期顺延天数。

② 判定索赔成立的原则。工程师判定承包人索赔成立的条件为：

Ⅰ. 与合同相对照，事件已造成了承包人施工成本的额外支出，或总工期延期；

Ⅱ. 造成费用增加或工期延期的原因，按合同约定不属于承包人应承担的责任，包括行为责任或风险责任；

Ⅲ. 承包人按合同规定的程序提交了索赔意向通知和索赔报告。

上述三个条件没有先后主次之分，应当同时具备。只有工程师认定索赔成立后，才处理应给予承包人的补偿额。

③ 对索赔报告的审查：

Ⅰ. 事态调查。通过对合同实施的跟踪、分析了解事件经过、前因后果，掌握事件详细情况。

Ⅱ. 损害事件原因分析。即分析索赔事件是由何种原因引起，责任应由谁来承担。在实际工作中，损害事件的责任有时是多方面原因造成，故必须进行责任分解，划分责任范围，按责任大小，承担损失。

Ⅲ. 分析索赔理由。主要依据合同文件判明索赔事件是否属于未履行合同规定义务或未正确履行合同义务导致，是否在合同规定的赔偿范围之内。只有符合合同规定的索赔要求才有合法性，其索赔理由才能成立。例如，某合同规定，在工程总价 5 %范围内的工程变更属于承包人承担的风险，则发包人指令增加工程量在这个范围内，承包人不能提出索赔。

Ⅳ. 实际损失分析。即分析索赔事件的影响，主要表现为工期的延长和费用的增加。如果索赔事件不造成损失，则无索赔可言。损失调查的重点是分析、对比实际和计划的施工进度，工程成本和费用方面的资料，在此基础上核算索赔值。

Ⅴ. 证据资料分析。主要分析证据资料的有效性、合理性、正确性，这也是索赔要求有效的前提条件。如果在索赔报告中提不出证明其索赔理由、索赔事件影响、索赔值计算等方面的详细资料，索赔要求不能成立。如果工程师认为承包人提出的证据不足以说明其要求的合理性时，可以要求承包人进一步提交索赔的证据资料。

(3)确定合理的补偿额：

① 工程师与承包人协商补偿。工程师核查后初步确定应予以补偿的额度，往往与承包人的索赔报告中要求的额度不一致，甚至差额较大。主要原因大多为对承担事件损害责任的界限划分不一致，索赔证据不充分，索赔计算的依据和方法分歧较大等，因此双方应就索赔的处理进行协商。对于持续影响时间超过 28 天以上的工期延期事件，当工期索赔条件成立时，对承包人每隔 28 天报送的阶段索赔临时报告审查后，每次均应作出批准临时延长工期的决定，并于事件影响结束后 28 天内承包人提出最终的索赔报告后，批准顺延工期总天数。应当注意的是，最终批准的总顺延天数，不应少于以前各阶段已同意顺延天数之和。规定承包人在事件影响期间必须每隔 28 天提出一次阶段索赔报告，可以使工程师能及时根据

同期记录批准该阶段应予顺延工期的天数，避免事件影响时间太长而不能准确确定索赔值。

② 工程师索赔处理决定。在经过认真分析研究，与承包人、发包人广泛讨论后，工程师应该向发包人和承包人提出自己的“索赔处理决定”。工程师收到承包人送交的索赔报告和有关资料后，于28天内给予答复或要求承包人进一步补充索赔理由和证据。《建设工程施工合同示范文本》规定，工程师收到承包人递交的索赔报告和有关资料后，如果在28天内既未予答复，也未对承包人作进一步要求，则视为承包人提出的该项索赔要求已经认可。

工程师在“工程延期审批表”和“费用索赔审批表”中应该简明地叙述索赔事项、理由和建议给予补偿的金额及延长的工期，论述承包人索赔的合理方面及不合理方面。通过协商达不成共识时，承包人仅有权得到所提供的证据满足工程师认为索赔成立那部分的付款和工期顺延。不论工程师与承包人协商达成一致，还是单方面作出的处理决定，批准给予补偿的款额和顺延工期的天数如果在授权范围之内，则可将此结果通知承包人，并抄送发包人。补偿款将计入下月支付工程进度款的支付证书内，顺延的工期加到原合同工期中去。如果批准的额度超过工程师权限，则应报请发包人批准。

通常，工程师的处理决定不是终局性的，对发包人和承包人都不具有强制性的约束力。承包人对工程师的决定不满意，可以按合同中的争议条款提交约定的仲裁机构仲裁或诉讼。

(4)发包人审查索赔处理。当工程师确定的索赔额超过其权限范围时，必须报请发包人批准。

发包人首先根据事件发生的原因、责任范围、合同条款审核承包人的索赔申请和工程师的处理报告，再依据工程建设的目的、投资控制、竣工投产日期要求，以及针对承包人在施工中的缺陷或违反合同规定等有关情况，决定是否同意工程师的处理意见。例如，承包人某项索赔理由成立，工程师根据相应条款规定，既同意给予一定的费用补偿，也批准顺延相应的工期。但发包人权衡了施工的实际情况和外部条件的要求后，可能不同意顺延工期，而宁可给承包人增加费用补偿额，要求他采取赶工措施，按期或提前完工。这样的决定只有发包人才有权作出，索赔报告经发包人同意后，工程师即可签发有关证书。

(5)承包人是否接受最终索赔处理。承包人接受最终的索赔处理决定，索赔事件的处理即告结束，如果承包人不同意，就会导致合同争议。通过协商双方达到互谅互让的解决方案，是处理争议的最理想方式，如达不成谅解，承包人有权提交仲裁或诉讼解决。

2. 发包人的索赔

《建设工程施工合同(示范文本)》规定，承包人未能按合同约定履行自己的各项义务或发生错误而给发包人造成损失时，发包人也应按合同约定向承包人提出索赔。

FIDIC《施工合同条件》中，业主的索赔主要限于施工质量缺陷和拖延工期等违约行为导致的业主损失。合同内规定业主可以索赔的条款，如表1.6.2所示。

表1.6.2 业主可以索赔的条款

序号	条款号	内容
1	7.5	拒收不合格的材料和工程
2	7.6	承包人未能按照工程师的指示完成缺陷补救工作
3	8.6	由于承包人的原因修改进度计划导致业主有额外投入

（续表）

序号	条款号	内容
4	8.7	拖期违约赔偿
5	2.5	业主为承包人提供的电、气、水等应收款项
6	9.4	未能通过竣工检验
7	11.3	缺陷通知期的延长
8	11.4	未能补救缺陷
9	15.4	承包人违约终止合同后的支付
10	18.2	承包人办理保险未能获得补偿的部分

1.6.2.3　工程师的索赔管理

1. 工程师对工程索赔的影响

在发包人与承包人之间的索赔事件的处理和解决过程中，工程师是个核心。在整个合同的形成和实施过程中，工程师对工程索赔有如下影响：

(1)工程师受发包人委托进行工程项目管理。如果工程师在工作中出现问题、失误或行使施工合同赋予的权力造成承包人的损失，发包人必须承担合同规定的相应赔偿责任，承包人索赔有相当一部分原因是由工程师引起的。

(2)工程师具有处理索赔问题的权力：

① 在承包人提出索赔意向通知以后，工程师有权检查承包人的现场同期记录。

② 对承包人的索赔报告进行审查分析，反驳承包人不合理的索赔要求，或索赔要求中不合理的部分。可指令承包人作出进一步解释，或进一步补充资料，提出审查意见。

③ 工程师与承包人共同协商确定给承包人的工期和费用的补偿量达不成一致时，工程师有权单方面作出处理决定。

④ 对合理的索赔要求，工程师有权将它纳入工程进度付款中，签发付款证书，发包人应在合同规定的期限内支付。

(3)在争议的仲裁和诉讼过程中作为见证人。如果合同一方或双方对工程师的处理不满意，都可以按合同规定提交仲裁，也可以按法律程序提出诉讼。在仲裁或诉讼过程中，工程师作为工程全过程的参与者和管理者，可以作为见证人提供证据。

在一个工程中，发生索赔的频率、索赔要求和索赔的解决结果等，与工程师的工作能力、经验、工作的完备性、作出决定的公平合理性等有直接的关系。所以在工程项目施工过程中，工程师必须有“风险意识”，重视索赔问题。

2. 工程师的索赔管理任务

索赔管理是工程师进行工程项目管理的主要任务之一，他的索赔管理任务包括：

(1)预测和分析导致索赔的原因和可能性。在施工合同的形成和实施过程中，工程师为发包人承担了大量具体的技术、组织和管理工作。如果在这些工作中出现疏漏，对承包人施工造成干扰，则产生索赔。承包人的合同管理人员常常在寻找这些疏漏，寻找索赔机会，所以工程师在工作中应能预测到自己行为的后果，堵塞漏洞。起草文件、下达指令、作出决定、答复请示时，都应注意到完备性和严密性，颁发图纸、作出计划和实施方案时都应考虑其正确性和周密性。

(2)通过有效的合同管理减少索赔事件发生。工程师应以积极的态度和主动的精神管理好工程,为发包人提供良好的服务。在施工中,工程师作为双方的纽带,应做好协调、缓冲工作,为双方建立一个良好的合作氛围。通常合同实施越顺利,双方合作得越好,索赔事件越少,越易于解决。

工程师应对合同实施进行有力的控制,这是他的主要工作。通过对合同的监督和跟踪,不仅可以及早发现干扰事件,也可以及早采取措施降低干扰事件的影响,减少双方损失,还可以及早了解情况,为合理地解决索赔提供条件。

(3)公平合理地处理和解决索赔。合理解决发包人和承包人之间的索赔纠纷,不仅符合工程师的工作目标,使承包人按合同得到支付,而且符合工程总目标。索赔的合理解决,是指承包人得到按合同规定的合理补偿,而又不使发包人投资失控,合同双方都心悦诚服,对解决结果满意,继续保持友好的合作关系。

3. 工程师索赔管理的原则

(1)公平合理地处理索赔。工程师作为施工合同的管理核心,必须公平地行事。以没有偏见的方式解释和履行合同,独立地作出判断,行使自己的权力。由于施工合同双方的利益和立场存在不一致,常常会出现矛盾,甚至冲突,这时工程师起着缓冲、协调作用。他的处理索赔原则有如下几个方面:

① 从工程整体效益、工程总目标的角度出发作出判断或采取行动。使合同风险分配,干扰事件责任分担,索赔的处理和解决不损害工程整体效益和不违背工程总目标。在这个基本点上,双方常常是一致的,例如使工程顺利进行,尽早使工程竣工,投入生产,保证工程质量,按合同施工等。

② 按照合同约定行事。合同是施工过程中的最高行为准则,作为工程师更应该按合同办事,准确理解、正确执行合同,在索赔的解决和处理过程中应贯穿合同精神。

③ 从事实出发,实事求是。按照合同的实际实施过程、干扰事件的实情、承包人的实际损失和所提供的证据作出判断。

(2)及时作出决定和处理索赔。在工程施工中,工程师必须及时地(有的合同规定具体的时间,或“在合理的时间内”)行使权力,作出决定,下达通知、指令,表示认可等。这有如下重要作用:

① 可以减少承包人的索赔几率。因为如果工程师不能迅速及时地行事,造成承包人的损失,必须给予工期或费用的补偿。

② 防止干扰事件影响扩大。若不及时行事会造成承包人停工等待处理指令,或承包人继续施工,造成更大范围的影响和损失。

③ 收到承包人的索赔意向通知后应迅速作出反应,认真研究、密切注意干扰事件的发展。一方面可以及时采取措施降低损失;另一方面可以掌握干扰事件发生和发展的过程,掌握第一手资料,为分析、评价承包人的索赔做准备。所以工程师也应鼓励并要求承包人及时向他通报情况,并及时提出索赔要求。

④ 不及时地解决索赔问题将会加深双方的不理解、不一致。如果不能及时解决索赔问题,会导致承包人资金周转困难,积极性受到影响,施工进度放慢,对工程师和发包人缺乏信任感;而发包人会抱怨承包人拖延工期,不积极履约。

⑤ 不及时行事会造成索赔解决的困难。单个索赔集中起来，导致索赔额积累，不仅给分析、评价带来困难，而且会带来新的问题，使问题和处理过程复杂化。

(3)尽可能通过协商达成一致。工程师在处理和解决索赔问题时，应及时地与发包人和承包人沟通，保持经常性的联系。在做出决定，特别是做出调整价格、决定工期和费用补偿决定前，应充分地与合同双方协商，最好达成一致，取得共识。这是避免索赔争议的最有效的办法。工程师应充分认识到，如果他的协调不成功使索赔争议升级，对合同双方都是损失，将会严重影响工程项目的整体效益。在工程中，工程师切不可凭借他的地位和权力武断行事，滥用权力，特别对承包人不能随便以合同处罚相威胁或盛气凌人。

(4)诚实信用。工程师有很大的工程管理权力，对工程的整体效益有关键性的作用。发包人出于信任，将工程管理的任务交给他，承包人希望他公平行事。

4. 工程师对索赔的审查

(1)审查索赔证据。工程师对索赔报告进行审查时，首先判断承包人的索赔要求是否有理、有据。所谓有理，是指索赔要求与合同条款或有关法规是否一致，受到的损失应属于非承包人责任原因所造成。有据，是指提供的证据证明索赔要求成立。承包人可以提供的证据包括下列证明材料：

① 文件中的条款约定；

② 工程师认可的施工进度计划；

③ 履行过程中的来往函件；

④ 现场记录；

⑤ 会议记录；

⑥ 工程照片；

⑦ 工程师发布的各种书面指令；

⑧ 中期支付工程进度款的单证；

⑨ 检查和试验记录；

⑩ 汇率变化表；

⑪ 各类财务凭证；

⑫ 其他有关资料。

(2)审查工期顺延要求：

① 划清施工进度拖延的责任。因承包人的原因造成施工进度滞后，属于不可原谅的延期；只有承包人不应承担任何责任的延误，才是可原谅的延期。有时工期延期的原因中可能包含有双方责任，此时工程师应进行详细分析，分清责任比例，只有可原谅的延期部分才能批准顺延合同工期。可原谅延期，又可细分为可原谅并给予补偿费用的延期和可原谅但不给予补偿费用的延期；后者是指非承包人责任的影响并未导致施工成本的额外支出，多数属于发包人应承担风险责任事件的影响，如异常恶劣的气候条件造成的停工等。

② 被延误的工作应是处于施工进度计划关键线路上的施工内容。只有位于关键线路上工作内容的滞后，才会影响到竣工日期。但有时也应注意，既要看被延误的工作是否在批准进度计划的关键路线上，又要详细分析这一延误对后续工作的可能影响。若对非关键路线工作的影响时间较长，超过了该工作可用于自由支配的时差，也会导致进度计划中非关键路线转化为关键路线，其滞后将导致总工期的拖延。此时，应充分考虑该工作的自由时差，

给予相应的工期顺延，并要求承包人修改施工进度计划。

③ 无权要求承包人缩短合同工期。工程师有审核、批准承包人顺延工期的权力，但他不可以扣减合同工期。也就是说，工程师有权指示承包人删减掉某些合同内规定的工作内容，但不能要求他相应缩短合同工期。如果要求提前竣工，这项工作属于合同的变更。

(3)审查工期索赔计算。工期索赔的计算主要有网络图分析和比例计算法两种。

① 网络分析法是利用进度计划的网络图，分析其关键线路。如果延误的工作为关键工作，则总延误的时间为批准顺延的工期；如果延误的工作为非关键工作，当该工作由于延误超过时差限制而成为关键工作时，可以批准延误时间与时差的差值；若该工作延误后仍为非关键工作，则不存在工期索赔问题。

② 比例计算法公式。对于已知部分工程的延期的时间：

工期索赔值＝(受干扰部分工程的合同价/原合同总价)×该受干扰部分工期拖延时间

对于已知额外增加工程量的价格：

工期索赔值＝(额外增加的工程量的价格/原合同总价)×原合同总工期

比例计算法简单方便，但有时不符合实际情况，不适用于变更施工顺序、加速施工、删减工程量等事件的索赔。

(4)审查费用索赔要求。费用索赔的原因可能是与工期索赔相同的内容，即属于可原谅并应予以费用补偿的索赔，也可能是与工期索赔无关的理由。工程师在审核索赔的过程中，除了划清合同责任以外，还应注意索赔计算的取费合理性和计算的正确性。

① 承包人可索赔的费用内容一般可以包括以下几个方面：

Ⅰ. 人工费。包括增加工作内容的人工费、停工损失费和工作效率降低的损失费等累计，但不能简单地用计日工费计算。

Ⅱ. 设备费。可采用机械台班费、机械折旧费、设备租赁费等几种形式。

Ⅲ. 材料费。

Ⅳ. 保函手续费。工程延期时，保函手续费相应增加，反之，取消部分工程且发包人与承包人达成提前竣工协议时，承包人的保函金额相应折减，则计入合同价内的保函手续费也应扣减。

Ⅴ. 贷款利息。

Ⅵ. 保险费。

Ⅶ. 利润。

Ⅷ. 管理费。此项又可分为现场管理费和公司管理费两部分，由于两者的计算方法不一样，所以在审核过程中应区别对待。

② 审核索赔取费的合理性。费用索赔涉及的款项较多、内容庞杂，承包人都是从维护自身利益的角度解释合同条款，进而申请索赔额。工程师应公平地审核索赔报告申请，挑出不合理的取费项目或费率。

FIDIC《施工合同条件》中，按照引起承包人损失事件原因的不同，对承包人索赔可能给予合理补偿工期、费用和利润的情况，分别作出了相应的规定。可以合理补偿承包人索赔的条款如表 1.6.3 所示。

表 1.6.3　可以合理补偿承包人索赔的条款

序号	条款号	主要内容	可补偿内容		
			工期	费用	利润
1	1.9	延误发放图纸	√	√	√
2	2.1	延误移交施工现场	√	√	√
3	4.7	承包人依据工程师提供的错误数据导致放线错误	√	√	√
4	4.12	不可预见的外界条件	√	√	
5	4.24	施工中遇到文物和古迹	√	√	
6	7.4	非承包人原因检验导致施工的延误	√	√	√
7	8.4(a)	变更导致竣工时间的延长	√		
8	8.4(c)	异常不利的气候条件	√		
9	8.4(d)	由于传染病或其他政府行为导致工期的延误	√		
10	8.4(e)	业主或其他承包人的干扰	√		
11	8.5	公共当局引起的延误	√		
12	10.2	业主提前占用工程		√	√
13	10.3	对竣工检验的干扰	√	√	√
14	13.7	后续法规的调整	√	√	
15	18.1	业主办理的保险未能从保险公司获得补偿部分		√	
16	19.4	不可抗力事件造成的损害	√	√	

③ 审核索赔计算的正确性。

Ⅰ. 所采用的费率是否合理、适度。主要注意的问题包括：

工程量表中的单价是综合单价，不仅含有直接费，还包括间接费、风险费、辅助施工机械费、公司管理费和利润等项目的摊销成本，在索赔计算中不应有重复取费。

停工损失中，不应以计日工费计算，不应计算闲置人员在此期间的奖金、福利等报酬。通常采取人工单价乘以折算系数计算，停驶的机械费补偿应按机械折旧费或设备租赁费计算，不应包括运转操作费用。

Ⅱ. 正确区分停工损失与因工程师临时改变工作内容，或作业方法的功效降低损失的区别。凡可改作其他工作的，不应按停工损失计算，但可以适当补偿降效损失。

5. 工程师对索赔的反驳

反驳索赔仅仅指的是反驳承包人不合理索赔或者索赔中的不合理部分，绝对不是把承包人当作对立面，偏袒发包人，设法不给予或尽量少给予承包人补偿。反驳索赔的措施是指工程师针对一些可能发生索赔的领域，为了今后有充分证据反驳承包人的不合理要求而采取的监督管理措施。反驳索赔措施实际上是包括在工程师的日常监理工作中，能否有力地反驳索赔，是衡量工程师工作成效的重要尺度。

对承包人的施工活动进行日常现场检查是工程师执行监理工作的基础，监督现场施工按合同要求进行。检查人员应具有一定的实践经验、认真的工作态度和良好的合作精神，人员素质的高低很大程度上将决定工程师监理工作的成效。检查人员应该善于发现问题，随时独立保持有关情况记录，绝对不能简单照抄承包人的记录。必要时应对某些施工情况摄取工程照片，每天下班前还必须把一天的施工情况和自己的观察结果简明扼要地写成“工程监理日志”，其中特别要指出承包人在哪些方面没有达到合同或计划要求。这种日志应该逐级加以汇总分析，最后由工程师或其他授权代表把承包人施工中存在的问题连同处理建议书面通知承包人，为今后反驳索赔提供依据。

合同中通常都会规定承包人应该在多长时间内，或什么时间以前向工程师提交什么资料，供工程师批准、同意或参考。工程师最好是事先就编制一份“承包人应提交的资料清单”，其内容包括资料名称、合同依据、时间要求、格式要求及工程师处理时间要求等，以便随时核对。如果届时承包人没有提交或提交资料的格式等不符合要求，则应该及时记录在案，并通知承包人。承包人的这种问题，可能是今后用来说明某项索赔或索赔中的某部分应由承包人自己负责的重要依据。

工程师要了解承包人施工材料和设备到货情况，包括材料质量、数量和存储方式以及设备种类、型号和数量。如果承包人的到货情况不符合合同要求或双方同意的计划要求，工程师应该及时记录在案，并通知承包人，这些也可能是今后反驳索赔的重要依据。

与承包人一样，对工程师来说，做好资料档案管理工作也非常重要。如果自己的资料档案不全，索赔处理终究会处于被动，只能是人云亦云。即便是明知某些要求不合理，也无法予以反驳。工程师必须保存好与工程有关的全部文件资料，特别是应该有自己独立采集的工程监理资料。

工程师通常可以对承包人的索赔提出质疑的情况有：

(1)索赔事项不属于发包人或工程师的责任，而是与承包人有关的其他第三方的责任；

(2)发包人和承包人共同负有责任、承包人必须划分和证明双方责任大小；

(3)事实依据不足；

(4)合同依据不足；

(5)承包人未遵守意向通知要求；

(6)承包人以前已经放弃(明示或暗示)了索赔要求；

(7)承包人没有采取适当措施避免或减少损失；

(8)承包人必须提供进一步的证据；

(9)损失计算夸大等。

6. 工程师对索赔的预防和减少

(1)正确理解合同规定。合同是规定当事人双方权利义务关系的文件，正确理解合同规定，是双方协调一致地合理、完全履行合同的前提条件。由于施工合同通常比较复杂，因而“理解合同规定”就有一定的困难。双方站在各自立场上对合同规定的理解往往不可能完全一致，总会或多或少地存在某些分歧，这种分歧经常是产生索赔的重要原因之一。所以发包人、工程师和承包人都应该认真研究合同文件，以便尽可能在诚信的基础上，正确、一致地理解合同的规定，减少索赔的发生。

(2)做好日常监理工作，随时与承包人保持协调。做好日常监理工作是减少索赔的重要手段，工程师应善于预见、发现和解决问题，能够在某些问题对工程产生额外成本或其他不良影响以前，就把它们纠正过来，可以避免发生与此有关的索赔。对此，现场检查作为工程师监理工作的第一个环节，应该发挥应有的作用。对工程质量、完工工作量等，工程师应该尽可能在日常工作中与承包人随时保持协调，每天或每周对当天或本周的情况进行会签，取得一致意见，而不要等到需要付款时再一次处理，这样就比较容易取得一致意见，可以避免不必要的分歧。

(3)尽量为承包人提供力所能及的帮助。承包人在施工过程中肯定会遇到各种各样的困难，虽然从合同上讲，工程师没有义务向其提供帮助，但从共同努力建设好工程这一点来讲，还是应该尽可能地提供一些帮助。这样，不仅可以免遭或少遭损失，从而避免或减少索赔，而且承包人对某些似是而非、模棱两可的索赔机会，还可能基于友好考虑而主动放弃。

(4)建立和维护工程师处理合同事务的威信。工程师自身必须有公正的立场、良好的合作精神和处理问题的能力，这是建立和维护其威信的基础；发包人应该积极支持工程师独立、公平地处理合同事务，不予无理干涉；承包人应该充分尊重工程师，主动接受工程师的协调和监督，与工程师保持良好的关系。如果承包人认为工程师明显偏袒发包人或处理问题能力较差，甚至是非不分，他就会更多地提出索赔，而不管是否有足够的依据，以求“以量取胜”或“蒙混过关”。如果工程师处理合同事务立场公正，有丰富的经验知识和较高的威信，就会促使承包人在提出索赔前认真做好准备工作，只提出那些有充足依据的索赔，“以质取胜”，从而减少提出索赔的数量。发包人、工程师和承包人应该从一开始就努力建立和维持相互关系的良性循环，这对合同顺利实施是非常重要的。

【应用案例 1.6.1】 某工程建设场地原为稻田，设计要求在工程地坪范围内的耕植土应予清除，基础必须埋设在老土层以下 4.50 米处。为此，业主在“三通一平”阶段就委托某单位清除了耕植土，并用新土予以回填、压实。此后，又在招标文件中指出施工单位无须考虑清除耕植土处理问题。但是开工后，施工单位在开挖基础时发现，相当一部分基坑开挖深度虽已达到设计要求的标高，但仍未见老土，且在基础和场地范围内仍有部分深层的耕植土和淤泥等必须清除。

(1)承包商在工程中遇到地基条件与原设计所依据的条件不符时，应如何处理？

(2)你认为属于工程变更的事项都包括哪些方面的内容？

(3)在施工中出现变更工期和工程价款后，甲、乙双方需要注意哪些问题？

(4)承包商根据修改的设计图纸，基坑的开挖要加深、加大，为此提出了变更工程价格和延长工期的要求，该要求是否合理？为什么？

(5)变更部分的合同价款应根据什么原则确定？应按什么样的程序进行？

【分析与解答】

(1)首先，根据施工合同文本规定，在工程中遇到地基条件与设计依据的条件不符时，承包商应立即通知甲方，要求对原设计进行变更，办理变更手续。然后，在合同文件规定的时限内，向甲方提出设计变更价款和工期延长的要求，甲方如果同意，即可调整。

(2)属于工程变更事项的内容包括：

① 工程的标高、基线、位置、尺寸等改变；

② 工程的性质、标准的变更；

③ 增加或减少合同约定的工程量；

④ 改变施工顺序和时间；

⑤ 其他。

(3)出现变更工期和工程价款事件后，应注意以下几个主要方面：

① 乙方提出索赔意向和索赔报告的时间确定；

② 对方确认的时间；

③ 双方不能达成一致意见后的解决方法和时间；

(4)承包商的要求合理。因为地质条件变化是一个有经验的承包商不能合理预见的，应属于业主风险范畴。

(5)分别从变更价款的确定和变更程序两方面回答。

【实践练习】 学生分组讨论索赔的分类和程序并进行总结。

【思考题】

1. 设计变更程序有哪些？
2. 如何理解施工索赔的概念？
3. 施工索赔有哪些分类？
4. 引起索赔的因素有哪些？施工索赔应遵循什么程序？
5. 工程师审查索赔应注意哪些问题？
6. 工程师处理索赔应遵循哪些原则？
7. 工程师如何预防和减少索赔？

学习情境1.7 监理资料整理

【情境描述】 该建设工程项目全部完工后，已经竣工验收，并移交建设单位投入使用，天兴工程建设监理有限责任公司承担了该工程项目的施工阶段监理，根据《监理规范》相关条款的规定，项目监理机构应参加由建设单位组织的竣工验收，并提供相关监理资料。因此在总监理工程师的领导下，项目监理机构及时地完成了相关资料收集与整理工作，并移交给有关单位。

【情境剖析】 本情境涉及建设工程监理资料的内容、文档资料管理的基本内容主要包括：建设工程文档资料的组成、文件的归档范围、文件分类归档的概念、建设工程档案资料的移交以及文档资料管理的主要内容、监理资料内容等。

【工作任务】 本情境的工作任务如表1.7.1所示。

表1.7.1 工作任务表

能力目标	主讲内容	学生完成任务	评价标准	
了解监理资料的基本内容	监理资料的基本内容	学生对监理资料的基本内容进行总结	优秀	熟悉监理资料的基本内容并能完整熟练地进行总结
			良好	熟悉监理资料的基本内容并能熟练地进行总结
			合格	熟悉监理资料的基本内容并能进行总结

（续表）

能力目标	主讲内容	学生完成任务	评价标准	
了解建设工程文件档案资料管理基本概念及意义	建设工程文件档案资料管理基本概念及意义	学生总结建设工程文件档案资料管理基本概念及意义	优秀	熟练掌握建设工程文件档案资料管理基本概念及意义
			良好	掌握建设工程文件档案资料管理基本概念及意义
			合格	熟悉建设工程文件档案资料管理基本概念及意义
掌握建设工程监理表格体系和主要文件档案	建设工程监理表格体系和主要文件档案	学生分组练习填写建设工程监理表格	优秀	能够熟练填写建设工程监理表格体系
			良好	会填写建设工程监理表格体系，熟悉主要文件档案
			合格	熟悉建设工程监理表格体系、主要文件档案
掌握建设工程档案资料验收与移交的方法	建设工程档案资料验收与移交	学生总结建设工程档案资料验收与移交的程序	优秀	掌握建设工程档案资料验收与移交的方法
			良好	熟悉建设工程档案资料验收与移交的方法
			合格	了解建设工程档案资料验收与移交的方法

1.7.1　监理资料的基本内容

建设工程监理资料的主要内容包括：

1. 施工合同文件及委托监理合同；
2. 勘察设计文件；
3. 监理规划；
4. 监理实施细则；
5. 分包单位资格报审表；
6. 设计交底与图纸会审会议纪要；
7. 施工组织设计（方案）报审表；
8. 工程开工/复工报审表及工程暂停令；
9. 测量核验资料；
10. 工程进度计划；
11. 工程材料、构配件、设备的质量证明文件；
12. 检查试验资料；
13. 工程变更资料；

14. 隐蔽工程验收资料；
15. 工程计量单和工程款支付证书；
16. 监理工程师通知单；
17. 监理工作联系单；
18. 报验申请表；
19. 会议纪要；
20. 来往函件；
21. 监理日记；
22. 监理月报；
23. 质量缺陷与事故的处理文件；
24. 分部工程、单位工程等验收资料；
25. 索赔文件资料；
26. 竣工结算审核意见书；
27. 工程项目施工阶段质量评估报告等专题报告；
28. 监理工作总结。

根据《建设工程文件归档整理规范》要求，项目监理机构还应将以下资料归档：

1. 工程项目监理招标投标文件资料；
2. 项目监理机构的组织形式、人员构成、总监理工程师的书面任命资料、总监理工程师及专业监理工程师调整的书面通知资料；
3. 项目监理机构对工程材料的见证检验资料；
4. 不合格分项工程通知；
5. 预付款报审与支付证书；
6. 建设单位按委托监理合同约定提供的办公、交通、通讯、生活设施、常规检测设备和工具的清单及完成监理工作后的移交清单资料。

1.7.2 工程监理文件档案资料管理办法

建设工程监理文件档案资料管理是建设工程信息管理的一项重要工作，它是监理工程师实施工程建设监理，进行目标控制的基础性工作。在监理组织机构中，必须配备专门的人员负责监理文件和档案的收发、管理、保存工作。工程档案编制质量要求与组卷方法，应该按照建设部和国家质量检验检疫总局于 2002 年 1 月 10 日联合发布，2002 年 5 月 1 日实施的《建设工程文件归档整理规范》(GB/T50328—2001)国家标准执行，此外，尚应执行《科学技术档案案卷构成的一般要求》(GB/T11822—2000)、《技术制图复制图的折叠方法》(GB10609.3—89)、《城市建设档案案卷质量规定》(建办[1995]697 号)等规范或文件规定以及各省、市地方相应的地方规范。

1.7.2.1 建设工程监理文件档案资料管理基本概念及意义

1. 监理文件档案资料管理的基本概念

所谓建设工程监理文件档案资料的管理，是指监理工程师受建设单位委托，在进行建设工程监理的工作期间，对建设工程实施过程中形成的与监理相关的文件和档案，进行收集积累、加工整理、立卷归档和检索利用等一系列工作。建设工程监理文件档案资料管理的对象是监理文件档案资料，它们是工程建设监理信息的主要载体之一。

2. 监理文件档案资料管理的意义

(1)对监理文件档案资料进行科学管理，可以为建设工程监理工作的顺利开展创造良好的前提条件。建设工程监理的主要任务是进行工程项目的目标控制，而控制的基础是信息。如果没有信息，监理工程师就无法实施有效的控制。在建设工程实施过程中产生的各种信息，经过收集、加工和传递，以监理文件档案资料的形式进行管理和保存，会成为有价值的监理信息资源，它是监理工程师进行建设工程目标控制的客观依据。

(2)对监理文件档案资料进行科学管理，可以极大地提高监理工作效率。监理文件档案资料经过系统、科学的整理归类，形成监理文件档案资料库，当监理工程师需要时，就能及时有针对性地提供完整的资料，从而迅速地解决监理工作中的问题。反之，如果文件档案资料分散管理，就会导致混乱，甚至散失，最终影响监理工程师的正确决策。

(3)对监理文件档案资料进行科学管理，可以为建设工程档案的归档提供可靠保证。监理文件档案资料的管理，是把监理过程中各项工作中形成的全部文字、声像、图纸及报表等文件资料进行统一管理和保存，从而确保文件和档案资料的完整性。一方面，在项目建成竣工以后，监理工程师可将完整的监理资料移交建设单位，作为建设项目的工程监理档案；另一方面，完整的工程监理文件档案资料是建设工程监理单位具有重要历史价值的资料，监理工程师可从中获得宝贵的监理经验，有利于不断提高建设工程监理工作水平。

3. 工程建设监理文件档案资料的传递流程

项目监理部的信息管理部门是专门负责建设工程项目信息管理工作，其中包括监理文件档案资料的管理。因此在工程全过程中形成的所有资料，都应统一归口传递到信息管理部门，进行集中加工、收发和管理，如图1.7.1所示。信息管理部门是监理文件档案资料传递渠道的中枢。

图1.7.1明确了监理文件档案资料的传递流程，首先在监理组织内部，所有文件档案资料都必须先送交信息管理部门，进行统一整理分类，归档保存，然后由信息管理部门根据总监理工程师或其授权监理工程师的指令和监理工作的需要，分别将文件档案资料传递给有关的监理工程师。当然，任何监理人员都可以随时自行查阅经整理分类后的文件和档案。其次，在监理组织外部，在发送或接收建设单位、设计单位、施工单位、材料供应单位及其他单位的文件档案资料时，也应由信息管理部门负责进行，这样使所有的文件档案资料只有一个进出口通道，从而在组织上保证监理文件档案资料的有效管理。

对于文件档案资料的管理和保存，主要由信息管理部门中的资料管理人员负责。作为资料管理人员，必须熟悉各项监理业务，通过分析研究监理文件档案资料的特点和规律，对其进行系统、科学的管理，使其在建设工程监理工作中得到充分利用。除此之外，监理资料管理人员还应全面了解和掌握工程建设进展和监理工作开展的实际情况，结合对文件档案资料的整理分析，编写有关专题材料，对重要文件资料进行摘要综述，包括编写监理工作月报、工程建设周报等。

1.7.2.2　建设工程监理文件档案资料管理

1. 监理文件和档案收文与登记

所有收文应在收文登记表上登记(按监理信息分类别进行登记)，记录文件名称、文件摘

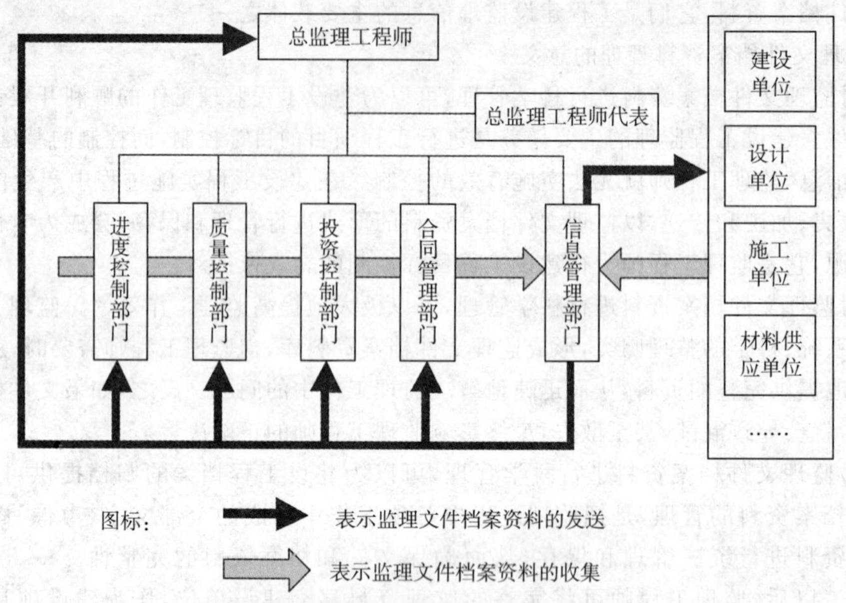

图 1.7.1　监理文件档案资料传递流程图

要信息、文件的发放单位(部门)、文件编号以及收文日期，必要时应注明接收文件的具体时间，最后由项目监理部负责收文人员签字。

监理信息在有追溯性要求的情况下，应注意核查所填部分内容是否可追溯。如材料报审表中是否明确注明该材料所使用的具体部位，以及该材料质保证明的原件保存处等。如不同类型的监理信息之间存在相互对照或追溯关系时(如监理工程师通知单和监理工程师通知回复单)，在分类存放的情况下，应在文件和记录上注明相关信息的编号和存放处。

资料管理人员应检查文件档案资料的各项内容填写和记录真实完整，签字认可人员应为符合相关规定的责任人员，并且不得以盖章和打印代替手写进行签认。文件档案资料以及存储介质质量应符合要求，所有文件档案必须使用符合档案归档要求的碳素墨水填写或打印生成，以适应长时间保存的要求。

有关工程建设照片及声像资料等应注明拍摄日期及所反映工程建设部位等摘要信息。收文登记后应交给项目总监或由其授权的监理工程师进行处理，重要文件内容应在监理日记中记录。

部分收文如涉及建设单位的工程建设指令或设计单位的技术核定单以及其他重要文件，应将复印件在项目监理部专栏内予以公布。

2. 监理文件档案资料传阅与登记

由建设工程项目监理部总监理工程师或其授权的监理工程师确定文件、记录是否需传阅，如需传阅应确定传阅人员名单和范围，并注明在文件传阅纸上，随同文件和记录进行传阅。也可按文件传阅纸样式刻制方形图章，盖在文件空白处，代替文件传阅纸。每位传阅人员阅后应在文件传阅纸上签名，并注明日期。文件和记录传阅期限不应超过该文件的期限，传阅完毕后，文件原件应交还信息管理人员归档。

3. 监理文件资料发文与登记

发文由总监理工程师或其授权的监理工程师签名，并加盖项目监理部图章，对盖章工作应进行专项登记。如为紧急处理的文件，应在文件首页标注“急件”字样。

所有发文按监理信息资料分类和编码要求进行分类编码，并在发文登记表上登记。登记内容包括文件资料的分类编码、发文文件名称、摘要信息、接收文件的单位(部门)名称、发文日期(强调时效性的文件应注明发文的具体时间)，收件人收到文件后应签名。

发文应留有底稿，并附一份文件传阅纸，信息管理人员根据文件签发人指示确定文件责任人和相关传阅人员。文件传阅过程中，每位传阅人员阅后应签名并注明日期。发文的传阅期限不应超过其处理期限。重要文件的发文内容应在监理日记中予以记录。

项目监理部的信息管理人员应及时将发文原件归入相应的资料柜(夹)中，并在目录清单中予以记录。

4. 监理文件档案资料分类存放

监理文件档案经收/发文、登记和传阅工作程序后，必须使用科学的分类方法进行存放，这样既可满足项目实施过程查阅、求证的需要，又方便项目竣工后文件和档案的归档和移交。项目监理部应备有存放监理信息的专用资料柜和用于监理信息分类归档存放的专用资料夹，在大中型项目中应采用计算机对监理信息进行辅助管理。

信息管理人员则应根据项目规模，规划各资料柜和资料夹内容。具体实施可参考下例，但不一定机械地按顺序将每个文件夹与各类文件一一对应。例如，合同类文件(A类)和勘察设计文件(B类)数量比较少可合并存放在一个文件夹内；工程质量控制申报审批文件(H类)中建筑材料、构配件、设备报审文件的数量较多，可单独存放在一个文件夹内，在某些大项目中，甚至可以考虑按材料、设备分类存放在多个文件夹内。某些文件内容比较多(如监理规划、施工组织设计)不宜存放在文件夹中，可在文件夹内附目录上说明文件编号和存放地点，然后将有关文件保存在指定位置。

文件档案资料应保持清晰，不得随意涂改记录，保存过程中应保持记录介质的清洁和不破损。项目建设过程中文件和档案的具体分类原则应根据工程特点制定，监理单位的技术管理部门可以明确本单位文件档案资料管理的框架性原则，以便统一管理并体现出企业的特色。

文件档案资料按类保存，A～Q为“类号”，—1、—2、—3……为“分类号”。如：合同文件(A类)；委托监理合同(A—1)中“A”为类号，“—1”为分类号。每类文件保存在一个文件夹(柜)中，文件夹(柜)中设分页纸(分隔器)以保存各分类文件。

监理信息的分类可按照本部分内容定出框架，同时应考虑监理工程项目的施工顺序、施工承包体系、单位工程的划分以及质量验收工作程序，并结合自身监理业务工作的开展情况进行分类编排。原则上可考虑按承包单位、专业施工部位、单位工程等进行划分，以保证监理信息检索和归档工作的顺利进行。信息管理部门应注意建立适宜的文件档案资料存放地点，防止文件档案资料受潮霉变或虫害侵蚀。

资料夹装满或工程项目某一分部或单位工程结束时，资料应转存至档案袋，袋面应以相同编号标识。如资料缺项时，类号、分类号不变，资料可空缺。

5. 监理文件档案资料归档

监理文件档案资料归档内容、组卷方法以及监理档案的验收、移交和管理工作，应根据现行《建设工程监理规范》及《建设工程文件归档整理规范》，并参考工程项目所在地区建设工程行政主管部门、建设监理行业主管部门、地方城市建设档案管理部门的规定执行。

对一些需连续产生的监理信息，如有统计要求，在归档过程中应对该类信息建立相关的统计汇总表格以便进行核查和统计，并及时发现错漏之处，从而保证该类监理信息的完整性。

监理文件档案资料的归档保存中，应严格按照保存原件为主、复印件为辅和按照一定顺序归档的原则。如在监理实践中出现作废和遗失等情况，应明确地记录作废和遗失原因、处理的过程。

如果采用计算机对监理信息进行辅助管理，当相关的文件和记录经相关责任人员签字确定、正式生效，并已存入项目部相关资料夹中时，计算机管理人员应将储存在计算机中的相关文件和记录改变其文件属性为“只读”，并将保存的目录记录在书面文件上以便于查阅。在项目文件档案资料归档前，不得将计算机中保存的有效文件和记录删除。

按照现行《建设工程文件归档整理规范》(GB/T50328—2001)，监理文件有10大类27个，要求在不同的单位归档保存。

(1)监理规划：

① 监理规划(建设单位长期保存，监理单位短期保存，送城建档案管理部门保存)；

② 监理实施细则(建设单位长期保存，监理单位短期保存，送城建档案管理部门保存)；

③ 监理部总控制计划等(建设单位长期保存，监理单位短期保存)。

(2)监理月报中的有关质量问题(建设单位长期保存，监理单位长期保存，送城建档案管理部门保存)。

(3)监理会议纪要中的有关质量问题(建设单位长期保存，监理单位长期保存，送城建档案管理部门保存)。

(4)进度控制：

① 工程开工复工审批表(建设单位长期保存，监理单位长期保存，送城建档案管理部门保存)；

② 工程开工/复工暂停令(建设单位长期保存，监理单位长期保存，送城建档案管理部门保存)。

(5)质量控制：

① 不合格项目通知(建设单位长期保存，监理单位长期保存，送城建档案管理部门保存)；

② 质量事故报告及处理意见(建设单位长期保存，监理单位长期保存，送城建档案管理部门保存)。

(6)造价控制：

① 预付款报审与支付(建设单位短期保存)；

② 月付款报审与支付(建设单位短期保存)；

③ 设计变更、洽商费用报审与签认(建设单位长期保存)；

④ 工程竣工决算审核意见书(建设单位长期保存，送城建档案管理部门保存)。

(7)分包资质：

① 分包单位资质材料(建设单位长期保存)；

② 供货单位资质材料(建设单位长期保存)；

③ 试验等单位资质材料(建设单位长期保存)。

(8)监理通知：

① 有关进度控制的监理通知(建设单位、监理单位长期保存)；

② 有关质量控制的监理通知(建设单位、监理单位长期保存)；

③ 有关造价控制的监理通知(建设单位、监理单位长期保存)。

(9)合同与其他事项管理：

① 工程延期报告及审批(建设单位永久保存,监理单位长期保存,送城建档案管理部门保存)；

② 费用索赔报告及审批(建设单位、监理单位长期保存)；

③ 合同争议、违约报告及处理意见(建设单位永久保存,监理单位长期保存,送城建档案管理部门保存)；

④ 合同变更材料(建设单位、监理单位长期保存,送城建档案管理部门保存)。

(10)监理工作总结：

① 专题总结(建设单位长期保存,监理单位短期保存)；

② 月报总结(建设单位长期保存,监理单位短期保存)；

③ 工程竣工总结(建设单位、监理单位长期保存,送城建档案管理部门保存)；

④ 质量评估报告(建设单位、监理单位长期保存,送城建档案管理部门保存)。

6. 监理文件档案资料借阅、更改与作废

项目监理部存放的文件和档案原则上不得外借,如政府部门、建设单位或施工单位确有需要,应经过总监理工程师或其授权的监理工程师同意,并在信息管理部门办理借阅手续。监理人员在项目实施过程中需要借阅文件和档案时,应填写文件借阅单,并明确归还时间。信息管理人员办理有关借阅手续后,应在文件夹的内附目录上作特殊标记,避免其他监理人员查阅该文件时,因找不到文件引起工作混乱。

监理文件档案的更改应由原制定部门相应责任人执行,涉及审批程序的,由原审批责任人执行。若指定其他责任人进行更改和审批时,新责任人必须获得所依据的背景资料。监理文件档案更改后,由信息管理部门填写监理文件档案更改通知单,并负责发放新版本文件,发放过程中必须保证项目参建单位中所有相关部门都得到相应文件的有效版本。文件档案换发新版时,应由信息管理部门负责将原版本收回作废,考虑到日后有可能出现追溯需求,信息管理部门可以保存作废文件的样本以备查阅。

1.7.2.3　建设工程监理表格体系和主要文件档案

1. 监理工作的基本表格种类和用途

建设工程监理在施工阶段的基本表式按照《建设工程监理规范》(GB50319—2000)附录执行,该类表式可以一表多用,由于各行业各部门各地区已经各自形成一套表式,使得建设工程参建各方的信息行为不规范、不协调,因此,建立一套通用的,适合建设、监理、施工、供货各方,适合各个行业、各个专业的统一表式是非常必要的,可以大大提高我国建设工程信息的标准化、规范化。根据《建设工程监理规范》(GB50319—2000),规范中基本表式有三类：

A类表共10个表(A1～A10),为承包单位用表,是承包单位与监理单位之间的联系表,由承包单位填写,向监理单位提交申请或回复。

B类表共6个表(B1～B6),为监理单位用表,是监理单位与承包单位之间的联系表,由监理单位填写，向承包单位发出的指令或批复。

C类表共2个表(C1、C2)，为各方通用表，是工程项目监理单位、承包单位、建设单位等各有关单位之间的联系表。

2. 工程建设监理主要文件档案

(1)监理规划。监理规划应在签订委托监理合同，收到施工合同、施工组织设计(技术方案)、设计图纸文件后一个月内，由总监理工程师组织完成该工程项目的监理规划编制工作，经监理公司技术负责人审核批准后，在监理交底会前报送建设单位。监理规划的内容应有针对性，做到控制目标明确、措施有效、工作程序合理、工作制度健全、职责分工清楚，对监理实践有指导作用。监理规划应有时效性，在项目实施过程中，应根据情况变化作必要的调整、修改，经原审批程序批准后，再次报送建设单位。

(2)监理实施细则。对于技术复杂、专业性强的工程项目应编制“监理实施细则”，监理实施细则应符合监理规划的要求，并结合专业特点，做到详细、具体、具有可操作性，监理实施细则也要根据实际情况的变化进行修改、补充和完善，内容主要有专业工作特点、监理工作流程、监理控制要点和日标值、监理工作方法及措施。

(3)监理日记。根据《建设工程监理规范》(GB50319－2000)中3.2.5第七款：由专业监理工程师根据本专业监理工作的实际情况做好监理日记和3.2.6第六款：(监理员应履行以下职责)做好监理日记和有关的监理记录。显然，监理日记由专业监理工程师和监理员书写，监理日记和施工日记一样，都是反映工程施工过程的实录，一个同样的施工行为，往往两本日记可能记载有不同的结论，事后在工程发现问题时，日记就起了重要的作用。因此，认真、及时、真实、详细、全面地做好监理日记，对发现和解决问题，甚至仲裁、起诉都有作用。

监理日记有不同角度的记录，项目总监理工程师可以指定一名监理工程师对项目每天总的情况进行记录，通称为项目监理日志；专业监理工程师可以从专业的角度进行记录；监理员可以从负责的单位工程、分部工程、分项工程的具体部位施工情况进行记录，侧重点不同，记录的内容、范围也不同。

(4)监理例会会议纪要。监理例会是履约各方沟通情况，交流信息、协调处理、研究解决合同履行中存在的各方面问题的主要协调方式。会议纪要由项目监理部根据会议记录整理，例会上意见不一致的重大问题，应将各方的主要观点，特别是相互对立的意见记入“其他事项”中。会议纪要的内容应准确如实，简明扼要，经总监理工程师审阅，与会各方代表会签，发至合同有关各方，并应有签收手续。

(5)监理月报。在《建设工程监理规范》(GB50319－2000)7.2节中，对监理月报的内容、编制组织、签认人、报送对象、报送时间都有明确规定。监理月报由项目总监理工程师组织编写，由总监理工程师签认，报送建设单位和本监理单位，报送时间由监理单位和建设单位协商确定，一般在收到承包单位项目经理部报送来的工程进度，汇总了本月已完工程量和本月计划完成工程量的工程量表、工程款支付申请表等相关资料后，在最短的时间内提交，时间为5～7天。

(6)监理工作总结。《建设工程监理规范》(GB50319－2000)7.3节对监理工作总结规定：监理总结有工程竣工总结、专题总结、月报总结三类，按照《建设工程文件归档整理规范》的要求，三类总结在建设单位都属于要长期保存的归档文件，专题总结和月报总结在监理单位是短期保存的归档文件，而工程竣工总结属于要报送城建档案管理部门的监理归档文件。

8. 其他监理文件档案资料

按照《建设工程监理规范》(GB50319－2000)7.1节和8.3节的规定，监理文件档案资料有两种，一种是施工阶段的监理文件档案资料28条，另一种是设备采购监理和设备监造工作的监理文件档案资料22条。除上述主要监理文件外，其他监理文件档案资料详见《建设工程监理规范》(GB50319－2000)。

【实践练习】 学生总结建设工程文件档案资料管理基本概念及意义；分组练习填写建设工程监理表格。

1.7.3　工程档案验收与移交

1.7.3.1　验收

1. 列入城建档案管理部门档案接收范围的工程，建设单位在组织工程竣工验收前，应提请城建档案管理部门对工程档案进行预验收，建设单位未取得城建档案管理部门出具的认可文件，不得组织工程竣工验收。

2. 城建档案管理部门重点验收内容。

(1)工程档案分类齐全、系统完整；

(2)工程档案内容真实、准确地反映工程建设活动和工程实际状况；

(3)工程档案已整理立卷，立卷符合现行《建设工程文件归档整理规范》的规定；

(4)竣工图绘制方法、图式及规格等符合专业技术要求，图面整洁，盖有竣工图章；

(5)文件的形成、来源符合实际，要求单位或个人签章的文件，其签章手续完备；

(6)文件材质、幅面、书写、绘图、用墨、托裱等符合要求。

工程档案由建设单位进行验收，属于向地方城建档案管理部门报送工程档案的工程项目，还应会同地方城建档案管理部门共同验收。

3. 国家、省市重点工程项目或一些特大型、大型的工程项目的预验收和验收，必须有地方城建档案管理部门参加。

4. 为确保工程档案的质量，各编制单位、地方城建档案管理部门、建设行政管理部门等要对工程档案进行严格检查、验收，编制单位、制图人、审核人、技术负责人必须签字或盖章。对不符合技术要求的，一律退回编制单位改正、补齐，问题严重者可令其重做。不符合要求者，不能交工验收。

5. 凡报送的工程档案，如验收不合格将其退回建设单位，由建设单位责成责任者重新进行编制，待达到要求后重新报送。检查验收人员应对接收的档案负责。

6. 地方城建档案管理部门负责工程档案的最后验收，并对编制报送工程档案进行业务指导、督促和检查。

1.7.3.2　移交

1. 列入城建档案管理部门接收范围的工程，建设单位在工程竣工验收后3个月内向城建档案管理部门移交一套符合规定的工程档案。

2. 停建、缓建工程的工程档案，暂由建设单位保管。

3. 对改建、扩建和维修工程，建设单位应当组织设计单位、监理单位、施工单位据实修改、补充和完善工程档案。对改变的部位，应当重新编写工程档案，并在工程竣工验收后3个月内向城建档案管理部门移交。

4. 建设单位向城建档案管理部门移交工程档案时，应办理移交手续，填写移交目录，双方签字、盖章后交接。

5. 施工单位、监理单位等有关单位应在工程竣工验收前，将工程档案按合同或协议规定的时间、套数移交给建设单位，办理移交手续。

【应用案例 1.7.1】 某工程建设项目，业主(建设单位)委托某监理公司承接该项目的施工阶段监理工作，要求建设工程档案管理和分类按照《建设工程文件归档整理规范》执行。工程开工后，总监理工程师任命了一位负责信息管理的专业监理工程师，并根据《建设工程监理规范》建立了监理报表体系，制定了监理主要文件档案清单，并按建设工程信息管理各个环节要求进行建设工程的文档管理，竣工后又按要求向相关单位移交了监理文件。

(1)按照《建设工程文件归档整理规范》规定，建设工程档案资料分为哪几类？

(2)根据《建设工程监理规范》的规定，构成监理报表体系的有哪几类？监理文件档案有哪些？

(3)监理机构应向哪些单位移交需要归档保存的监理文件？

【分析与解答】

(1)按照《建设工程文件归档整理规范》规定，建设工程档案资料分为工程准备阶段文件、监理文件、施工文件、竣工图、竣工验收文件共五大类。

(2)根据《建设工程监理规范》的规定，构成监理报表体系的有3类：

① A类表(承包单位用表)：A1为工程开工/复工报审表、A2为施工组织设计(方案)报审表、A3为分包单位资格报审表、A4为报验申请表、A5为工程款支付申请表、A6为监理工程师通知回复单、A7为工程临时延期申请表、A8为费用索赔申请表、A9为工程材料/构配件/设备报审表、A10为工程竣工报验单。

② B类表(监埋单位用表)：B1监理工程师通知单、B2工程暂停令、B3工程款支付证书、B4工程临时延期审批表、B5工程最终延期审批表、B6费用索赔审批表。

③ C类表各方通用表：C1监理工作联系单、C2工程变更单。

(3)监理主要文件档案有：监理报表体系、监理规划、监理实施细则、监理日志、监理例会会议纪要、监理月报、监理工作总结。

(4)依照《建设工程文件归档整理规范》规定，监理机构应向建设单位和监理单位移交需要归档保存的监理文件。

【实践练习】 学生总结建设工程档案资料验收与移交的程序。

【思考题】

1. 什么是建设工程文件？什么是建设工程档案？

2. 建设单位、承包单位、监理单位、城建档案管理部门各自对建设工程文件档案资料的管理职责有哪些？

学习项目2　框架结构工程监理

【学习目标】 学生通过本学习项目的学习，进一步熟悉城镇建设工程的监理程序；掌握框架结构工程的质量控制要点；进一步巩固建筑工程的进度控制方法和控制程序；进一步巩固投资控制的工作流程和编制资金使用计划；掌握框架结构工程安全设施的监理要点；能进行框架结构工程的工程分包、工程变更、工程延期、费用索赔的管理等工作；进一步熟悉工程监理资料的搜集和整理方法。

【项目描述】 某市长途汽车运输有限公司交易综合楼工程位于市湖东区陆旺村，318国道湖州收费站西侧丁字路口。工程总造价1036万元，总建筑面积12033 m^2。六度抗震设防，设计使用年限为50年，安全等级为二级。

本工程为三层局部四层框架结构，采用 ϕ377沉管灌注桩基础，桩长16 m，桩型号选用《沉管灌注桩》(浙G20－91)图集，钢筋笼长7.0 m，单桩承载力特征值 R=430 kN，基础垫层C10混凝土，基础承台及梁C20混凝土，上部结构C20混凝土，±0.000以下砌体用MU15蒸压灰砂砖，M10水泥砂浆实砌；±0.000以上部分砌体采用MU10KP1烧结砖，M5混合砂浆砌筑；地面：素土夯实，80 mm厚碎石垫层，80 mm厚C10素混凝土，10 mm厚1∶2水泥砂浆；楼面为20 mm厚1∶2水泥砂浆；红色机制平瓦坡屋面；PVC窗，铝合金、木门。

本工程施工合同工期为8个月，中标单位承诺工期为5个月，按照其施工力量来看，承诺工期是不现实的，同时由于设计文件中没有装饰内容，本工程如需投入使用，必须进行二次装饰，需要消耗一定的工期。考虑到以上因素，监理部最终确定本工程的工期目标为：确保在合同工期内完成，力争提前完工。

学习情境2.1　框架结构工程质量监理

【情境描述】 该工程层数少，占地面积大，这对平面施工运输要求比较高，尤其是结构混凝土浇筑时，应尽量结合场地布置，缩短运输距离；基础采用桩基础，施工较复杂，容易出现质量问题。本工程为框架结构，梁、板、桩的施工也容易出现质量问题，也应作为质量控制要点。

【情境剖析】 本情境牵涉框架结构质量控制的原则、主要内容，以及质量控制所采取的主要措施等内容。

【工作任务】 本情境的工作任务如表2.1.1所示。

2.1.1　框架结构工程质量控制的原则

质量控制是整个监理工作的核心，与投资控制、进度控制相互制约。监理人员必须以合同、设计图纸、技术规范和工程检验标准等技术文件为依据，秉公办事，坚持质量标准，严格检查、实事求是、热情服务的工作态度。通过“事前介入，事中检查，事后验收”的全方位跟踪，实现工程质量的预期目标。

表 2.1.1　工作任务表

能力目标	主讲内容	学生完成任务	评价标准	
掌握施工阶段质量控制的原则	施工阶段质量控制的原则	学生讨论施工阶段质量控制的原则	优秀	熟练掌握施工阶段质量控制的原则
			良好	掌握施工阶段质量控制的原则
			合格	基本掌握施工阶段质量控制的原则
掌握施工阶段的事前、事中以及事后控制	施工阶段质量控制的方法与手段	学生了解施工阶段的事前、事中以及事后质量控制	优秀	掌握施工阶段的事前、事中以及事后控制，并能正确运用
			良好	掌握施工阶段的事前、事中以及事后控制，可以运用
			合格	掌握施工阶段的事前、事中以及事后控制
掌握施工质量控制的工作程序	施工质量控制的工作程序	学生学会掌握和填报工程开复工报审表及报验申请表	优秀	掌握施工质量控制的工作程序，正确填报工程开复工报审表及报验申请表
			良好	掌握施工质量控制的工作程序，基本正确填报工程开复工报审表及报验申请表
			合格	掌握施工质量控制的工作程序

2.1.2　框架结构工程质量控制的主要内容

1. 框架结构工程准备阶段质量控制

施工前准备阶段进行的质量管理，这是工程项目监理部开始进行监理的重点工作。

(1)施工图纸的会审和交底：

①结构的标高、配筋及截面尺寸是否有遗漏或错误；

②对图纸会审记录及设计变更问题，应及时在相应的结构图上标明，避免因遗忘而造成失误。

(2)施工组织设计或施工方案的审查：

①审查它对保证框架结构工程质量是否有可靠的技术、组织、预控措施，检查有无保证质量和安全的技术和组织措施，重要分部(项)工程有没有施工方案，要求施工单位提交针对当前工程质量通病的预控措施等；

②如果模板及支撑系统的高度大于 4.5 m，应要求编制专项施工技术方案。

(3)工程主要原材料进场质量情况的检查：

①检查水泥的品种、级别、出厂日期；水泥、钢筋产品合格证、出厂检验报告，参与对水泥、钢筋及钢筋焊接见证取样，并送有资质的检测单位进行复验，其质量必须符合国家标准规定。

②检查混凝土所用粗细骨料的出厂合格证，且须按进场批次进行见证取样，送有资质的检测单位进行复验，其质量应符合国家现行标准规定。

③拌制混凝土所用的水宜用饮用水，当采用其他水源时，水质应符合国家现行标准规定。

(4)检查混凝土配合比设计情况：

①混凝土配合比报告单应由有资质的检测试验单位出具；

②检查砂石含水率，现场测试结果，审核调整材料用量后的施工配合比是否正确。

(5)检查机械设备情况：

①检查工程必需的各种施工机械设备能否保证正常、安全运转，是否有备用设备及备件；

②检查材料的计量器具是否有相应的技术合格证，是否经有资质的法定计量检测部门检验，查阅校正证明。

(6)检查承包方是否对施工人员进行了质量安全方面的技术交底，检查承包方专职管理人员和特种作业人员的资格证、上岗证，并检查施工现场道路、水、电、通信落实情况。

(7)施工现场的验收，把好开工关，做好地上、地下障碍物的清除，现场定位轴线及水准的测试和验收。这些事前的质量管理与控制，是进行施工的先决条件。

2. 框架结构工程施工过程的质量控制

正式施工过程中的质量控制是工程项目监理部进行监理的关键工作。在施工过程中，现场监理人员必须巡视或旁站监理，及时检查施工单位是否按照交底、施工图纸、技术规范和质量标准的要求进行施工，以避免导致工程质量事故。监理人员在施工过程中，应重点进行以下几方面的质量检查。

(1)模板分项工程进行以下检查验收：

①检查模板及其支架是否具有足够的承载力、刚度和稳定性，支架的搭设是否符合施工组织设计要求；

②模板的接缝是否严密，不漏浆；

③基础、梁、柱、板模板的标高及截面尺寸是否正确，其尺寸偏差是否在规范允许范围内；

④固定在模板上的预埋件及预留孔是否安装牢固，位置是否准确，是否遗漏；

⑤对跨度不小于 4 m 的现浇钢筋混凝土梁板，其模板是否按设计或规范要求起拱；

⑥模板内的杂物是否清理干净。

(2)浇筑混凝土前对钢筋工程进行如下检查验收：

①全数检查纵向受力钢筋的品种、规格、数量、位置是否与设计图纸相符；

②全数检查钢筋的连接方式、接头位置、接头数量、接头面积百分率是否与设计及规范要求相符；

③检查箍筋、横向钢筋的品种、规格、数量、间距是否与设计相符。注意有抗震要求的结构,箍筋弯钩的弯折角度为135°,弯后平直部分长度不应小于箍筋直径的10倍;

④对于柱基、柱顶、梁柱交接处,其箍筋间距是否按设计要求加密;

⑤钢筋的锚固、搭接、焊接长度均应符合设计及规范要求,注意纵向受力钢筋的最小搭接长度应按新规范GB50204－2002执行;

⑥混凝土板内双向受力筋及负筋应全数绑扎,板内负筋及双层筋必须每隔800～1000加设钢筋撑脚;

⑦钢筋混凝土框架结构构件的保护层必须在安装钢筋时用垫块垫好,其保护层厚度应符合设计要求及2002年版国家关于《工程建设标准强制性条文》的规定;

⑧在浇捣混凝土前必须设置混凝土浇灌运输道,不允许翻斗车及人直接在钢筋上行走;不允许泵送管支座直接压在负筋上,特别是悬臂梁、板负筋要防止踩下,严格控制负筋的位置;

⑨钢筋安装位置的允许偏差不得超出规范要求。

(3)浇筑混凝土时,监理人员一定要旁站监督,并作好如下控制:

①检查搅拌站是否按施工配合比准确计量;

②检查加料顺序、搅拌时间是否符合操作规程;

③按规定批量督促取样人员随机取样制作混凝土试块;

④混凝土振捣方法是否正确,是否漏振;

⑤应对模板及支架进行观察,如发现胀模、下沉、漏浆等异常情况,应通知施工单位及时采取措施进行处理;

⑥督促施工单位安排钢筋工跟班作业,发现结构内钢筋偏位应及时予以校正;

⑦施工缝及后浇带留设位置及处理应按设计要求和施工技术方案执行;

⑧混凝土运输、浇筑及间歇的全部时间不应超过混凝土的终凝时间。

(4)工序质量交接检查。监理人员应在操作班组完成工序,并在自检的基础上,进行工序质量的交接检查,经检查签证认可后,方能进行下一道工序的施工。

(5)工程施工的预检。监理人员必须对定位轴线、水准点、桩位以及构件或结构的形状、尺寸、轴线、标高、垂直度、预留孔洞、预埋铁件、砂浆(混凝土)配合比和其他质保资料等,应认真、细致地预检和核查,未经预检或预检不合格的不得进行下一工序的施工。

(6)工程质量事故的处理。正确合理的处理工程质量事故,认真总结监理工作,找出工作的薄弱环节,加强今后监理工作的力度。

(7)成品保护质量检查。监理人员应加强对成品保护的巡视检查,特别在装修阶段,要求施工单位合理安排施工顺序,防止下道工序的施工损坏或污染前道工序的质量,对易损伤(坏)的成品,应采取“护、包、盖、封”的保护措施,如铝合金门窗、地漏、落水口以及做好的饰面等。

工程监理的在施工过程中的质量控制,是整个质量控制的关键和核心,因此,工程监理务必做好这方面的质量管理,为整个钢筋混凝土框架结构工程把好关。

3. 框架结构工程监理的事后质量控制

所谓工程监理的事后质量控制,就是对结构混凝土浇筑后进行的质量控制。事后质量控制是工程项目监理部进行监理的必需工作。

(1)混凝土浇筑完毕后，根据气温及混凝土硬化情况督促施工方派专人在12h内对混凝土进行养护，养护时间须符合规范要求。在混凝土硬化过程中，混凝土强度未达到1.2 N/mm^2前严禁受到冲击、振动、加载。

(2)及时督促施工单位对混凝土试块进行同条件养护，到期按时送检，判定浇筑的混凝土是否达到设计要求的强度。

(3)模板及支架拆除顺序应根据施工技术方案执行，底模拆除时间应根据规范要求执行，严禁未达到混凝土强度要求就拆除底模。对拆模后混凝土的结构，检查其尺寸偏差是否超过规范要求。

(4)如发现结构外观存在蜂窝、麻面、露筋、孔洞、裂缝、夹渣等质量缺陷时，施工方不得自行修整，监理人员应根据实际缺陷程度区别对待。

①对一般的混凝土质量缺陷，监理工程师应出具通知单，要求施工方按技术处理方案整改。

②对影响结构性能及使用功能的严重缺陷，应由施工方提出技术处理方案，并经监理(建设)、设计单位认可。处理过程中，监理人员须旁站监督，对所产生的缺陷部位，必须重新检查验收。

(5)监理单位或质量监督站应对结构混凝土强度作回弹检测，同时，应检查质量保证资料是否齐全、是否符合设计及国家标准所规定的要求。

(6)认真进行分项(部)工程的质量验收和单位工程的竣工验收，审核、整理工程技术资料，并编目建档。

钢筋混凝土框架结构工程的质量要求严格，施工要求较高，所以不论施工单位还是工程监管人员一定要对工程的质量负责，绝不能麻痹大意。做到施工前质量有保障，项目施工时工程质量有保障，施工完成后工程总体质量有保障。

2.1.3 框架结构质量控制的主要措施

1. 建立健全的监理组织，完善职责分工及有关质监制度，落实质量控制的责任。

2. 严把材料、设备的质量关，所有材料、设备均需监理验证合格后方可用于工程上。

3. 设置质量控制点，对关键工序及结构复杂、技术要求高、施工难度大的工程，或施工中的薄弱环节，应事先分析可能造成质量隐患的原因，找出对策，采取措施加以预控。

4. 行使质量监督权和否决权，及时下达整改通知，甚至发布暂时停工指令，对不符合合同规定的质量要求的，应拒绝签署支付工程进度款的签证。

5. 建立质量监理日记，及时组织现场质量协调会，现场监理人员应逐日记录有关工程质量动态及影响因素的情况，出现问题及时组织质量协调会，提出改进意见。

【实践练习】 试分析本框架结构的质量控制有哪些特点。

【思考题】

1. 总结框架结构与砖混结构质量控制点的区别。
2. 旁站监理的任务有哪些？
2. 简述框架结构质量控制的主要措施。

学习情境 2.2　框架结构工程进度监理

【情境描述】 本工程在开工之前，施工单位报送了基础工程的进度图，如图 2.2.1 所示。

工作名称	时间	进度计划(周)																			
		1	2	3	4	5	6	7	8	9	10	11	12	13	14	15	16	17	18	19	20
挖土方	10																				
做垫层	3																				
支模板	4																				
绑钢筋	5																				
浇基础砼	4																				
回填土	5																				

图 2.2.1　基础工程施工进度计划图

施工单位报送了土方工程每天的计划工程量，如表 2.2.1 所示。

表 2.2.1　土方计划开挖量　　(单位：m^3)

时间/天	1	2	3	4	5	6	7	8	9	10
计划完成量	100	300	500	700	900	900	700	500	300	100

在挖土方施工过程中，监测到实际完成的土方开挖量如表 2.2.2 所示：

表 2.2.2　土方实际开挖量　　(单位：m^3)

时间/天	1	2	3	4	5	6	7	8	9	10
实际完成量	400	300	300	350	500	600	—	—	—	—

在施工进行到第 12 天时，挖土方和做垫层两项工作已经完成，支模板按计划应该完成 75 %，但实际只完成 50 %，任务量拖欠 25 %；绑扎钢筋按计划应该完成 40 %，而实际只完成 20 %，任务量拖欠 20 %。落后原因是施工机械发生故障，15 天突遇特大暴雨，造成停工 2 天。

作为监理工程师，确定一下土方开挖工作实际进度？基础工程实际进度图？影响工期多少？应给补偿多少工期？

【情境剖析】 本情境牵涉进度计划监测、比较、控制，牵涉进度计划执行过程中工期的延期与延误、索赔工期的计算等问题。

【工作任务】 本情境的工作任务如表 2.2.3 所示。

表 2.2.3　工作任务表

能力目标	主讲内容	学生完成任务	评价标准	
掌握进度比较的方法	横道图比较法和S曲线比较法	学生总结进度比较的方法，判断进度完成情况	优秀	能总结进度比较的方法，并能正确判断进度完成情况
			良好	正确判断进度完成情况
			合格	基本正确判断进度完成情况

（续表）

能力目标	主讲内容	学生完成任务	评价标准	
进一步巩固工期索赔时间的计算	工期索赔	学生判断此情境是否能索赔工期，索赔多少天	优秀	能正确判断此情境是否能索赔工期，索赔多少天
			良好	基本正确判断此情境是否能索赔工期，索赔多少天
			合格	正确判断此情境是否能索赔工期

2.2.1　横道图比较法

横道图比较法是指将项目实施过程中检查实际进度收集到的数据，经加工整理后直接用横道线平行绘于原计划的横道线处，进行实际进度与计划进度的比较方法。采用横道图比较法，可以形象、直观地反映实际进度与计划进度的比较情况。

2.2.1.1　匀速进展横道图比较法

匀速进展是指在工程项目中，每项工作在单位时间内完成的任务量都是相等的，即工作的进展速度是均匀的。此时，每项工作累计完成的任务量与时间呈线性关系，如图 2.3.1 所示。

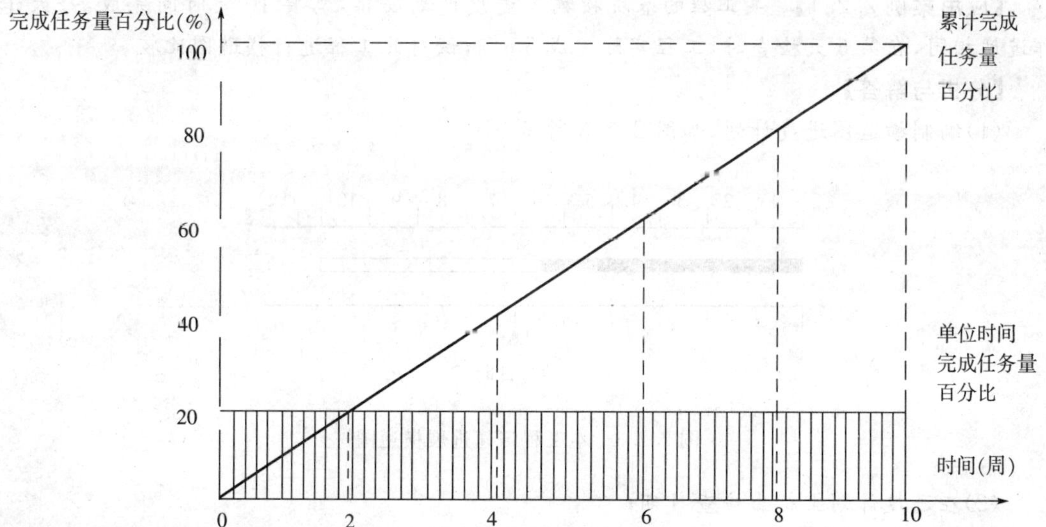

图 2.2.1　工作匀速进展时其任务量与时间关系曲线

完成的任务量可以用实物工程量、劳动消耗量或费用支出表示，为了便于比较，通常用上述物理量的百分比表示。

采用匀速进展横道图比较法时，其步骤如下：

1. 编制横道图进度计划；

2. 在进度计划上标出检查日期；

3. 将检查收集到的实际进度数据，经加工整理后按比例用涂黑的粗线标于计划进度的下方，如图 2.2.2 所示；

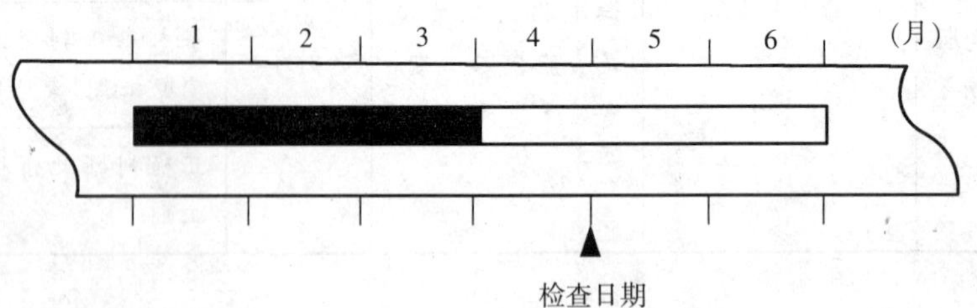

图 2.2.2　匀速进展横道图比较法

4. 对比分析实际进度与计划进度：

(1)如果涂黑的粗线右端落在检查日期左侧，表明实际进度拖后；

(2)如果涂黑的粗线右端落在检查日期右侧，表明实际进度超前；

(3)如果涂黑的粗线右端与检查日期重合，表明实际进度与计划进度一致。

必须指出，该方法仅适用于工作从开始到结束的整个过程中，其进展速度均为固定不变的情况。如果工作的进展速度是变化的，则不能采用这种方法进行实际进度与计划进度的比较；否则，会得出错误的结论。

【应用案例 2.2.1】 某工程的基坑按施工进度计划安排，需要 10 天时间完成，每天工作进度相同，在第 6 天检查时，工程实际完成 55 %，试对此工程进行横道图比较。

【分析与解答】

(1)编制横道图进度计划，如图 2.2.3 所示；

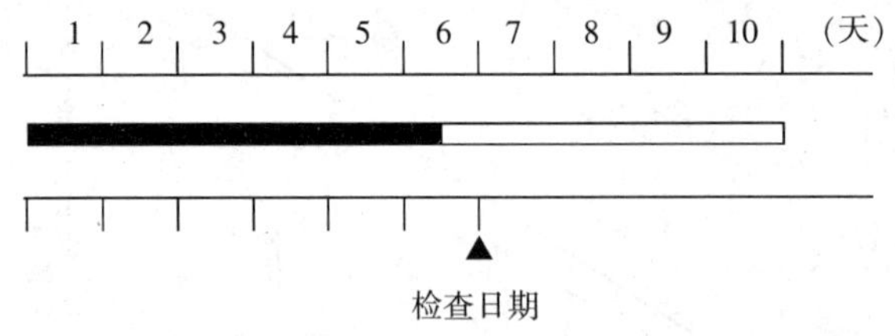

图 2.2.3　本工程匀速进展横道图

(2)在进度计划上标出检查日期；

(3)将前 6 天实际进度按比例用涂黑的粗线标于计划进度的下方，如图 2.2.3 所示；

(4)对比分析实际进度与计划进度，涂黑的粗线右端落在检查日期左侧，实际进度拖后。

2.2.1.2　非匀速进展横道图比较法

当工作在不同单位时间里的进展速度不相等时，累计完成的任务量与时间的关系就不可能是线性关系。此时，应采用非匀速进展横道图比较法进行工作实际进度与计划进度的比较。

非匀速进展横道图比较法有双比例单侧横道图比较法和双比例双侧横道图比较法两种方法，但双比例双侧横道图比较法绘制和识别都较复杂，故本书所讲的非匀速进展横道图比较法指的只是双比例单侧横道图比较法，即在用涂黑粗线表示工作实际进度的同时，还要标出其对应时刻完成任务量的累计百分比，并将该百分比与其同时刻计划完成任务量的累计百分比相比较，判断工作实际进度与计划进度之间的关系。

采用非匀速进展横道图比较法时，其步骤如下：

(1)编制横道图进度计划；

(2)在横道线上方标出各主要时间工作的计划完成任务量累计百分比；

(3)在横道线下方标出相应时间工作的实际完成任务量累计百分比；

(4)用涂黑粗线标出工作的实际进度，从开始之日标起，同时反映出该工作在实施过程中的连续与间断情况；

(5)通过比较同一时刻实际完成任务量累计百分比和计划完成任务量累计百分比，判断工作实际进度与计划进度之间的关系。

①如果同一时刻横道线上方累计百分比大于横道线下方累计百分比，表明实际进度拖后，拖欠的任务量为二者之差；

②如果同一时刻横道线上方累计百分比小于横道线下方累计百分比，表明实际进度超前，超前的任务量为二者之差；

③如果同一时刻横道线上下方两个累计百分比相等，表明实际进度与计划进度一致。

这种比较法，不仅适合于施工速度变化情况下的进度比较，同时，除找出检查日期进度比较情况外，还能提供某一指定时间段实际进度与计划进度比较情况的信息。当然这就必须要求实施部门按规定的时间记录当时的完成情况。

值得指出的是，由于工作的施工速度是变化的，因此横道图中进度横线，不管计划的还是实际的，都只表示工作的开始时间、持续天数和完成的时间，并不表示计划完成量和实际完成量，这两个量分别通过标注在横道线上方及下方的累计百分比数量表示。实际进度的涂黑粗线是从实际工程的开始日期划起，若工作实际施工间断，亦可在图中将涂黑粗线作相应的空白。

横道图比较法虽有记录简单、形象直观、易于掌握和比较、使用方便等优点，但由于以横道计划为基础，因而带有局限性。由于工作进展速度是变化的，因此，在图中的横道线，无论是计划的还是实际的，只能表示工作的开始时间、完成时间和持续时间，并不表示计划完成的任务量和实际完成的任务量。横道计划不能够明确地反映各项工作之间的逻辑关系，关键工作和线路也无法确定，一旦某些工作实际进度出现偏差时，难以预测对后续工作和工程总工期的影响，也难以确定相应的进度计划调整方法。因此，横道图比较法也不能用来确定关键工作和线路，这种方法主要用于工程项目中某些工作实际进度与计划进度的局部比较。

【应用案例 2.2.2】　某工程的绑扎钢筋工程按施工计划需要 9 天完成，工程每天计划完成任务的累计百分比分别为 5 %、10 %、20 %、35 %、50 %、65 %、80 %、90 %、100 %，第 4 天检查情况是：工作 1 天、2 天、3 天末和检查当日的实际完成任务的百分比，分别为：6 %、12 %、22 %、40 %。试对此工程进行横道图比较。

【分析与解答】

(1)编制横道图进度计划，如图 2.2.4 所示；

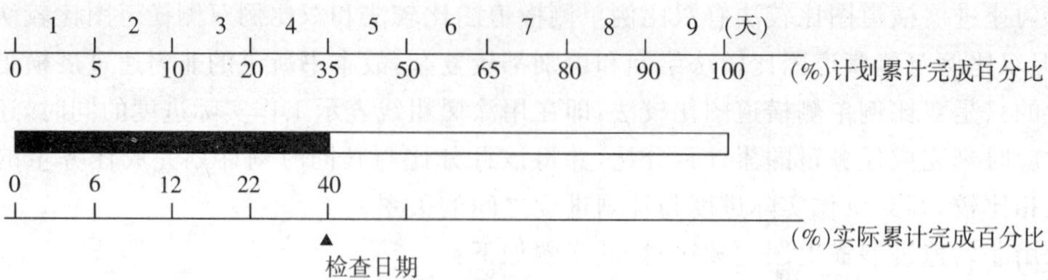

图 2.2.4 某钢筋绑扎工程非匀速进展横道图比较图

(2)在横道线上方标出钢筋工程每天计划完成任务的累计百分比分别为 5 %、10 %、20 %、35 %、50 %、65 %、80 %、90 %、100 %；

(3)在横道线的下方标出工作 1 天、2 天、3 天末和检查当日的实际完成任务的百分比，分别为 6 %、12 %、22 %、40 %；

(4)用涂黑粗线标出实际进度线；

(5)比较实际进度与计划进度的偏差，从图 2.2.4 中可以看出，该工作在第一天实际进度比计划进度提前 1 %，第 2 天实际进度比计划进度提前 2 %，第 3 天实际进度比计划进度提前 2 %，第 4 天实际进度比计划进度提前 5 %。

2.2.2 S 曲线比较法

2.2.2.1 S 曲线的绘制

1. S 曲线的概念

S 曲线比较法是以横坐标表示时间，纵坐标表示累计完成任务量，绘制一条按计划时间累计完成任务量的 S 曲线；然后将工程项目实施过程中各检查时间实际累计完成任务量的 S 曲线也绘制在同一坐标系中，进行实际进度与计划进度比较的一种方法。

从整个工程项目实际进展全过程看，单位时间投入的资源量一般是开始和结束时较少，中间阶段较多。与其相对应，单位时间完成的任务量也呈同样的变化规律。而随工程进展累计完成的任务量则应呈 S 形变化，由于其形似英文字母“S”，故称之为 S 曲线。

2. S 曲线的绘制步骤

(1)确定单位时间计划完成任务量；

(2)计算不同时间累计完成任务量；

(3)根据累计完成任务量绘制 S 曲线。

3. S 曲线比较结论

同横道图比较法一样，S 曲线比较法也是在图上进行工程项目实际进度与计划进度的直观比较。在工程项目实施过程中，按照规定时间将检查收集到的实际累计完成任务量绘制在原计划 S 曲线图上，即可得到实际进度 S 曲线，如图 2.2.5 所示。

通过比较实际进度 S 曲线和计划进度 S 曲线，可以获得如下信息：

(1)工程项目实际进展状况。如果工程实际进展点落在计划 S 曲线左侧，表明此时实际进度比计划进度超前，见图 2.2.5 中的 a 点；如果工程实际进展点落在 S 计划曲线右侧，表明此时实际进度拖后，见图 2.2.5 中的 b 点；如果工程实际进展点正好落在计划 S 曲线上，则表示此时实际进度与计划进度一致。

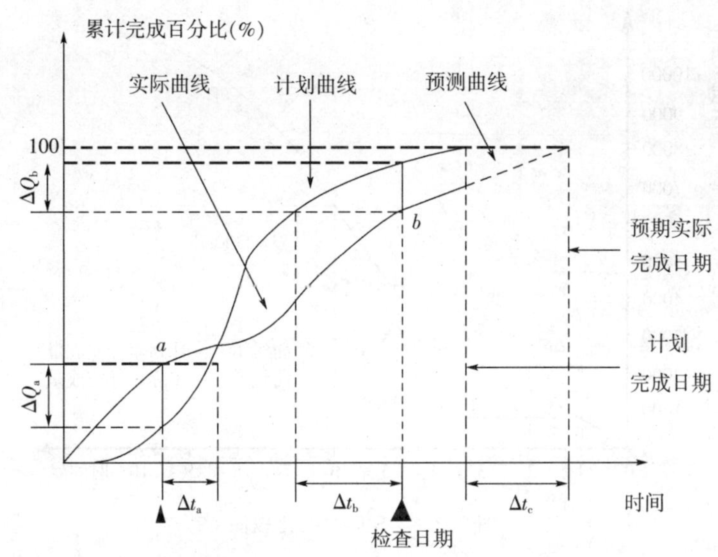

图 2.2.5 S 曲线比较图

(2)工程项目实际进度超前或拖后的时间。在 S 曲线比较图中可以直接读出实际进度比计划进度超前或拖后的时间。如图 2.2.5 所示，$\triangle t_a$表示 T_a 时刻实际进度超前的时间；$\triangle t_b$表示 T_b 时刻实际进度拖后的时间。

(3)工程项目实际超额或拖欠的任务量。在 S 曲线比较图中也可直接读出实际进度比计划进度超额或拖欠的任务量。如图 2.2.5 所示，$\triangle Q_a$ 表示 T_a 时刻超额完成的任务量，$\triangle Q_b$ 表示 T_b 时刻拖欠的任务量。

(4)后期工程进度预测。如果后期工程按原计划速度进行，则可做出后期工程计划 S 曲线，如图 2.2.5 中虚线所示，从而可以确定工期拖延预测值$\triangle t_c$。

【应用案例 2.2.3】 某土方工程的总开挖量为 10000 m^3，要求在 10 天内完成，不同时间计划土方开挖量和实际完成任务情况如表 2.2.4 所示。

表 2.2.4 土方开挖量 (单位：m^3)

时间/天	1	2	3	4	5	6	7	8	9	10
计划完成量	200	600	1000	1400	1800	1800	1400	1000	600	200
实际完成量	800	600	600	700	800	1000	—	—	—	—

试应用 S 形曲线对第 2 天和第 6 天的工程实际进度与计划进度进行比较分析。

【分析与解答】

(1)绘制出的计划和实际累计完成工程量 S 形曲线，如图 2.2.6 所示。

(2)由 S 形曲线图可知，在第 2 天检查时，实际完成工程量与计划完成工程量的偏差$\triangle Q_2=600$ m^3，即实际超计划完成 600 m^3。在时间进度上提前$\triangle t_2=1$ 天完成相应工程量。

(3)在第 6 天检查时，实际完成工程量与计划完成工程量的偏差$\triangle Q_6=-2300$ m^3，即实际比计划完成量少 2300 m^3。

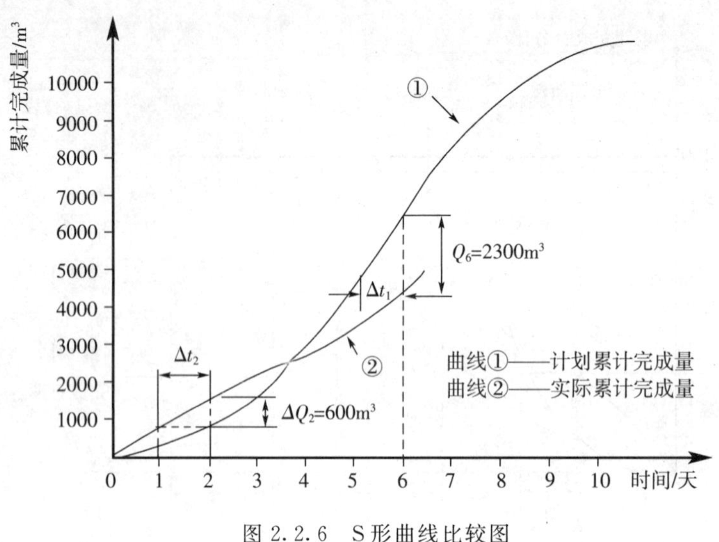

图 2.2.6 S形曲线比较图

2.2.3 工期索赔计算方法

工期索赔的计算主要有网络图分析和比例计算法两种。

2.2.3.1 网络图分析法

网络图分析法是利用进度计划的网络图,分析其关键线路。如果延误的工作为关键工作,则延误的时间为索赔的工期;如果延误的工作为非关键工作,当该工作由于延误超过时限制而成为关键时,可以索赔延误时间与时差的差值;若该工作延误后仍为非关键工作,则不存在工期索赔问题。

可以看出,网络分析要求承包商切实使用网络技术进行进度控制,才能依据网络计划提出工期索赔。按照网络分析得出的工期索赔值是科学合理的,容易得到认可。

2.2.3.2 比例计算法

1. 对于已知部分工程的延期的时间

$$工期索赔值=\frac{受干扰部分工程的合同价}{原合同总价}\times受干扰部分工期拖延时间$$

2. 对于已知额外增加工程量的价格

$$工期索赔值=\frac{额外增加的工程量的价格}{原合同总价}\times原合同总工期$$

比例计算法简单方便,但有时不符合实际情况,故不适用于变更施工顺序、加速施工、删减工程量等事件的索赔。

【应用案例 2.2.4】 某分部工程的网络计划如图 2.2.7 所示,计算工期为 44 天。A、D、I 三项工作使用一台机械顺序施工。

可以按 A→D→I 顺序,也可以按 D→A→I 顺序组织施工,监理工程师应批准怎样的施工顺序?工程师如批准按 D→A→I 顺序施工,施工中由于业主原因,B 工作时间被拖延 5 天,因此承包商提出要求延长 5 天工期。你认为工期延长几天合理,为什么?签发机械闲置(赔偿)时间几天合理,为什么?

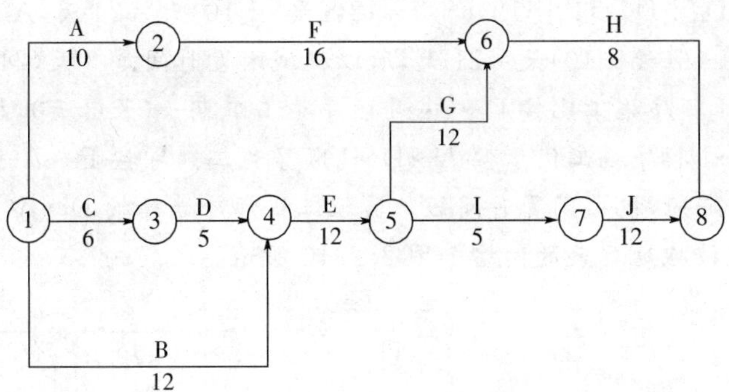

图 2.2.7　分部工程网络图

【分析与解答】

(1)按 A→D→I 顺序组织施工,则网络计划如图 2.2.8 所示。

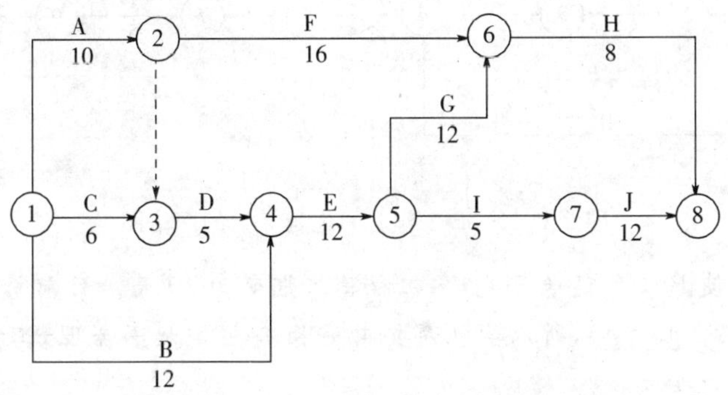

图 2.2.8　A→D→I 顺序组织施工的网络图

计算工期为 47 天,机械在现场的时间为 20 天,(A 使用 10 天,B 使用 5 天,I 使用 5 天),由于 D 是 A 的紧后工作,机械闲置 0 天,D 的紧后工作是 E,E 完成后才能进行 I 工作,所以机械闲置时间是 12 天。

(2)按 D→A→I 组织施工,网络计划如图 2.2.9 所示。

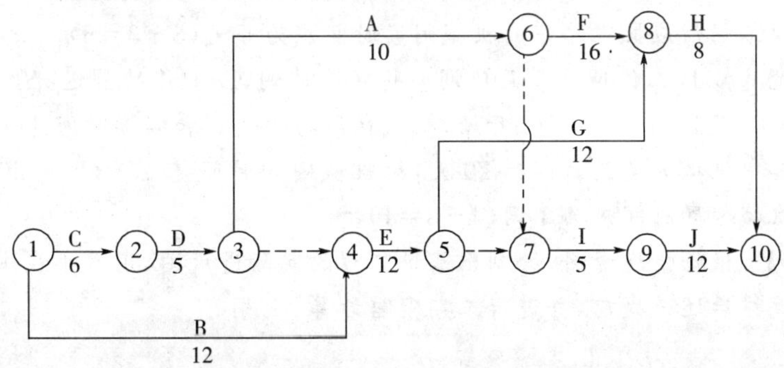

图 2.2.9　按 D→A→I 顺序组织施工的网络图

计算工期应为 45 天,机械使用时间是 20 天(D 使用 5 天,A 使用 10 天,I 使用 5 天)。机械闲置:1 工作是 E 工作和 A 工作的紧后工作,I 工作的最早开始时间是 max(D_B+D_E,

$D_C+D_D+D_E,D_C+D_D+D_A=12+12,6+5+12,6+5+10$)天＝24天，A工作的最早完成时间是$D_C+D_D+D_A=(6+5+10)$天＝21天，所以机械闲置时间是3天(24－21＝3)。

(3)按A→D→I顺序施工比按D→A→I顺序施工工期长(长2天)，机械闲置时间(长9天)，所以按D→A→I顺序施工优于按A→D→I顺序施工。即按D→A→I顺序施工比按A→D→I顺序施工工期短，机械闲置时间短。监理工程师应选择按D→A→I顺序施工。

(4)B工作时间被拖延5天的网络如图2.2.10所示。

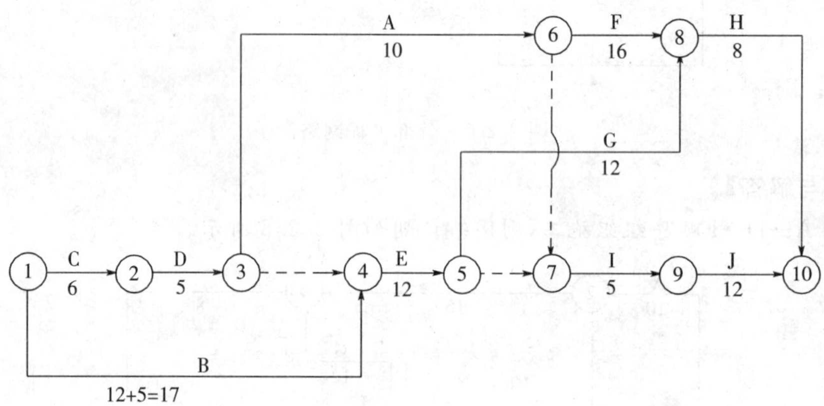

图2.2.10　B工作时间拖延5天的网络图

由于业主原因使B工作延长5天后，工程总工期变为49天。目前总工期比批准的计划工期延长了4天(49－45＝4)，所以承包商要求延长工期5天不合理，工程师应批准的合理的工期延长时间应为4天。

机械闲置时间的计算可分两种情况：①认为B工作延长时D工作在第六天已经开始施工(施工机械已到场)，所以可按D工作的最早开始时间来计算应赔偿的机械闲置时间。②认为B工作延长时间发生较早，D工作可以利用其自由时差调整到最迟开始时间开始施工(这时再组织施工机械进场)，所以可按D工作的最迟开始时间来计算应赔偿的机械闲置时间。

第一种情况是按B工作延长5天后调整的网络计划，机械在现场的使用和闲置时间总共为28天(17＋12－6＋5＝28)，其中机械的使用时间为20天，故机械闲置时间是8天(28－20＝8)。监理工程师应批准赔偿的机械闲置时间应为5天(8－3＝5)。

第二种情况是按B工作延长5天后调整的网络计划，D工作的最迟开始时间可以安排在第10天(49－8－16－10－5＝10)开始，机械在现场的使用和闲置时间为24天(17＋12＋5一10＝24)，其中机械的使用时间为20天，故机械闲置时间是4天(24－20＝4)。工程师应批准赔偿的机械闲置时间应为1天(4－3＝1)。

【实践练习】　根据情境资料，绘制出基础工程的实际进度图，用S曲线法判断土方开挖工作每周的进度拖后还是提前，并进行工期索赔计算。

【思考题】

1. 匀速进展与非匀速进展横道图比较法的区别是什么？
2. 利用S曲线比较法可以获得哪些信息？
3. S曲线和横道图比较法相比，有哪些优缺点？

学习情境2.3　框架结构工程费用监理

【情境描述】　本工程业主与监理单位、施工单位分别签订了监理委托合同和施工合同，合同工期为8个月。施工单位为了确保在合同工期内完成调整施工组织设计，增加施工力量。合同中估算钢筋混凝土工程量为8300 m^3，全费用单价为320元。有关付款条款如下：

1. 开工前业主应向承包商支付估算合同价的20％的工程预付款；
2. 业主自第一个月起，从承包商的工程款中，按5％的比例扣留质量保证金；
3. 当累计实际完成工程量超过(或低于)估算工程量的10％时，可进行调价，调整系数为0.9(或1.1)；
4. 每月支付工程款最低金额为15万元；
5. 工程预付款从乙方获得累计工程款超过估算合同价的30％以后的下一个月起，至第五个月均匀扣除。

承包商每月实际完成并经签证确认的工程量，如表2.3.1所示。

表2.3.1　工程量表　(单位：m^3)

月份	1	2	3	4	5	6	7	8
完成工程量	800	1000	1200	1200	1200	1100	1200	1200
累计完成工程量	800	1800	3000	4200	5400	6500	7700	8900

承包单位在施工过程中由于装饰图纸未及时画出，导致工程误工一周，施工单位人员20人误工，机械2台怠工，工期耽误10天，最后施工单位要求补偿这些费用，你作为监理工程师，运用你所学的知识，如何确定这些费用？

【情境剖析】　本情境牵涉工程预付款的计算、质量保证金扣留、每月支付工程进度款等知识。

【工作任务】　本情境的工作任务如表2.3.2所示。

表2.3.2　工作任务表

能力目标	主讲内容	学生完成任务	评价标准	
熟悉工程预付款的计算、质量保证金扣留	复习工程量的计算方法，工程预付款的计算、质量保证金扣留等	完成本情境的工程预付款的计算、质量保证金扣留等任务	优秀	正确完成工程预付款的计算、质量保证金扣留
			良好	较正确完成工程预付款的计算、质量保证金扣留
			合格	会完成工程预付款的计算、质量保证金扣留

（续表）

能力目标	主讲内容	学生完成任务	评价标准	
熟练计算每月支付工程进度款的确认和最终价款的确认	复习工程进度款的计算方法	完成本情境的每月支付工程进度款的确认	优秀	熟练完成本情境的每月支付工程进度款的确认和最终价款的确认
			良好	正确完成本情境的工程进度款的确认和最终价款的确认
			合格	会计算工程进度款

【实践练习】 根据情境资料，运用所学知识，解决下列问题：

(1)估算合同总价为多少？

(2)工程预付款为多少？工程预付款从哪个月起扣留？每月应扣工程预付款为多少？

(3)每月工程量价款为多少？业主应支付给承包商的工程款为多少？

【思考题】

1. 工程进度款的支付有哪几种方法？
2. 工程竣工结算包括哪些内容？

学习情境 2.4　安全监理

【情境描述】 本工程为公馆（××天地）工程，总建筑面积 39.24 万 m^2（包括 3 栋住宅楼、A 区地下车库），1＃、2＃、3＃楼为剪力墙结构，地下车库为框架结构，基础均为梁板式筏板基础；1＃、2＃、3＃楼基础深－8.11 m，地下车库基础深－12.06 m（局部地下一层－8.46 m）；建筑层数：1＃楼地上 22 层、地下 2 层，2＃楼地上 17 层，地下 2 层，3＃楼地上 21 层、地下 2 层，A 区车库地下 2 层；建筑总高：1＃楼 67.9 m、2＃楼 48.5 m、3＃楼 56.9 m、A 区地下车库－3.3 m，一层商用层高 4.2 m，住宅层高 2.8 m，耐火等级为一级。

1. 土方开挖及基础施工阶段

(1)挖土机械作业安全；

(2)边坡防坍塌；

(3)基坑支护安全；

(4)临时用电安全；

(5)基础及外墙做防水、防火、防毒时工作。

2. 主体结构阶段

(1)临时用电；

(2)脚手架防护；

(3)临边、洞口防护；

(4)高处作业防护；

(5)作业面交叉施工防护；

(6)模板和现场堆料防倒塌；

(7)机械、设备的使用安全。

3. 装修阶段

(1)室内多工种、工序的立体交叉防护；

(2)外墙面装饰防坠落；

(3)临时用电、照明及电动工具使用安全。

4. 季节施工

(1)雨期主要防坍塌、防雷、防电、防尘、防风、临时用电安全；

(2)高温季节防中暑、疲劳；

(3)冬期施工防火、防煤气中毒、防冻、用电安全。

【情境剖析】 本情境牵涉框架结构，工程安全监理工作重点及阶段，请思考该工程安全监理工作重点及阶段划分是否合理。结合后面介绍安全监理细则，进一步完善工作重点和阶段的划分。

【工作任务】 本情境的工作任务如表2.4.1所示。

表2.4.1 工作任务表

能力目标	主讲内容	学生完成任务	评价标准	
了解框架结构工程施工安全管理工作	施工准备阶段、施工阶段安全管理工作	熟悉施工准备阶段、施工阶段安全管理工作内容	优秀	熟悉施工准备阶段、施工阶段安全管理工作内容
			良好	一般熟悉施工准备阶段、施工阶段安全管理工作内容
			合格	了解施工准备阶段、施工阶段安全管理工作内容
掌握框架结构工程安全监理细则的编写	框架结构工程安全监理细则	熟悉并掌握框架结构工程安全监理细则的编写方法，并能结合实际工程进行细则编写	优秀	熟悉并掌握框架结构工程安全监理细则的编写方法，并能结合实际工程进行细则编写
			良好	掌握框架结构工程安全监理细则的编写方法，并能编写出安全监理大纲
			合格	掌握框架结构工程安全监理细则的编写方法

2.4.1 施工准备阶段的安全管理工作内容

1. 审查施工单位安全生产责任制度。

2. 审查施工单位营业执照、企业资质等级、安全生产许可证(有效期)。

3. 审查施工单位编制的施工组织设计，专项施工方案中安全技术措施、高危作业安全施工及就急救援预案。

(1)土方工程：

①地上障碍物的防护措施是否齐全完整；

②地下隐蔽物的保护措施是否齐全完整；

③相临建筑物的保护措施是否齐全完整；

④场区的排水防洪措施是否齐全完整；

⑤土方开挖时的施工组织及施工机械的安全生产措施是否齐全完整；

⑥基坑的边坡稳定支护措施和计算书是否齐全完整；

⑦基坑四周的安全防护措施是否齐全完整。

(2)脚手架：

①脚手架设计方案是否安全、完整、可行；

②脚手架设计验算书是否正确、齐全、完整；

③脚手架施工方案及验收方案是否齐全、完整；

④脚手架使用安全措施是否齐全、完整；

⑤脚手架拆除方案是否齐全、完整。

(3)模板施工：

①模板结构设计计算书的荷载取值是否符合工程实际，计算方法是否正确；

②模板设计应包括支撑系统自身及支撑模板的楼、地面承受能力的强度等；

③模板设计图包括结构构件大样及支撑系统体系、连接件数的设计是否安全合理，图纸是否齐全；

④模板施工中安全措施是否周全。

(4)高空作业：

①临边作业的防护措施是否齐全、完整；

②洞口作业的防护措施是否齐全、完整；

③悬空作业的安全防护措施是否齐全、完整。

(5)交叉作业：

①交叉作业时的安全防护措施是否齐全、完整；

②安全防护棚(通道)的设置是否合理，并满足安全需要；

③安全防护棚(通道)的搭设方案是否完整齐全。

(6)塔式起重机：

①地基与基础工程施工是否能满足使用安全和设计需要；

②起重机拆装的安全措施是否齐全、完整；

③起重机使用过程中的检查维修方案是否齐全、完整；

④起重机驾驶员的安全教育计划和班前检查制度是否齐全；

⑤起重机的安全使用制度是否健全。

(7)临时用电：

①电源的进线、总配电箱的装设位置和线路走向是否合理；

②施工用电负荷计算是否准确，满足安全生产的需要；

③选择的导线截面和电气设备的类型规格是否匹配；

④电气平面图、接线系统图是否正确、完整；

⑤施工用电是否采用 TN－S 接零保护系统；

⑥是否实行“一机一闸一漏”制，是否满足分级分段漏电保护；

⑦照明用电措施是否满足安全要求。

(8)安全文明施工管理：

①检查现场挂牌制度、封闭管理制度、现场围挡措施落实情况，是否符合安全文明施工的要求；

②现场总平面图布置、现场宿舍、生活设施、保健急救措施，是否满足安全文明施工的要求；

③建筑、生活垃圾、污水、防火、宣传等安全文明施工措施是否符合安全文明施工的要求。

4. 核查总包单位与分包单位安全协议、签订。

5. 审查施工单位自检系统。

6. 审核施工组织设计中的安全技术措施及起重机械、施工机具及现场临时用电安全技术措施。

7. 冬、雨季安全施工方案的审查。

8. 各个单项施工方案重点审核安全措施的落实情况。

2.4.2　施工阶段的安全管理工作内容

1. 监督施工单位按施工组织设计或专项施工方案组织施工，并制止违规施工作业；

2. 监督施工单位按工程建设强制标准组织施工；

3. 加强现场巡视检查，发现安全事故及时处理；

4. 发现严重冒险作业和安全事故隐患，应责令其暂时停工，进行整改；

5. 对高危作业或涉及施工安全的重要部位、环节的关键工序进行现场跟班监督检查；

6. 监督检查施工现场的消防安全工作；

7. 组织参与施工现场的安全检查工作；

8. 督促施工单位进行分部分项工程安全技术交底和安全验收；

9. 针对施工过程中存在的重大问题，及时组织安全专题会议；

10. 检查施工单位安装、拆卸起重机及脚手架大模板的安全情况。

其中安全检查，主要采取巡检及专检两种方式，即：

(1)在每天的日常检查中，对发现的问题及隐患及时通知施工单位进行整改，并做好记录；

(2)定期组织施工单位进行专项安全检查，实行每周专检制，及时召开安全专题会议，明确重点监控项目及措施，并形成会议纪要，发给各个有关单位；

(3)在安全检查中发现安全事故隐患和安全问题，及时下发工作联系单或监理通知，限期整改并限时回复，整改完毕及时验收。

2.4.3 安全监理细则

1. 工程项目概况(略)

2. 监理工作依据

(1)建设单位(业主)与×××监理公司签订的工程建设监理合同;

(2)建设单位(业主)与×××施工单位签订的工程施工合同;

(3)建设单位提供的由某设计研究院设计的施工图纸及有关技术文件资料;

(4)国家和××省颁布的有关法规如《中华人民共和国建筑法》和《建设工程质量治理条例》等;

(5)国家及××省现行的有关建设工程预算定额及有关费用定额;

(6)建筑工程施工质量验收统一标准 GB50300-2001 和各专业验收规范;

(7)建设部和当地政府或建委发布的有关工程建设施工阶段监理行政法规和文件如《监理规范》;

(8)建筑工程安全生产治理条例。

3. 安全生产文明施工的监理控制措施

(1)安全生产文明施工的监理工作目标。审查施工承包单位施工组织设计中的安全技术措施,或专项施工方案是否符合法律法规、工程建设强制性标准及安全生产操作规程。各专业监理人员深入施工现场巡视,及时进行事前与事中控制,以预检、巡视、旁站等方式进行安全监理,督促检查施工单位按规范建立完整的质量安全保证体系,开展安全生产文明施工达标活动,确保施工单位在安全、文明、环保、卫生等方面达到××市的有关标准。

(2)保证安全生产文明施工的监理控制措施。

(3)协助施工单位从规章制度和组织上加强安全生产文明施工的科学治理,建立和完善有关安全生产文明施工制度和体系。

(4)审核施工组织设计、施工方案中有关安全生产文明施工的治理措施,凡是审核“四新”方案时,要审核相应的安全操作规程及是否影响文明、环保、卫生等方面要求,督促检查施工单位开展安全生产文明施工达标活动。

(5)应重点控制“人为的不安全行为”和“物的不安全状态”,以杜绝或避免安全事故发生,控制施工噪音、建筑垃圾与粉尘、生活污水、施工泥浆的处理与合理排放,实行封闭施工。

(6)控制施工现场要设置工程标牌(五牌一图),临时设施要稳固、安全、整洁、满足安全要求,并注重安全用电,控制施工现场场地及道路要硬化,成品、半成品及原材料堆放、各种施工机械的安装应符合经审核的施工平面布置划定的位置。施工单位若需要重新进行施工平面布置时,须经监理人员审核认可。

(7)应研究并采取有效安全技术措施,变有害作业为安全作业,做好安全文明控制主体,在施工现场各区域应要求施工单位明确指定卫生负责人,食堂、卫生间要达到卫生标准。

(8)旁站监理时,发现安全隐患及不符合安全文明检查标准的现象,应督促施工单位限期整改解决,对施工单位长期不改或整改不到位的,报请建设单位协助督促,必要时在工程监理例会上提出停工整改要求,或根据现场紧急情况直接向施工单位下达口头或书面停工指令,及时制止违章指挥、违章作业,并向业主提出书面报告。

(9)审核施工单位安全专项方案,严格要求施工人员遵守安全操作规程及有关规定。

(10)施工或安装前要求对各项施工机械设备进行安全检查或试运转。

(11)防止高空坠落物体,洞口设护身栏,通路及出口设护身棚。

(12)监督施工单位按规定搭设脚手架,经有关人员检查验收后方准使用。

(13)安全网要按规定要求架设。

(14)大型构件及大型设备停放场地要平整夯实,停放时要垫平放稳严防倾倒。

(15)严格检查施工单位的安全用电规程及执行情况,室内操作使用低压电流。

(16)要求施工单位成立专门消防人员队伍,并日夜有人值班。

(17)消防器具齐备,消防用水有专用管线,并有足够水压。

(18)现场用明火要有审批制度,检查看管人员的到位情况。

(19)现场道路保持畅通,消防车可随时进入。

(20)所有用电的机械设备,下班后要切断电流。

(21)高处作业(2 m 以上)必须系好合格的安全带。

(22)检查施工单位安全人员配备、到位情况,发现缺漏,立即要求整改。

(23)每周组织施工单位安全员进行安全检查,消除隐患并总结。

4. 安全施工技术措施

(1)审查基坑支护和安全措施,在土方工程施工中应根据基坑、基槽、地下室等土方开挖深度和土质种类,选择开挖方法,设置安全边坡或固壁支护,对较深的基坑必须进行专项支护设计,采取相应的安全措施,加强安全监督检查,发现问题及时消除事故隐患。

(2)审查脚手架的搭设方案,能否满足本工程施工需要。50 m 以下落地式钢管脚手架应有具体搭设方案,搭设图纸及说明,脚手架基础做法,立杆、大横杆、纵杆的间距,小横杆与墙的距离,连墙点与剪刀撑的设置方法,每 2～3 层须设置卸荷措施。当搭设高度超过 50 m 时,应有设计计算书和卸荷方法详图,并符合强制性标准 2002 版的规定要求。

(3)审查高处(高空)作业和独立悬空作业所采取的安全防范措施。高处(高空)作业主要是指现场“四口”和“五临边”的防护,以及独立悬空作业所采取的安全防范措施。安全强制性条文(2002 版)第 3.2.1 和 3.2.2 及第 3.1.1 和 3.1.3 及第 4.2.3 和 4.2.8 条文均有具体的防护规定。

(4)审查垂直运输机械设备(如塔吊、井字架等)的安装,使用和拆卸等所采取的安全措施,有无经过安全资格认证和取得安全使用合格证。

(5)审查施工现场用电安全措施。

(6)现场临时用电施工组织设计或施工方案,要有编制人、技术审核人及批准人,以落实安全用电责任制。

(7)安全用电的技术措施。

(8)施工用电的安全技术交底。

(9)实行三相五线制。

(10)高低压线路下方不得搭设作业或堆放构件、杂物等。

(11)各级配电箱、开关相应有防雨措施,有门锁、专人负责。

(12)有明确的送电或停电的操作顺序。

(13)电器及熔断点的熔丝规格必须与电流相一致,不得使用铜丝代替熔丝。

(14)各级配电箱必须固定设置,使用标准铁制配电箱,不得用自制的木配电箱,箱底距地面不小于 1.20 m。

(15)保护零线的截面积不小于工作零线的截面积，保护零线不得装设开关或熔断点，并满足机械强度要求。

(16)实行一机、一闸、一漏、一箱制。

(17)在潮湿和易触及带电作业场所的照明电源，必须使用安全电压(24V 或 12V)，使用行灯不得超过 36V，并有良好绝缘。

(18)施工现场必须使用橡皮软管线，不得使用塑料线或塑料护套线，并高挂使用。

(19)手持电动工具的外壳、手柄、电源线、插头、开关等必须完好无损。

(20)电气作业人员检查维修时必须按规定穿绝缘鞋、戴手套，使用电动绝缘工具等。

(21)电气防火措施的主要内容：施工现场不得超负荷用电；电气设备和线路四周不得堆放易燃、易爆和强腐蚀介质，不使用火源；设备不得超负荷；现场用电不得乱拉乱接，生活用电不得使用电热设备，室内照明线不得乱拉乱接；配电室内配置砂箱和干粉灭火器。

(22)审查模板施工方案，包括模板的制作、安装、拆除等施工程序、施工方法、质量要求与检查验收方法等。对模板支撑设计要有计算书和细部构造的放样图，对模板材料、规格尺寸、间距、连接方法以及剪刀撑的设置等应有具体说明，对模板的拆除应有具体的安全措施，保证不出人身伤害事故。

(23)审查施工现场防火、防爆的安全措施。

对于易燃易爆作业场所，如木工操作间、仓库等按规定配备消防灭火器材，严禁吸烟和明火，悬挂醒目的防火标志。电焊作业时，下方不得有易燃易爆物品，氧气瓶和乙炔气瓶存放时必须保持 2.0 m 以上的安全距离。使用时保持 5.0 m 以上安全距离，与作业点明火必须保持 10.0 m 以上的安全距离，乙炔气瓶严禁横倒在地。临时宿舍必须建在建筑物 20.0 m 以外，不得建在管道煤气和高压架空线路下方。现场一切架空线必须用固定瓷瓶绝缘，电线穿墙时必须使用瓷管或硬塑料管通过。

(24)审查季节性安全技术措施，主要内容有夏季、雨季和冬季三个季节施工的安全技术措施。

①夏季防暑降温措施为：防暑降温的教育措施；中暑病人的急救措施；合理调整作业时间，避高温措施；降温措施；调高措施；歇凉措施；清凉饮料措施和检查措施等。

②雨季措施主要是防触电措施和防雷击措施等。

③冬季措施有冬季施工安全教育措施、防风措施、防冻防滑措施、防火措施、防毒措施、安全防护措施等。

5. 安全检查制度

(1)安全治理制度。

(2)安全生产责任制。施工单位应建立安全生产责任制，各级各部必须严格执行，并且在经济承包中制定相应的安全生产指标。各工种必须制定安全技术操作规程，项目部应按规定配备专(兼)职安全员，同时工地应建立治理人员责任考核制度。

(3)目标治理。制定安全治理目标(其中包括伤亡控制指标、安全达标、文明施工目标)，安全责任目标应进行分解并定期进行目标考核，确保落实。

(4)施工组织设计。施工组织设计应经具有法人资格企业的上级主管领导审批，并经专业部门会签，施工组织设计应全面、有针对性的体现安全措施。对于专业性较强的项目，应单独编制专项安全施工组织设计，并采取相应的安全技术措施。

(5)分部(分项)工程安全技术交底。各分部(分项)工程在施工前，应全面地、有针对性地进行安全技术交底，形成书面文字材料并履行签字手续。

(6)安全检查。施工现场应定期进行安全检查并做好记录，对检查中存在的安全隐患，应定人、定时间、定措施进行整改。对重大事故隐患整改通知书中所列项目，是否如期整改和整改完成情况应一并进行登记。

(7)安全教育。公司必须建立安全教育制度，对新入工地工人应进行三级(公司、项目、班组)安全教育，并有具体的安全教育内容。变换工种时也应对工人进行安全教育，每一个工人都应熟悉本工种安全技术操作规程。施工治理人员和专职安全员，应按规定进行年度培训考核。

(8)班前安全活动。施工现场应建立班前安全活动制度，并形成班前活动记录。

(9)特种作业持证上岗。对从事特种作业工种(架子、电工、焊工等)的工人必须进行专业培训，并且所有工人均持操作证上岗。

(10)工伤事故处理。对于施工现场中出现的工伤事故，应按规定及时报告，且对事故原因进行调查分析，并按有关规定进行处理，同时建立工伤事故档案。

(11)安全标志。施工现场应按安全标志总平面图设置安全标志。

6. 文明施工

(1)现场围挡。在市区主要路段的工地四周应设置高于2.5 m的围挡，在一般路段的工地应设置高于1.8 m的围挡。围挡的材料必须坚固、稳定、整洁、美观，且必须沿工地四面连续设置。

(2)封闭治理。施工现场应进行封闭治理，设置进出口大门，派门卫专人治理并建立门卫制度。进入施工现场的人员应佩戴工作卡。大门口应设置企业标志。

(3)施工场地。工地路面应进行硬化处理，并保持路面畅通。施工现场应有防止泥浆、污水、废水外流或堵塞水道和排水道的排水设施，保证场内无积水现象。工地应设置吸烟处，不得随意吸烟，暖和季节应进行绿化布置。

(4)材料堆放。建筑材料、构件、料具应挂牌标明名称、品种、规格等，按总平面布局堆放整洁。现场必须做到工完场地清，对建筑垃圾也应标出名称、品种并整齐堆放，对易燃、易爆物品应分类存放。

(5)现场住宿。施工作业区与办公、生活区应分开，在建工程不得兼作住宿。宿舍内应有保暖和防煤气中毒措施，夏季应有消暑和防蚊虫叮咬措施，宿舍四周环境保持卫生、安全、宿舍内床铺、生活用品放置整洁。

(6)现场防火。施工现场应建立消防制度，有具体的消防措施，并配备合理的灭火器材。对于高层建筑应有满足消防要求的水源，现场应有动火审批和动火监护。

(7)治安综合治理。生活区内应提供工人学习和娱乐场所，并建立治安保卫制度，责任落实到人，制定治安防范措施，防止盗窃事件发生。

(8)施工现场标牌。大门口应挂设“五牌一图”，并张贴安全标语，施工现场应设置宣传栏、读报栏、黑板报等。

(9)生活设施。施工现场应建立卫生责任制，保证食堂及饮水卫生。修建厕所，禁止工人随地大小便。按要求修建工人沐浴室，对生活垃圾应装入容器内，派专人治理、清理。

(10)保健急救。施工现场应配备经专业培训的急救人员,有相应的急救措施,并配备保健医药箱和急救器材,经常开展卫生防病宣传教育。

(11)社区服务。现场内建立防粉尘、防噪音措施,夜间未经许可不得加班施工,同时应建立不扰民措施,场内不得焚烧有毒有害物质。

7. 脚手架(落地式脚手架)

(1)施工方案。脚手架应编制能指导施工的方案(其中包括施工图和大样图等),对于高度超过规范规定的脚手架应有设计计算书,并经审批通过。现场脚手架搭设必须严格按已批准的计算书及施工方案实施。

(2)立杆基础。立杆基础必须严格按设计方案,要求压平、压实、并垫上底座、整土;立杆不埋地时,离地面 25 cm 处必须有扫地杆;立杆基础应有排水措施,不应有积水。

(3)架体与建筑结构拉结。脚手架高度在 7 m 以上,架体必须按规定与建筑结构拉结坚固;脚手架高度大于 24 m 时,连墙杆不准采用柔性连接。

(4)杆件间距与剪刀撑。立杆、大横杆、小横杆的间距和剪刀撑的设置位置必须按规范规定和施工方案要求,高度在 25 m 以上双排脚手架剪刀撑,应沿脚手架高度连续设置、角度(45°～60°)应符合要求。

(5)脚手架与防护栏杆。脚手架材质应符合要求,且必须满铺,不得有探头板。脚手架外侧应设置密目式安全网,且网间绑扎严密。施工层脚手架应设 1.2 m 高防护栏和 18 cm 高挡脚板。

(6)交底与验收。脚手架在搭设前应进行交底,搭设完毕应进行量化验收,并办理验收手续。

(7)小横杆设置。小横杆应设置在立杆与大横杆交点处,并且两端固定;对于单排架子小横杆插入墙内应大于 24 cm。

(8)杆件搭接。木立杆、大横杆每一处搭接长度应大于 1.5 m,钢管立杆不得采用搭接,应采用对接。

(9)架杆内封闭。施工层以下架体内应采用平网或其他措施进行封闭,施工层脚手架内立杆与建筑物之间缝隙大于 15 cm 时,应进行封闭防止落物伤人。

(10)脚手架材质。对于使用木脚手架的木杆的直径和材质应符合要求,对于钢管脚手架,严禁使用弯曲和锈蚀严重的钢管。

(11)通道。架体应搭设上下通道,通道的设置应符合要求。

(12)卸料平台。卸料平台应进行专项设计计算,搭设应符合设计要求。卸料平台的支撑系统不得与脚手架连结,卸料平台还应在四周设置防护栏杆及挡脚板,并用密目网封严,同时也应在明显处挂设限定荷载标牌。

8. 基坑支护与模板工程

(1)基坑支护。

(2)施工方案。基础施工前应针对施工工艺结合作业条件制定支护方案,在基坑深度超过 5 m 时应进行专项支护设计,并经上级审批通过。

(3)临边支护。深度超过 2 m 的基坑施工应进行临边防护,临边及其他防护应符合有关规定要求。

(4)坑壁支护。坑槽开挖时应设置安全边坡,当坑壁采取非凡支护时,其作法应符合设计方案。支护设施一旦产生局部变形时，应立即采取措施进行调整。

(5)排水措施。基坑施工应设置有效的排水措施，深基坑施工采用坑外降水时应有防止临近建筑危险沉降的措施。

(6)坑边荷载。积土、料具堆放距槽边应大于设计规定(一般堆放高度<1.5 m；堆土离边坡须≥1.2 m)；机械设备施工与槽边的距离应符合要求，当距离小于规定时，应有相应的措施。

(7)上下通道。基坑深度≥1.0 m时设置人员上下专用通道，通道设置应符合要求。

(8)土方开挖。施工机械进场应经有关部门组织验收合格，并有记录。挖土机作业位置的土质和支护条件应牢固、安全满足机械作业荷载要求，挖土机司机应持证上岗，挖土作业应按规定程序挖土，不得超挖，且作业时不得有人员进入挖土机作业半径内。

(9)基坑支护变形监测。基坑支护施工时，应按规定要求定时进行变形监测，对毗邻建筑物和重要管线及道路，也应定时进行沉降观测。

(10)作业环境。基坑内作业人员应有安全立足点，垂直作业上下应有隔离防护措施。

9. 模板工程

(1)施工方案。模板工程施工方案必须经公司主管部门技术负责人审批通过，模板工程施工应根据砼施工工艺制定有针对性的安全措施。

(2)支撑系统。对于现浇砼模板的支撑系统应进行设计计算，同时所有的支撑系统应严格按设计要求施工。

(3)立柱稳定。支撑模板的立柱材料应符合要求，立柱底部应垫板，不得采用机砖垫高。立柱的间距应按设计要求设置，且按规定设置纵横向水平支撑和剪刀撑，多层支模时上下层立柱应垂直，并在同一垂线上。

(4)施工荷载。模板上施工荷载不得超过设计施工荷载，且模板上堆料时应均匀分布不得集中堆放。

(5)模板存放。大模板存放应有防倾倒措施，各种模板应整洁存放且不得堆放过高(一般不超过1.6 m)。

(6)支拆模板。2 m以上高处作业应有可靠的立足点，拆除区域应设置警戒线且派专人监护，拆除模板时不得留有悬空模板。

(7)模板验收。模板拆除应有拆除申请批准，模板工程施工完毕应有具体量化的验收内容，并履行验收手续。支拆模之前应进行安全技术交底。

(8)砼的强度。模板拆除前应提供砼强度报告，不得在砼强度未达到要求之前提前拆模。

(9)运输道路。在模板上运输砼时应有稳定、牢固的走道垫板，当在钢筋网上通过时，必须搭设车行通道。

(10)作业环境。作业面孔洞及临边应有防护措施，垂直作业上下应有隔离防护措施。

10."三安""四口"防护

(1)安全帽。施工现场工人及治理人员均按规定佩戴安全帽，安全帽应符合安全标准。安全帽应有标志：①制造厂名称、型号、商标；②生产日期；③生产许可证编号；④检验部门批量验证及工厂检验合格证。

(2)安全网。在建工程外侧用密目安全网封闭，安全网的规格、材质应符合要求，安全网应取得建筑安全监督治理部门准用证。

(3)安全带。安全带应使用省建委认定产品(即准用证),每个工地一般配备不少于两条,并提倡采用卷带式。在高空作业中,工人必须系挂安全带,且系挂需符合要求。

(4)楼梯口、电梯井防护。楼梯口、电梯口应采取严密的防护措施,防护设施应形成定型化、工具化,电梯井内每隔两层(不大于10 m)设一道平网。

(5)预留洞口、坑井防护。预留洞口、坑井应采取严密的防护措施,防护设施应形成定型化、工具化。

(6)通道口防护。通道口应搭设牢固、严密的防护棚,防护硼的材质应符合要求,临街防护棚上面1 m高的维护栏杆边应用竹芭板式密目网牢固绑扎。

(7)阳台、楼板、屋面等临边防护。建筑物所有临边应采取严密的防护措施,且防护措施应符合要求。临边防护用钢管和密目网。

11. 施工用电

(1)外电防护。建筑物外架与高压线路之间小于最小安全距离时应采取防护措施,防护措施应符合要求,并封闭严密。

(2)接地与接零保护系统。在施工现场专用的中性点直接接地的电力线路中,必须采用TN—S接零保护系统。工作接地与重复接地必须符合要求,保护零线与工作零线不得混接,且专用保护零线设置应符合要求。

(3)配电箱、开关箱。施工现场用电必须严格遵守“三级配电、两级保护”规定,开关箱(末级)应采用漏电保护,漏电保护装置参数应与现场相匹配,配电箱内应配置隔离开关。现场每台机具均须实行“一机、一闸、一漏、一箱”,配电箱应安装在方便操作的地方,且四周不得有杂物堆放,箱内多配电线时应逐条进行标记。闸具应符合要求,不得损坏,电箱有门、锁并且有防雨措施。

(4)现场照明。现场照明专用回路应实行漏电保护,灯具金属外壳应作接零保护。室内线路及灯具安装高度低于2.4 m,潮湿作业和手持照明灯均须使用36V以下的安全电压,使用安全电压照明的线路不得混乱,且接头处要采用绝缘布包扎。

(5)配电线路。配电线路不得使用老化的电线,电线破皮应用绝缘胶布进行包扎,线路过道时应采取保护措施。架空线路中电杆、横担、电缆架设均须符合要求,配电线路应采用五芯电缆线,不得采用四芯电缆外加一根线代替五芯电缆。当线路采用地下埋设时,同样必须符合要求。

(6)电器装置。闸具、熔断器参数与设备容量应相互匹配,安装必须符合要求,不得用其他金属丝代替熔丝。

(7)变配电装置。施工现场的变配电装置应符合有关安全规定。

(8)用电档案。现场施工用电应进行专项施工组织设计,平时施工中应建立用电档案,并派专人治理,保证内容齐全。电工平时巡视维修应进行真实记录,对地极阻值应进行遥测并形成记录。

12. 物料提升机

(1)架体制作。架体所使用的产品,必须具备建筑安全监督治理部门的准用证。架体制时应进行专项设计,并经上级审批通过,制作过程应严格按设计及规范要求。

(2)限位保险装置。提升机吊篮应具备停靠装置,停靠装置要形成定型化(每层都要有)。同时提升机必须装备超高限位装置,使用摩擦式卷扬机超高限位不得采用断电方式,高架提升机应配备下极限位器、缓冲器和超载限制器。

(3)架体稳定。①缆风绳:架高20 m以下时按一组缆风绳,20～30 m设二组,缆风绳应采用钢丝绳,直径大于9.3 mm,角度应在45°～60°范围内。所有地锚应牢固,保证满足要求。②与建筑结构连接:在建筑物主体增高的同时,应采用连墙杆将架体与建筑物连接。连墙杆的材质,连接做法及连接位置应符合规范要求。连墙杆应与建筑物连接牢固,不得与脚手架连接。

(4)钢丝绳。钢丝绳磨损不得超过报废标准,其表面应经常上油保证无锈蚀。钢丝绳不得拖地,同时应采取过路保护措施,绳卡应符合规定要求。

(5)楼层卸料平台防护。楼层卸料平台两侧应设安全防护栏杆,平台脚手板应搭设严密,平台中设安全防护门。防护门应形成定型化、工具化(每层均要),地面进料口同样按要求设防护棚。

(6)吊篮。吊篮中应配备安全门并形成定型化、工具化,高架提升机应使用吊笼。吊篮内严禁人员乘坐上下,严禁吊篮使用单根钢丝绳提升。

(7)安装验收。提升机安装完成后,应履行验收手续,并有责任人签字。验收时,验收单上应有具体量化的验收内容。

(8)架体。架体安装、拆除必须有具体的施工方案,架体的基础和垂直度偏差必须符合要求。架体与吊篮间隙不得超过规定要求,架体外侧应采用立网严密防护,摇臂杆应严格按设计要求进行安装,并配备保险绳,井字架的开口处应加固。

(9)传动系统。卷扬机地锚应牢固,卷筒钢丝绳要求缠绕整洁。从卷筒中心线到第一个导向滑轮距离,带槽卷筒应大于15倍,无槽卷筒应大于20倍。滑轮翼缘不得破损且与架体不能采用柔性连接,滑轮的型号应与钢丝绳相匹配,卷筒上应安装防止钢丝绳滑脱的保险装置。

(10)联络信号。物料提升机操作过程中应有准确、合理的信号联络。

(11)卷扬机操作棚。卷扬机应按要求搭设操作棚。

(12)避雷。架体在防雷范围以外应有避雷装置,避雷装置应符合要求。

13. 施工机具

(1)平刨。平刨安装后应经验收合格方可使用,平刨机具有护手安全装置,传动部位应设防护罩。机具应做保护接零和配置漏电保护器,无人操作时应切断电源,不得使用平刨和圆盘锯合用一台电机的多功能木工机具。

(2)圆盘锯。电锯安装后应经验收合格后方可使用,电锯应配锯盘护罩,分料器防护挡板安全装置,同时传动部位设防护。机具使用必须做保护接零并安装漏电保护器,无人操作时应切断电源。

(3)手持电动工具。使用手持电动工具应做保护接零,且必须按规定穿戴绝缘用品,使用手持电动工具不得随意接长电源线或更换插头。

(4)钢筋机械。钢筋机械安装必须有验收合格手续,并做保护接零和安装漏电保护器。钢筋的冷拉作业区及对焊作业区应设防护措施,所有传动部位均须做防护。

(5)电焊机。电焊机安装后应有验收合格手续方可使用,同时必须做保护接零的安装漏电保护器。电焊机应加装二次空载降压保护器或触电保护器,一次线长度不得超过有关规定要求且必须加管保护。电焊机电源应使用自动开关,焊把线接头不得超过3处,绝缘出现老化应及时更换,电焊机应有防雨罩。

(6)搅拌机。搅拌机安装后应有验收合格手续,并做保护接零和安装漏电保护器。搅拌机的离合器、制动器、钢丝绳应符合规范要求,操作手柄要作保险装置。搅拌机应搭设防雨棚、作业安全、料斗应有保险挂钩,停止操作时将料斗挂钩住。搅拌机的传动部位要有防护罩,作业平台应平稳。

(7)气瓶。各种气瓶应有各自标准色标、气瓶间距应大于5 m,距明火距离小于10 m时应采取隔离措施。各种气瓶的存放应符合要求,如乙炔瓶使用或存入不得采用平放,每个气瓶均要有防震圈和防护帽。

(8)翻斗车。翻斗车必须取得准用证,其制动装置要求灵敏,保证能随时制动。严禁司机无证驾驶和违章行车,同时不得采用翻斗车载人。

(9)潜水泵。潜水泵应做保护接零和安装漏电保护器,保护装置要求反应灵敏、使用合理。

(10)打桩机械。打桩机应取得准用证,安装后要有验收合格手续方可使用。打桩机应配超高限位装置,其行走路线地耐力应符合说明书等。打桩应有具体的作业方案,不得违反操作规程。

【实践练习】 某市长途汽车运输有限公司交易综合楼工程位于市湖东区陆旺村,318国道湖州收费站西侧丁字路口。工程总造价1036万元,总建筑面积12033 m^2。六度抗震设防,设计使用年限为50年,安全等级为二级。

本工程为三层(局部四层)框架结构,采用ϕ377沉管灌注桩基础,桩长16 m,桩型号选用《沉管灌注桩》(浙G20-91)图集,钢筋笼长7.0 m,单桩承载力特征值$R=430$ kN,基础垫层C10混凝土,基础承台及梁C20混凝土,上部结构C20混凝土,±0.000以下砌体用MU15蒸压灰砂砖,M10水泥砂浆实砌;±0.000以上部分砌体采用MU10KP1烧结砖,M5混合砂浆砌筑;地面:素土夯实,80 mm厚碎石垫层,80 mm厚C10素混凝土,10 mm厚1∶2水泥砂浆;楼面为20 mm厚1∶2水泥砂浆;红色机制平瓦坡屋面;PVC窗,铝合金、木门。

根据本工程特点及概况,编写出安全监理工作主要内容及细则。

【思考题】

1. 对框架结构工程,如何区别对待施工准备阶段和施工阶段安全监理工作?
2. 框架结构工程安全施工的重点在哪里?如何做到防患于未然?

学习情境2.5 违约责任

【情境描述】 此综合楼工程开工后,在桩基础施工期间遭遇洪水,工程被迫暂停施工,部分已完工程受损,现场遭到破坏,最终使工期拖延了1个月,为此业主要求承包商承担工期拖延所造成的经济损失和赶工的责任。工程竣工验收合格后,业主迟迟不按合同约定支付工程结算价款导致违约。

【情境剖析】 本情境牵涉合同当事人如不履行合同,可以要求对方按照合同约定承担违约责任,承担违约责任的方式、因遭遇洪水造成的经济损失由谁承担等内容。

【工作任务】 本情境的工作任务如表2.5.1所示。

表 2.5.1　工作任务表

能力目标	主讲内容	学生完成任务	评价标准	
掌握承担违约责任的方式	承担违约责任的方式	分组讨论承担违约责任的方式，解决本情境出现的问题	优秀	熟悉承担违约责任的方式、解决本情境出现的问题
			良好	熟悉承担违约责任的方式
			合格	了解承担违约责任的方式

2.5.1　违约责任的概念

违约责任是指当事人任何一方不履行合同义务，或者履行合同义务不符合约定而应当承担的法律责任。违约行为的表现形式包括不履行和不适当履行。不履行是指当事人不能履行或者拒绝履行合同义务，不能履行合同的当事人一般也应承担违约责任，不适当履行则包括不履行以外的其他所有违约情况。当事人一方不履行合同义务，或履行合同义务不符合约定的，应当承担继续履行、采取补救措施或者赔偿损失等违约责任。当事人双方都违反合同的，应各自承担相应的责任。

对于违约产生的后果，并非一定要等到合同义务全部履行后才追究违约方的责任，按照《合同法》的规定对于预期违约的，当事人也应当承担违约责任。所谓"预期违约"，指在履行期限届满之前，当事人一方明确表示或者以自己的行为表明不履行合同的义务，对方可以在履行期限届满之前要求其承担违约责任，这是《合同法》严格责任原则的重要体现。

违约责任制度在合同法律制度中具有重要地位，《合同法》对此作了详细的规定，其目的在于用法律强制力督促当事人认真地履行合同，保护当事人的合法权益，维护社会经济秩序。

1. 加强合同当事人履行合同的责任心

违约责任规定，是运用国家强制力保障合同法律效力最有力的手段。合同订立后，当事人如果不履行或者不完全履行合同，国家的审判机关或仲裁机构就会依法追究其经济责任，并强制违约方向对方支付违约金、赔偿金或承担其他的法律责任。通过这种法制手段，促使合同当事人全面履行合同，避免违约行为的发生。

2. 保护当事人的合法权益

违约责任制度规定，依法追究违约方的经济责任，对违约方进行经济惩罚，以补偿受害方的经济损失，从而使被侵权者的合法权益得到保护，维护社会经济秩序。

3. 预防和减少违反合同现象的发生

对违约责任者以法律制裁，对当事人签订和履行合同的行为有着严厉的警示和制约作用。它要求当事人在签订合同时要严肃认真，既要考虑到所签合同的合法性、真实性，更要注意到履约的可能性，任何一方到期不能履行合同义务，都要承担违约责任，促使当事人慎重签约，减少违反合同现象的发生。

2.5.2　承担违约责任的条件和原则

1. 承担违约责任的条件

当事人承担违约责任的条件，是指当事人承担违约责任应当具备的要件。按照《合同法》规定，承担违约责任的条件采用严格责任原则，只要当事人有违约行为，即当事人不履行合同或者履行合同不符合约定的条件，就应当承担违约责任。

严格责任原则还包括当事人一方因第三人的原因造成违约时，应当向对方承担违约责任。第三方造成的违约行为虽然不是当事人的过错，但客观上导致了违约行为，只要不是不可抗力原因造成的，应属于当事人可能预见的情况。为了严格合同责任，故就签订的合同而言，归于当事人应承担的违约责任范围。承担违约责任后，与第三人之间的纠纷再按照法律或当事人与第三人之间的约定解决。如施工过程中，承包人因发包人委托设计单位提供的图纸错误而导致损失后，发包人应首先给承包人以相应损失的补偿，然后再依据设计合同追究设计承包人的违约责任。

2. 承担违约责任的原则

《合同法》规定的承担违约责任是以补偿性为原则，补偿性是指违约责任旨在弥补或者弥补因违约行为造成的损失。对于财产损失的赔偿范围，《合同法》规定赔偿损失额应当相当于因违约行为所造成的损失，包括合同履行后可获得的利益。

但是，违约责任在有些情况下也具有惩罚性，如合同约定了违约金，违约行为没有造成损失或者损失小于约定的违约金；约定了定金，违约行为没有造成损失或者损失小于约定的定金等。

2.5.3 承担违约责任的方式

1. 继续履行

继续履行是指违反合同的当事人不论是否承担了赔偿金或者承担了其他形式的违约责任，都必须根据对方的要求，在自己能够履行的条件下，对合同未履行的部分继续履行。因为订立合同的目的就是通过履行实现当事人的目的，从立法的角度，应当鼓励和要求合同的实际履行。承担赔偿金或者违约金责任不能免除当事人的履约责任，特别是金钱债务，违约方必须继续履行，因为金钱是一般等价物，没有别的方式可以替代履行。因此，当事人一方未支付价款或者报酬的，对方可以要求其支付价款或者报酬。当事人一方不履行非金钱债务，或者履行非金钱债务不符合约定的，对方也可以要求继续履行。但有下列情形之一的除外：

(1)法律上或者事实上不能履行；

(2)债务的标的不适于强制履行或者履行费用过高；

(3)债权人在合理期限内未要求履行。

当事人就迟延履行约定违约金的，违约方支付违约金后，还应当履行债务，这也是承担继续履行违约责任的方式。如施工合同中约定了延期竣工的违约金，承包人没有按照约定期限完成施工任务，承包人应当支付延期竣工的违约金，但发包人仍然有权要求承包人继续施工。

2. 采取补救措施

所谓的补救措施主要是指《民法通则》和《合同法》中所确定的，在当事人违反合同的事实发生后，为防止损失发生或者扩大，而由违反合同一方依照法律规定，或者约定采取的修理、更换、重新制作、退货、减少价格或者报酬等措施，以给权利人弥补或者挽回损失的责任形式。采取补救措施的责任形式，主要发生在质量不符合约定的情况下。建设工程合同中，采取补救措施是施工单位承担违约责任常用的方法。

采取补救措施的违约责任，在应用时应把握以下两点：

(1)对于质量不合格的违约责任，有约定的，从其约定；没有约定或约定不明的，双方当事人可再协商确定；如果不能通过协商达成违约责任的补充协议的，则按照合同有关条款或者交易习惯确定。以上方法都不能确定违约责任时，可适用《合同法》的规定，即质量要求不明确的，按照国家标准、行业标准履行；没有国家标准、行业标准的，按照通常标准或者符合合同目的的特定标准履行。但是，由于建设工程中的质量标准往往都是强制性的，因此，当事人不能约定低于国家标准、行业标准的质量标准。

(2)在确定具体的补救措施时，应根据建设项目性质以及损失的大小，选择适当的补救方式。

3. 赔偿损失

当事人一方不履行合同义务或者履行合同义务不符合约定的，给对方造成损失的，应当赔偿对方的损失。损失赔偿额相当于因违约所造成的损失，包括合同履行后可以获得的利益，但不得超过违反合同一方订立合同时，预见或应当预见的因违反合同可能造成的损失。这种方式是承担违约责任的主要方式，因为违约一般都会给当事人造成损失，赔偿损失是守约者避免损失的有效方式。

当事人一方不履行合同义务或履行合同义务不符合约定的，在履行义务或采取补救措施后，对方还有其他损失的，应承担赔偿责任。当事人一方违约后，对方应当采取适当措施防止损失扩大，没有采取措施致使损失扩大的，不得就扩大的损失请求赔偿，当事人因防止损失扩大而支出的合理费用，由违约方承担。

4. 支付违约金

(1)违约金的概念和性质。违约金是指当事人一方违反合同时，应当向对方支付的一定数量的金钱或财物。依不同标准，违约金可分为：①法定违约金和约定违约金；②惩罚性违约金和补偿性(赔偿性)违约金。合同法施行之前，我国的违约金制度兼容以上各种形态，合同法则作了全新的规定。

根据现行合同法的规定，违约金具有以下法律特征：Ⅰ. 在合同中预先约定的(合同条款之一)；Ⅱ. 一方违约时向对方支付的一定数额的金钱(定额损害赔偿金)；Ⅲ. 对承担赔偿责任的一种约定(不同于一般合同义务)。

关于违约金的性质，一般认为，现行合同法所确立的违约金制度是不具有惩罚性的违约金制度，而属于赔偿性违约金制度。即使约定的违约金数额高于实际损失，也不能改变这种基本属性。关于当事人是否可以约定单纯的惩罚性违约金，合同法未作明确规定。通常认为此种约定并非无效，但其性质仍属违约的损害赔偿。

(2)违约金的增加或减少。违约金是对损害赔偿额的预先约定，既可能高于实际损失，也可能低于实际损失，畸高和畸低均会导致不公平结果。为此，各国法律规定法官对违约金具有变更权，我国合同法第 114 条第 2 款也作了规定。其特点是：①以约定违约金"低于造成的损失"或"过分高于造成的损失"为条件；②经当事人请求；③由法院或仲裁机构裁量；④"予以增加"或"予以适当减少"。

当事人可以约定一方违约时，应当根据违约情况向对方支付一定数额的违约金，也可以约定因违约产生的损失额的赔偿办法。约定违约金低于损失的，当事人可以请求人民法院或仲裁机构予以增加；约定违约金过分高于损失的，当事人可以请求人民法院或仲裁机构予以适当减少。

违约金与赔偿损失不能同时采用，如果当事人约定了违约金，则应当按照支付违约金承担违约责任。

5. 定金罚则

所谓定金，是指合同当事人为了确保合同的履行，根据双方约定，由一方按合同标额的一定比例预先给付对方的金钱或其他替代物，对此担保法作了专门规定。合同法第115条也规定：当事人可以依照担保法约定一方向对方给付定金作为债权担保，债务人履行债务后，定金应当抵作价款或者收回。给付定金的一方不履行约定的债务，无权要求返还定金；收受定金的一方不履行约定的债务，应当双倍返还定金。据此，在当事人约定了定金担保的情况下，如一方违约，定金罚则即成为一种违约责任形式。

当事人既约定违约金，又约定定金的，一方违约时，对方可以选择适用违约金或定金条款。但是，这两种违约责任不能合并使用。

2.5.4 因不可抗力无法履约的责任承担

因不可抗力不能履行合同的，根据不可抗力的影响，部分或全部免除责任。当事人延迟履行后发生的不可抗力，不能免除责任。当事人因不可抗力不能履行合同的，应当及时通知对方，以减轻给对方造成的损失，并应当在合理的期限内提供证明。

当事人可以在合同中约定不可抗力的范围，为了公平的目的，避免当事人滥用不可抗力的免责权，约定不可抗力的范围是必要的。在有些情况下，还应当约定不可抗力的风险分担责任。

【应用案例2.5.1】 某工程项目施工采用了包工包料的固定价格合同，招标文件中提供的用砂料场距工地10公里。开工后由于该料场砂质量不符合要求，承包商只得从距工地20公里的供应砂区采购。在施工过程中，又由于出现以下情况造成暂时停工(均属于影响工期的关键工作)。

(1)承包商的施工设备出现较大故障，造成暂停施工6天；

(2)业主延误提交图纸造成停工待图3天；

(3)8月份下了一场50年一遇的特大暴雨，造成停工6天。

【问题】

(1)承包商按合同约定的程序及时限，就供砂距离的增加，向监理机构提出了将原用砂的单价每吨提高9元的索赔要求，其要求是否成立？为什么？

(2)由于几种情况造成停工，承包商要求延长工期15天和经济损失2万元/天、利润损失2000元/天的索赔额，共计33万元，监理方应如何处理？

【分析与解答】

(1)因供砂地点变化而提出的索赔不予批准，因为：

①承包方应对招标文件的解释负责，并充分考虑有关风险；

②承包方应对自己报价的正确性负责；

③供料情况的变化是一个有经验的承包商可以合理预见的。

(2)可以批准延长工期9天，经济补偿6万元。具体原因如下：

①设备故障属于承包商自己应承担的责任，不批准索赔要求；

②图纸延误属于业主责任，应予以工期顺延3天，经济补偿3天×2万元/天=6万元；

③特大暴雨属于不可抗力，为业主风险责任范畴，工期顺延6天，经济损失由承包商自己承担；

④窝工的经济损失，只计算成本，不包括利润。

【实践练习】 分组讨论承担违约责任的条件、原则和方式。

【思考题】

1. 承担违约责任的方式有哪些？
2. 因不可抗力产生的违约如何处理？

学习情境2.6　监理资料整理

【情境描述】 作为监理人员，应如何对本工程进行监理资料整理。

【情境剖析】 学习情境1.7已经介绍了监理资料归档整理的方法，本次课程需要复习监理资料整理的方法、档案的移交等知识。

【工作任务】 本情境的工作任务如表2.6.1所示。

表2.6.1　工作任务表

能力目标	主讲内容	学生完成任务	评价标准	
进一步掌握监理资料的整理与移交方法	复习监理资料整理的方法，档案的移交	分组讨论本情境资料的整理与移交	优秀	掌握监理资料的整理与移交方法
			良好	熟悉监理资料的整理与移交方法
			合格	熟悉监理资料的整理

【实践练习】 学生分组对本情境进行监理资料的整理、移交与归档。

【思考题】

1. 监理文件档案资料管理的主要内容包括哪些？
2. 在监理内部和监理外部，工程建设监理文件和档案的传递流程如何？

学习项目3 水泥混凝土道路工程监理

【学习目标】 学生通过本学习项目的学习，进一步熟悉城镇建设工程的监理程序；掌握水泥混凝土道路工程的质量控制要点；进一步巩固工程的进度控制方法和控制程序；进一步巩固建筑工程的投资控制的工作流程和编制资金使用计划；掌握水泥混凝土道路工程的安全设施的监理要点；能进行道路工程的工程分包、工程变更、工程延期、费用索赔的管理等工作；进一步熟悉工程监理资料的搜集方法及整理方法。

【项目描述】 本工程地点位于某公路段(K39＋800～K48＋100)。工程范围：全长8.3k m，设计技术标准为山岭重丘四级公路，路基宽5.5 m，路面宽4.5 m，水泥砼路面。

本工程的设计指标为：公路路线等级采用部颁四级公路标准，设计行车速度20 km/h，桥涵设计荷载为汽－15，挂－80。设计交通等级为轻型，设计年限为20年。本合同段工程位于乡村公路段，为原村X143道泥结路面。施工地区属亚热带海洋性季风气候，温暖潮湿，每年4月～9月为汛期，降水量占全年的70 %～77 %。

主要工程数量为：

(1)平整场地2400 m^2，临时电力线路0.6 km。

(2)路基工程。挖土方7275 m^3，挖石方893 m^3，路基填筑3790 m^3，挡土墙浆砌片石587 m^3。

(3)路面工程。手摆片石层200 m^2，5 %水泥稳定层28350 m^2，水泥砼面层28350 m^2，培土路肩6300 m^2。

(4)石盖板涵洞工程44 m。

(5)安全设施及预埋管线工程。钢筋砼护柱160根，交通标志8块，地名牌2块。

学习情境3.1 公路监理基本知识

【情境描述】 随着我国公路建设的发展，公路工程监理制度也不断完善，2006年交通部发布了新的《公路工程施工监理规范》(JTGG10－2006)，你对新规范了解多少？

【情境剖析】 本情境涉及公路工程的基本建设程序、公路监理的一般规定、公路监理的工作内容。

【工作任务】 本情境的工作任务如表3.1.1所示。

表3.1.1 工作任务表

能力目标	主讲内容	学生完成任务	评价标准	
了解公路工程的基本建设程序	公路工程的基本建设程序	学生分组讨论对公路工程监理的认识	优秀	熟悉公路工程的基本建设程序
			良好	了解公路工程的基本建设程序
			合格	基本了解公路工程的基本建设程序

（续表）

能力目标	主讲内容	学生完成任务	评价标准	
了解公路监理机构及其职责	公路监理机构设置、人员配备、职责与权限	学生分组扮演监理人员，明确各自的职责与权限	优秀	熟悉公路监理机构及其职责
			良好	了解公路监理机构及其职责
			合格	基本了解公路监理机构及其职责
掌握公路工程准备阶段的监理工作内容	准备阶段的监理工作内容	学生总结监理准备阶段的工作内容	优秀	熟练掌握公路工程准备阶段的监理工作内容
			良好	掌握公路工程准备阶段的监理工作内容
			合格	基本掌握公路工程准备阶段的监理工作内容

3.1.1　公路工程基本建设程序

公路建设，尤其是高等级公路建设，有着细致分工和广泛外部协作关系。一项公路工程从计划修建到竣工交付使用，需要经过许多阶段和环节，这些阶段和环节都是有机地联系在一起的，它们之间存在着内在的规律性和客观必然的先后顺序。它们应该互相衔接、循序渐进，既不能被超越，也不能被省略。一般的工程都要经过调查和勘测（了解掌握地质等情况）、设计、编制概算、施工和竣工验收等阶段。

1. 进行可行性研究，编制设计任务书

可行性研究是在公路建设项目决策之前，对建设项目和与项目有关的主要问题进行比较细致的调查分析，然后提出多种比选方案，在从技术、经济、社会效益等不同方面对各方案研究和比较的基础上，选出最佳方案，并提出可行性研究报告。可行性研究是建设项目决策的基础和依据，是科学地建设、加快工程进度、缩短工期、提高工程效益的重要手段。目前，一些工业比较发达的国家都很重视公路建设工程的可行性研究，并把可行性研究作为首要环节。做完可行性研究以后，即可根据可行性研究报告，编报设计任务书。设计任务书是确定基本建设内容、编制设计文件的主要依据，由公路部门会同勘测、设计单位，经交通主管部门批准后报计划部门审批。

2. 设计和编制概（预）算

设计是从技术上和经济上对计划建设工程的全面规划，是具体指导工程建设的蓝图。在计划任务书批准以后，即可委托设计单位设计，或进行设计招标，选择设计单位。

公路工程的设计，根据单项投资的多少和技术繁简程度的不同，可分为一阶段设计、二阶段设计和三阶段设计。

一阶段设计只包括施工图设计；二阶段设计包括初步设计和施工图设计，为设计阶段；三阶段设计就是初步设计和施工图设计之间，增加一个技术设计。

工程概（预）算文件是表示工程全部建设费用的文件，是设计文件的重要组成部分。交通主管部门根据批准的概(预)算文件编报基本建设计划,建设银行根据概(预)算文件控制过程拨款。因此,概(预)算文件不仅对于精确地确定投资计划、控制建设费用、加强用款监督、进行财务结算有重要的作用,而且对于促进建设单位和施工单位合理使用人、财、物力,改善经营管理,降低成本,提高工程效益也有重要的作用。

3. 列入年度基本建设计划

建设项目必须经过批准的初步设计和总概算,并经计划部门综合平衡,在资金、材料和施工力量有保证后,才能列入年度基本建设计划。年度基本建设计划是确定年度基本建设任务,进行建设拨款的依据。

4. 施工

工程列入年度计划以后,即可开始招标。招标结束后,由中标单位开始施工准备并开工,在接到开工令后就可开始施工。公路工程中地下工程和隐蔽工程很多,开工后都要特别注意作好原始记录,并经过检验合格,才能进行下一道工序的施工。施工一定要严格执行公路施工规范,保证工程质量,不留隐患。不合格的工程,不得交工。

5. 竣工后交付使用

公路工程按设计文件规定的内容完成并能正常交付使用后,就可进行验收。竣工验收是全面考核公路工程建设成果、检验公路工程质量的重要环节,对于确保工程质量、及时交付使用、发挥投资效益、总结经验教训、提高施工水平有着重要作用。所有公路工程在完工后都必须验收,正式验收之前,建设单位要组织设计,施工单位进行交工验收,并提出交工验收报告,留交竣工验收单位。

公路工程经过交工验收和质量监督站鉴定工程质量等级,认为其符合设计要求后,即可绘制竣工图表,编制竣工决算,然后进行竣工验收,并办理交接手续。

3.1.2 公路监理机构及其职责

1. 监理机构设置

高速和一级公路可设置二级监理机构,即总监理工程师办公室(简称总监办)和驻地监理工程师办公室(简称驻地办)。开工里程在 20 km 以下的,宜设置一级监理机构,即总监办。

对于二级及二级以下公路和养护工程,可根据工程规模、难易程度、合同工期安排、现场条件等因素设置一级或二级监理。公路机电工程可设置一级监理机构。

2. 监理人员配备

监理机构中监理人员的数量和结构,应根据监理内容、工程规模、合同工期、工程条件和施工阶段等因素,按保证对工程实施有效监理的原则确定。高速公路、一级公路工程每年每5000 万元建安费,宜配备交通部核准资格的监理工程师 1 名。根据工程特点和实际需要,人员配置可在 0.8～1.2 的系数范围内调整。

对于高速公路机电工程,每 50 km 每系统宜配备交通部核准资格的监理工程师 1 名,根据工程情况,如系统复杂或隧道机电工程内容较多,可适当增加。

如遇重大工程变更等情况,上述人员配备应根据需要进行调整,并就工程内容的变化、人员的调整事宜签订补充合同。

总监办应配备 1 名总监理工程师和若干名专业监理工程师,总监理工程师应具有相应专业的高级技术职称、五年以上的现场工程监理经历、担任过两项以上同类工程的驻地或总监职务。

驻地办应根据工程复杂程度，配备1～2名驻地监理工程师和若干名专业监理工程师，驻地监理工程师应具有相应专业的中级或高级技术职称、同类工程三年以上监理经历。

3. 职责与权限

(1)职责与权限划分。当采用二级监理机构和监理总承包时，应由中标监理单位划分各级监理机构及监理人员的职责和权限；当对监理机构分别招标时，应由建设单位划分确定监理机构各自的职责和权限。

(2)总监理工程师的职责与权限：

①总监理工程师是监理公司委派履行监理合同的全权负责人，行使监理合同授予的权限，对监理工作有最后的决定权。

②执行监理公司的指令和交办的任务，组织领导监理工程师开展监理工作，负责编制监理工作计划，组织实施，并督促、检查执行情况。

③保持与建设单位的密切联系，弄清其要求与愿望，并负责与施工单位负责人联系，确定工作中相互配合问题、有关需提供的资料或需协商解决的问题。

④审查施工单位选择的分包单位的资质。

⑤审查施工单位的实施性施工组织设计、施工技术方案和施工进度计划。

⑥督促、检查施工单位开工准备工作，审签开工报告。

⑦参加设计单位向施工单位的技术交底会议。

⑧参加与所建项目有关的生产、技术、安全、质量、进度等会议或检查。

⑨签发工程质量通知单、工程质量事故分析及处理报告、返工或停工命令，审签往来公文函件及报送的各类综合报表。

⑩按监理合同权限签署变更设计审查意见。

⑪审查并签署月、季、年验工计价汇总表及备用费使用情况。

⑫检查驻地监理组对签署隐蔽工程检查证的执行情况。

⑬参加竣工验收，审查工程初验报告。

⑭督促整理各种技术档案资料。

⑮审查工期决算。

⑯定期、及时向业主报告上述事实。

⑰分析监理工作状况，不断总结经验，按时完成半年、一年、工程竣工各阶段的监理工作总结。

(3)各专业监理组主任职责与权限：

①专业监理组主任是监理站派驻施工现场的专业负责人，在总监理工程师领导下，对本组监理工作进行管理。

②执行总监理工程师的指令和交办的任务，编制本组监理工作计划，并组织实施，领导、组织本组专业监理工程师开展工作，检查落实执行情况。

③组织专业监理工程师进行质量监督、检查，根据各类工程施工规范和验标定期检查施工单位执行承包合同情况，提出限期改进的督导意见，避免影响验工。

④组织研究处理本段监理工作问题，归口审查各类变更设计，提出审查意见后呈报监

理站。

⑤提出本段范围内的返工、停工命令报告，报总监审批。

⑥对分项、分部工程进行抽验和参加监理站组织的竣工初验。

⑦组织本组专业监理工程师进行监理技术业务学习及交流经验。

⑧参加有关例会、会议，每月小结监理组工作，定期向总监理工程师汇报。

⑨检查监理工作日志，执行监理总站拟订的管理制度。

⑩向总监理工程师提供“监理月报”、“工作总结”素材。

(4)驻地监理员职责与权限：

①驻地监理员在监理组主任的领导下，负责做好个人分管段范围内一切有关监理工作及总站交办的其他有关工作。

②现场检查工程质量、进度，复测、检测试验数据，核实所有工程所需材料的采购供应情况，检查进场材料是否符合要求。

③检查施工工艺是否存在缺陷，提出意见。

④关键部位做好旁站监理工作。

⑤收集施工过程中的资料，对标检查，做好记录。

⑥做好监理工作的计划、小结、汇总等。

(5)总监办主要职责：

①主持编制监理计划。

②主持召开监理交底会、第一次工地会议。

③按合同要求建立中心试验室。

④审批施工组织设计及总体进度计划、重要工程材料及混合料配合比。

⑤签发支付证书、合同工程开工令、单位或合同工程的暂停令和复工令。

⑥审核变更单价和总额以及延期和费用索赔。

⑦协助建设单位审查交工验收申请，评定工程质量。

⑧组织编写监理月报、编制监理竣工文件、编写监理工作报告。

(6)驻地办主要职责：

①主持编制监理细则。

②主持召开工地会议。

③按合同要求建立驻地试验室。

④审批一般工程原材料和混合料配合比、施工单位的机械设备、施工方案。

⑤审批施工单位测量基准点的复测、原地面线测量及施工放线成果。

⑥审批分项工程开工申请，签发分项和分部工程暂停令和复工令。

⑦日常巡视、旁站、抽检，并做好记录。

⑧核算工程量清单，负责对已完工程进行计量。

⑨组织分项、分部工程中间验收和质量评定，签发中间交工证书。

⑩审批月进度计划，编写合同段监理工作报告。

4. 监理阶段划分

公路工程施工监理阶段划分为施工准备、施工、交工验收与缺陷责任期三个阶段。监理合同签订之日至合同工程开工令确定的开工之日为施工准备阶段；合同工程开工之日至合同工程交工验收申请受理之日为施工阶段;合同工程交工验收申请受理之日至缺陷责任终止证书签发之日为交工验收与缺陷责任期阶段。

公路机电工程监理应增加试运行期阶段。

3.1.3　公路工程施工准备阶段的监理

3.1.3.1　准备工作

1. 配备试验室设备

总监办中心试验室应按监理合同要求配备常规的试验检测设备,驻地办试验室应按监理合同要求配备现场抽查常用的试验检测设备。

2. 熟悉合同文件

监理机构应组织监理人员熟悉《公路工程施工监理规范》(JTGG10－2006)第1.0.3条规定的有关法律、法规、文件,当发现有关文件不一致或有错误时,应及时书面报告建设单位。

3. 调查施工环境条件

监理工程师应对施工合同约定的施工条件进行调查,掌握有关情况。

4. 编制监理计划

总监理工程师应在合同规定的期限内主持编制监理计划,按合同规定报批后执行。监理计划应明确监理目标、依据、范围和内容,监理机构各部门及岗位职责,监理人员和设备的配备及进退场计划,监理方案,监理制度,监理程序及表格,监理设施等。

5. 编制监理细则

驻地监理工程师应根据监理计划在相应工程开工前主持编制监理细则,明确监理的重点、难点、具体措施及方法步骤,经总监理工程师批准后实施。

3.1.3.2　准备阶段的工作内容

1. 参加设计交底

监理工程师应参加设计交底,掌握本工程的设计意图、设计标准和要点,熟悉对材料与工艺的要求。施工中应特别注意施工安全、环保要求等,澄清有关问题,收集资料并记录。

2. 审批施工组织设计

总监理工程师应在合同规定的期限内及时审批施工单位提交的施工组织设计,重点包括:

(1)施工组织设计的审批手续是否齐全有效。

(2)施工质量、安全、环保、进度、费用目标是否与合同一致。

(3)质量、安全和环保等保证体系是否健全有效。

(4)安全技术措施、施工现场临时用电方案及工程项目应急救援抢险方案是否符合要求。

(5)施工总体部署与施工方案和安全、环保等应急预案是否合理可行。

对于技术复杂或采用新技术、新工艺或在特殊季节施工的分项、分部工程和危险性较大的分部工程,应要求施工单位编制专项施工方案,并由驻地监理工程师审核,总监理工程师实施。

3. 检查保证体系

监理工程师应检查施工单位质量、安全和环保等保证体系是否落实,重点检查项目经理、技术负责人、工地试验室负责人的资格及质量、安全、环保人员的履约情况。

4. 审核工地试验室

监理工程师应审核施工单位工地试验室的人员、设备和试验检测能力是否满足合同要求，管理制度是否健全。

5. 审批复测结果

监理工程师应对施工单位提交的原始基准点、基准线和基准高程的复测结果进行审核和平行复测，当双方复测结果一致并满足规范要求时，监理工程师应在合同规定的期限内批复。

6. 验收地面线

监理工程师应监督施工单位在原始地面线未被扰动前测定地面线，抽测测定结果。抽测频率应能判定施工单位测定结果是否真实可靠，且不低于施工单位测点的30％。同时，应对施工单位提交的土石方工程量计算资料进行审核。

7. 审批工程划分

总监理工程师应于总体工程开工前，对施工单位提交的分项、分部、单位工程划分予以批复并报建设单位备案。

8. 确认场地占用计划

监理工程师应对施工单位提交的场地占用计划及临时增减的用地计划予以确认，并及时提交建设单位。

9. 核算工程量清单

监理工程师应对工程量清单复核结果进行核算。

10. 签发开工预付款支付证书

总监理工程师应在施工单位提交了开工预付款担保后，按合同规定的金额签发开工预付款支付证书，报建设单位审批。

11. 召开监理交底会

总监理工程师应在合同工程开工前主持召开由施工单位项目经理、技术负责人及相关人员参加的监理交底会，介绍监理计划的相关内容。

12. 召开第一次工地会议

总监理工程师应主持召开第一次工地会议，会议的组织和要求应符合下列规定：

(1)会议组织。第一次工地会议应在工程正式开工前召开，总监办应事先将会议议程及有关事项通知建设单位、施工单位及其他有关单位，并做好会议准备。会议应由总监理工程师主持，建设单位、施工单位法定代表人或授权代表必须出席。各方在工程项目中担任主要职务的人员及分包单位负责人应参加会议，第一次工地会议应邀请质量监督部门参加。

(2)会议内容：

①在第一次工地会议上，各方应介绍各自的人员、组织机构、职责范围及联系方式。建设单位应宣布对监理工程师的授权；总监理工程师应宣布对驻地监理工程师授权；施工单位应书面提交对工地代表(项目经理)的授权书。

②施工单位应陈述开工的各项准备情况，监理工程师应就施工准备以及安全、环保要求等予以评述。

③建设单位应就工程占地、临时用地、临时道路、拆迁、工程支付担保情况，以及其他与

开工条件有关的内容及事项进行说明。

④监理单位应就监理工作准备情况以及有关事项作出说明。

⑤监理工程师应就主要监理程序、质量和安全事故报告程序、报表格式、函件往来程序、工地例会等进行说明。

⑥总监理工程师应进行会议小结，明确施工准备工作还存在的主要问题及解决措施。

13. 签发合同工程开工令

监理工程师收到施工单位提交的合同工程开工申请后，应对合同工程的开工条件进行核查。具备开工条件的，由总监理工程师签发合同工程开工令，并报建设单位备案。

【实践练习】 学生分组扮演监理人员，讨论明确各自的职责，总结监理准备阶段的监理工作。

【思考题】

1. 公路工程基本建设程序是什么？
2. 公路监理机构如何设置？
3. 监理机构的职责和权限有哪些？
4. 公路工程施工准备阶段的监理工作有哪些？
5. 第一次工地会议由谁主持？

学习情境3.2 水泥混凝土道路质量监理

【情境描述】 该工程为山岭重丘四级公路，同段施工地区属亚热带海洋性季风气候，温暖潮湿，因此针对该工程的特点，工程质量监理应该分别从路基、排水、支挡与防护结构以及路面等方面来进行质量监理。

【情境剖析】 本情境牵涉水泥混凝土道路的路基、排水、支挡与防护结构以及路面工程的质量控制等内容，分别从事前、事中以及事后对各个部分进行质量控制。

【工作任务】 本情境的工作任务如表3.2.1所示。

3.2.1 水泥混凝土道路路基施工质量监理

3.2.1.1 施工准备阶段质量监理

1. 审查承包人的质量自检体系

(1)检查承包人质量自检人员的数量是否充足，素质是否能够满足施工要求。

(2)检查承包人工地实验室的实验仪器配备情况是否能满足施工期及高峰期进行质量自检的要求。

(3)检查承包人的质量计量系统是否准确可靠，是否通过主管部门和有关部门的审定与认证。

(4)检查承包商的机械进场情况，特别是平地机、大功率压路机、运输车辆等大型机械是否满足工程需要，修好临时便道。

(5)确保施工安全，应设必要的安全标志。

2. 路基施工前承包人应该做好的施工测量工作

内容包括导线、中线、水准点复测、横断面检查与补测、水准点增设等。

表 3.2.1 工作任务表

能力目标	主讲内容	学生完成任务	评价标准	
掌握路基施工质量控制的内容	路基施工质量控制	掌握路基施工质量控制	优秀	熟练掌握路基施工质量控制的内容
			良好	掌握路基施工质量控制的内容
			合格	基本掌握路基施工质量控制的内容
掌握路基排水工程、支挡与防护结构物的施工质量监理	路基排水工程、支挡与防护结构物的施工质量监理	学生掌握路基排水工程、支挡与防护结构物的施工质量监理	优秀	熟练掌握路基排水工程、支挡与防护结构物的施工质量监理
			良好	掌握路基排水工程、支挡与防护结构物的施工质量监理
			合格	基本掌握路基排水工程、支挡与防护结构物的施工质量监理
掌握路面工程施工质量监理	路面工程施工质量监理	学生学会掌握路面工程施工质量监理	优秀	熟练掌握路面工程施工质量监理
			良好	掌握路面工程施工质量监理
			合格	基本掌握路面工程施工质量监理

3. 路基施工放样

(1)路基施工前承包人应该根据恢复的路线中线桩、设计文件及有关规定进行路基施工放样，钉好路基用地桩和路基坡脚、路堑坡顶的位置。

(2)承包人应该根据施工放样后的填挖高度进行填挖工程量的复核，并将放样及计算结果填在“路基施工放样报验单”中报监理工程师审批。

4. 施工机械的质量控制

(1)路基施工前承包人应该将已经进场的路基工程施工机械的品种、规格、型号、配备数量及运行质量进行详细检查后向监理工程师报检。

(2)监理工程师对承包人所报检的机械进行逐一检查后方可用于施工。

5. 材料进场的抽检与审批

(1)审核工程所用材料、半成品的出厂证明、技术合格证书和质量保证书；

(2)抽检材料、半成品质量；

(3)对采用的新材料、新型制品，应检查其技术鉴定文件；

(4)对重要原材料、制品、设备和生产工艺、质量控制、检测手段应实地考察，督促生产厂家完善质量保证体系和质量保证措施；

(5)设备安装前,按相应技术说明书的要求检查其质量(如拌和机等)。

6. 审查施工单位提交的施工组织设计或施工方案

(1)审查施工组织设计或施工方案对保证工程质量是否有可靠的技术和组织措施;

(2)结合监理工程项目的具体情况,要求施工单位编制重点分部(项)工程的施工组织方案;

(3)要求施工单位提交针对工程质量通病制定的技术措施;

(4)要求施工单位提交为保证工程质量而制定的质量预控措施;

(5)要求承包人编制主要分项工程施工工艺流程图;

(6)审核施工单位关于材料、制品试件取样及试验的方法或方案;

(7)审核施工单位制定的成品保护措施、方法;

(8)考核施工单位试验室资质;

(9)完善质量报表、质量事故的报告制度;

(10)完善施工过程中工序转换报验程序等。

7. 严格工程开工报告和复工报告审批制度

(1)审查施工单位质保体系;

(2)检查质量管理责任人;

(3)审查机械、材料标准等能否满足施工需求;

(4)审查施工工艺和有关技术人员资质等。

8. 批准开工申请

一切施工准备工作就绪,报检手续齐全后,承包人填写"开工申请报验单",经监理工程师审核,总监代表审批,同时下开工令,方可开工。

3.2.1.2　路基施工阶段质量监理

1. 挖方路基施工

(1)土方开挖:

①土方开挖应按图纸要求自上而下进行,不得乱挖、超挖及欠挖。严禁掏洞取土,更不能因开挖方式不当引起边坡失稳或坍塌。

②开挖过程中发现土层性质有变化时,应修改施工方案,并及时报监理工程师审批。

③挖方路基施工,边坡休整与边坡稳定是影响施工质量的主要工序之一,当过高的边坡或水文地质情况不良时,采取必要的应急措施或设置必要的防护工程。

④在指定的弃土场不能满足弃方要求时,应尽早重新选择弃土位置并修改施工方案报监理工程师审批。

⑤沿河及山坡以及其他按图纸规定不能横向弃置弃方的开挖路段,必须严格在指定的弃土场弃土。

⑥路堑路床的表层下有机土、难以晾晒的有机土或CBR值不合格的土,不宜做路床用土时,均应清除,用质量符合规范要求的土换填。

⑦路堑路床深度范围内,压实度不应小于95%。施工时宜全部翻松,分层压实,若含水量过大还应晾晒。

(2)石方开挖:

①石方爆破作业以松动爆破为主,石质边坡采用光面爆破。

②必须由经过专业培训并取得爆破证书的专业人员实施。

③按指定的方案进行爆破设计，报监理工程师审批后实施。

④爆破开挖石方按以下程序进行：施工调查⟶爆破设计与审批⟶配备专业施人员⟶机械或人工清除施工区覆盖层和强风化岩石⟶钻孔⟶装药并安装引爆器材⟶撤离危险区内设施⟶起爆⟶清除瞎炮⟶测定爆破效果。

⑤石方开挖应注意并无损害环境，选用中小爆破；开挖风化严重、节理发育或岩层产状对边坡不利的石方，宜选用小型排炮微差爆破。总之，应根据地形、地质、开挖断面及施工机械配备等情况，采用能保证边坡稳定的方法施工。

⑥石方爆破作业应以预裂爆破为主，严禁过量爆破，并应在事前 14 天制定出计划和措施报监理工程师审批。

⑦对器材的存放地点、数量、警卫、收发、安全措施及必要的工艺图纸编制报告，应在爆破器材进入工地前 28 天报监理工程师审批，同时将运入路线和时间报有关部门审批，待取得通行证后方可将爆破器材运入工地保管。

⑧爆破附近的危险区采取有效措施，防止人、畜、建筑物和其他公共设施受到危害和损害。在危险区的边界应设置明显的标志，建立警戒线和显示爆破时间的警戒信号，在危险区的入口或附近道路设置标志，并派专人看守，严禁人员在爆破时间进入危险区。

⑨爆破引起的松动岩石或滚石必须清除。

⑩石方路堑的路床顶面标高应符合图纸要求，高出部分应辅以人工凿平，超挖部分应按监理工程师批准的材料回填并压实稳固。

(3)非使用材料的处理：

①当要求在填方区挖除原地面的非使用材料时，其挖除的深度及范围由监理工程师确定。在挖除前应测量必要的断面，并报监理工程师审批。

②路基挖至规定标高时，如仍有非使用材料，应根据地址情况，拿出相应的处理方案，报监理工程师审批，然后采用监理工程师同意的方案进行处理。

③在暴露出的挖方是使用材料和非使用材料相混杂的挖方部分，应分别开挖、移运。使用材料供填方使用，且不应被非使用材料污染，已污染的材料按弃方处理。

④经监理工程师批准，在路基挖方或填方区内挖除的非使用材料，应按弃方要求处理。

(4)弃方的处理：

①在弃方的路段开工前至少 28 天，应提出开挖、调运施工方案报监理工程师审批。该方案包括挖方及弃方的数量、调运方案、弃方位置及堆放形式、坡脚加固处理、排水系统的布置以及有关的计划安排等。

②弃土场的位置、对方形式或施工方案等有更改时，必须在更改前不少于 14 天将更改方案报监理工程师批准。

③弃土堆应堆置整齐、稳定，排水畅通，避免对土堆周围的建筑物、排水及其他任何设施产生干扰或损坏，避免对环境造成污染。

(5)边沟、截水沟、排水沟的开挖：

①边沟、截水沟、排水沟的位置、断面尺寸和沟底纵坡应符合图纸要求和监理工程师的要求，当需要铺砌时，应按图纸或监理工程师的批示，增加开挖宽度和深度。

②有超高路段的边沟沟底纵坡，应与曲线段前后相衔接，不允许曲线段内侧边沟积水或

外溢。

③路堑与路堤连接处,边沟应缓顺引向路堤两侧的自然沟或排水沟,勿使路堤附近积水,亦不得冲蚀路堤。

④石质边沟、排水沟应用小孔、少量炸药。超挖部分,要用块石浆砌密实,沟底突出部分,应予凿平。

(6)质量检验:

①基本要求。路基的路床标高、宽度、线形系及边坡坡度应符合图纸要求;边沟、排水沟和截水沟沟底无阻水、积水现象,具备铺砌要求;临时排水设施与现有排水沟渠连通,挖除的废方按指定要求整齐堆放,石方边坡平顺稳定,无险石、悬石。

②检查项目及标准。土方路基、石方路基质量检验按《公路路基工程检验评定标准》的检查项目及检验标准检验。

③外观鉴定。路基表面平整、密实、曲线圆滑,边线顺直,边坡坡面平顺稳定,边沟整齐,沟底无阻水或积水现象。

2. 填方路基施工

(1)一般要求:

①填方路堤施工前,应按规范要求和图纸规定对原地面进行清理及压实,所有填方作业均应严格按图纸或监理工程师的要求施工。

②路堤基地应在填筑前进行压实,并将压实后新测绘的填方工程断面提交监理工程师核准,否则不得填筑。

③填方作业不得对临近的结构物和其他设施产生损坏及干扰。

④整个施工期间,必须保证排水畅通。

⑤路堤填料中石料含量等于或大于70 %时,应按填石路堤施工;小于70 %时按填土路堤施工。

⑥路堤基底及路堤每层施工完成后未经监理工程师检验合格,不得进行上一层的填土施工。

(2)具体要求:

①路堤必须按路面设计标高分层控制填土标高,填方作业应分层平整摊铺,保证路堤压实度。每层填料铺设的宽度,每侧应超出路堤的设计宽度30 cm,以保证修整路堤边坡后的路堤边缘有足够的压实度。不同土质的填料应分层填筑,且应尽量减少层数,每种填料层总厚度不得小于50 cm,每层顶面应整平并做成路拱。土方路堤填筑至路床顶面最后一层的压实厚度不得少于10 cm。

②应将原地面挖成台阶,台阶宽度应满足摊铺和压实设备操作的需要,且不得小于2 m。台阶顶做成4 %的内倾斜坡。沙类土上不挖台阶,但应将原地面以下20～30 cm的表土翻松。

③压实设备无法压碎的大块硬材料应予清除或破碎,破碎后的硬质材最大尺寸不超过压实层厚的2/3,并应均匀分布,以达到要求的压实度。

④填土路堤分几个作业段施工时,两个相邻段交接处在不同时间填筑,则应先填段按1∶1的坡度分层留台阶;如两段同时施工,则应分层互相交叠衔接,其搭接长度不得小于2 m。

⑤当填筑路堤下层时，其顶部应做成 4 %的双向横坡；如填筑上层时，不应覆盖在透水性较好的土质填筑的路堤边坡上。

⑥用土石混合填筑时，路堤压实度由现场实验确定，并报监理工程师检验批准。

【实践练习】 学生试分析针对该工程的路基质量监理重点要进行哪些质量控制。

3.2.2 路基排水工程、支挡与防护结构物的施工质量监理

3.2.2.1 涵洞和通道桥涵的检验

1. 涵洞的测量放样，涵洞中心设置固定桩和引出桩，承包人施工放样后报测量监理工程师复核检查，批准方可施工。

2. 涵洞开工前，按程序拟定开工报告，并附以施工方案、放样结果、质保体系、安全体系各种材料和配合比试验结果，机械设备进场数量，施工详图和工程数量表等，报驻地监理工程师批准。

3. 涵洞沉降缝处两端面应竖直、平整，上下不得交错，填缝料应具有弹性和不透水性，并填塞紧密，缝宽 20 mm～30 mm。

4. 涵洞防水层按设计要求办理，有砌体的涵洞其砌筑砂浆强度、石料强度、规格、施工过程中的检查按施工规范要求进行。

5. 涵洞完成后，当涵洞砌体砂浆强度或砼强度达到 75 %以上时可进行台背回填，台背回填时预留台阶或开挖台阶，其宽度应符合要求，标出层次，填料层厚，松铺不大于 15 cm，压实度大于 95 %，洞身两侧对称填筑，洞顶填土大于 0.5 m 时方允许机械通过。

6. 洞口进出口的沟床应整理顺直，与排水沟连接顺适稳固。

7. 通道桥涵的防水设施及地面以下的防排水设施应符合设计要求。

8. 涵洞和通道的基坑开挖应注意防水排水，开挖深度及边坡应符合设计规定，并规定不挠动地基的原有强度，需要增加加固的地基，应经设计单位批准后变更。

9. 涵洞通道地基开挖后应进行如下的试验和检验：

(1)基底平面位置、尺寸、标高检查；

(2)地基承载力的试验；

(3)地质与承载力是否与设计相符；

(4)基底处理和排水是否符合规范要求。

10. 涵洞的模板、钢筋、砼、施工监理应按本节前述内容进行，盖板涵的预制分块检查，安装外观要求及桥面铺装，除按设计要求外，监理程序和检查内容，同前述有关章节，外露砼要求美观、色泽均匀，平顺无修饰。

11. 涵洞工程应分基坑开挖、基础、台身、盖板制安，洞口、台背回填六道工序进行报验抽检，箱形涵洞及通道应按基坑开挖、基底处理、模板、钢筋、砼浇筑、洞口及台背回填七道工序报验检查，明涵应增加搭板施工工序检查。

各工序检查质量标准必须满足施工规范和设计及质量评定标准的规定和要求。

3.2.2.2 涵洞和通道施工监理流程

涵洞和通道施工监理流程如图 3.2.1 所示。

3.2.2.3 排水、防护小型构造物质量监理

1. 排水及小型构造物质量监理

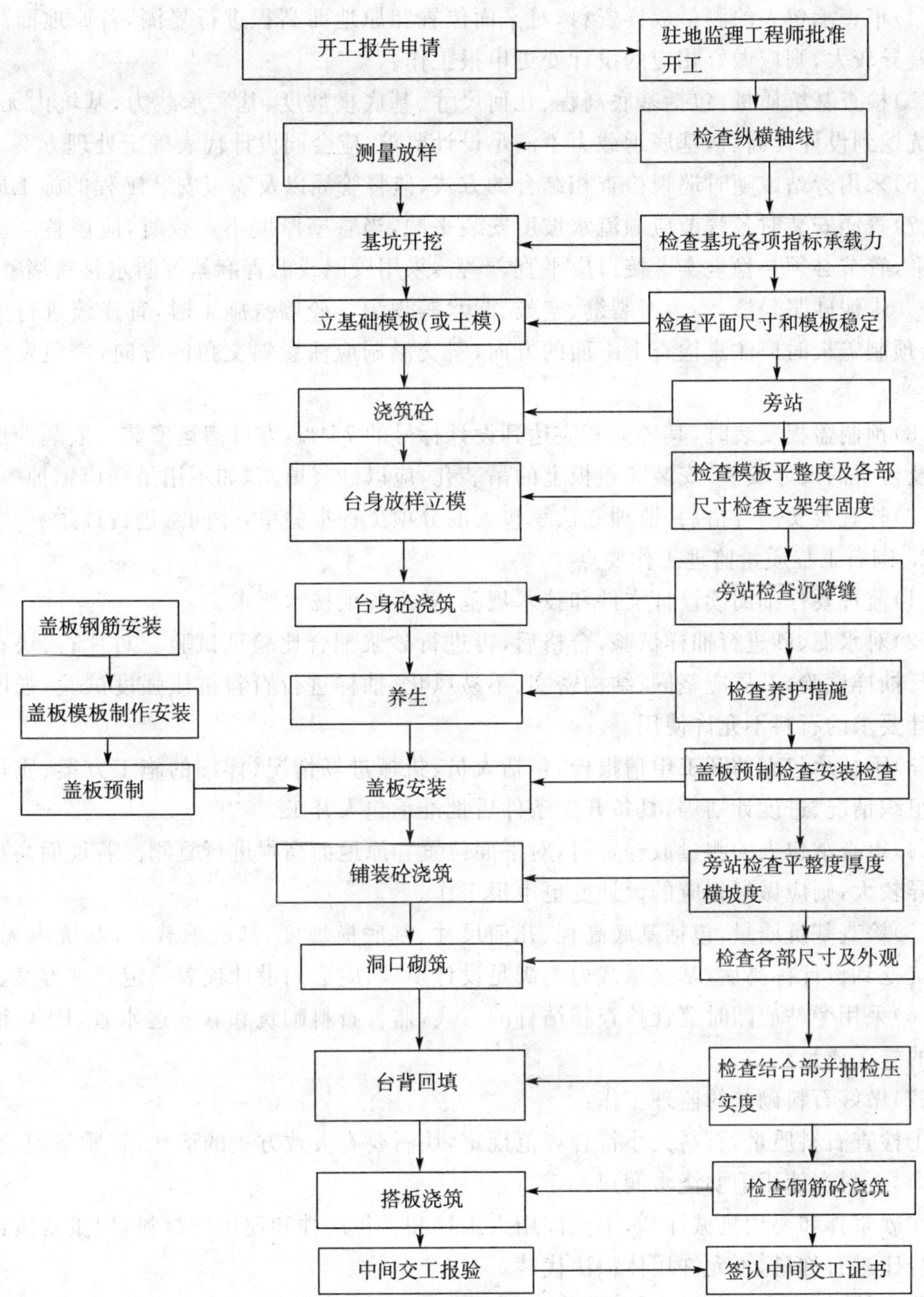

图 3.2.1　涵洞和通道施工监理流程

(1)监理要仔细阅读设计文件和技术规范,熟悉各项技术要求。

(2)对水泥、砂进行抽样试验,合格后,再进行砂浆配合比验证试验。外购圆管涵管节要有出厂合格证、质保书等,进场后应进行外观检查验收,现场预制的构件应满足强度、几何尺寸、外观等质量要求。

(3)审核承包人的开工申请报告,包括人员、机械进场情况、详细的施工方案、质量保证体系组织情况、进度计划等,具备开工条件后批准承包人开工。

(4)审查承包人的测量放样资料,对平面位置和原地面高程进行复测,若原地面高程与设计差异较大,则应做好相应的设计变更申报工作。

(5)检查基坑质量,包括基底高程、几何尺寸、基底横坡度、基底承载力,基坑内无积水。若基坑挖到设计标高后,基底承载力不满足设计要求,应会同设计代表确定处理方案。

(6)采用旁站或随时巡视检查相结合的方式,监督管涵以及盖板安装工程的施工质量。

(7)管涵安装时各管节应顺流水坡度安装平顺,当管壁厚度不一致时,应调整高度使内壁齐平,管节必须垫稳坐实。接口应平直、严密,采用胶圈或沥青麻絮等防水材料堵塞,外侧用1∶3水泥砂浆勾缝,不得有裂缝、空鼓、漏水等现象。砼墙身施工时,宜连续进行不留施工缝,预制盖板时应注意检查上下面的方向,斜交涵洞应注意斜交角的方向,避免发生反向错误。

(8)预制盖板安装时,其砼强度应达到设计标号的75%,方可搬运安装。安装前应检查成品及台身的尺寸安装,安装完盖板上的吊装孔,应以砂浆填塞,如不用吊筋应锯掉。

(9)外观及实测合格后,监理签认承包人的分项工程报验单,并同意进行计量。

2. 砌石工程质量监理工作要点

(1)监理要仔细阅读设计文件和技术规范,熟悉各项技术要求。

(2)对水泥、砂进行抽样试验,合格后,再进行砂浆配合比验证试验。对片石、块石的石质进行抽样试验,石质应坚固、结构密实、不易风化,抽样进行石料抗压强度试验,强度不满足设计要求的石料不允许使用。

(3)审核承包人的开工申请报告,包括人员、机械进场情况、详细的施工方案、质量保证体系组织情况、进度计划等,具备开工条件后批准承包人开工。

(4)审查承包人的测量放样资料,对平面位置和原地面高程进行复测。若地面高程与设计差异较大,则应做好相应的设计变更申报工作。

(5)检查基坑质量,包括基底高程、几何尺寸、基底横坡度、基底承载力,基坑内无积水。若基坑挖到设计标高后,基底承载力不满足设计要求,应会同设计代表确定处理方案。

(6)采用旁站或随时巡视检查相结合的方式,监督石料砌筑和软式透水管、PVC泄水管设置的施工质量。

(7)做好石料砌筑的监理工作:

①检查石料质量,石料大小符合规范规定,块石要有大致方正的形状,石质坚硬,石料表面干净,石料在使用前要浇水润湿。

②砂浆拌和要用机械拌和,不允许用人工拌和。每次拌和使用的材料,用量要按已批准的配合比进行称量,不允许用体积法代替。

③砌筑时,要水平分层砌筑、坐浆,石料大面朝下并安放稳固,砂浆要饱满,不得有空洞,内外墙面都要挂线,以保证内外墙面的坡度。

④泄水孔要按设计位置设置,坡度向外下倾,无堵塞。

⑤按设计要求设置沉降缝,在基底地质变化处增设沉降缝。沉降缝宽2~3 cm,并用沥青麻絮填塞。

⑥经常测量挡土墙的几何尺寸,即内外墙面坡度、不同高度处的墙身厚度。要求坡度不陡于设计要求,厚度不小于设计要求,不满足要求时及时通知承包人返工处理。

⑦每天对砂浆的强度和稠度进行抽样试验,留取试样。

⑧挡土墙施工完成后，承包人自检合格，报监理工程师检查，监理按规范要求进行外观检查和实测。外观上要求墙直、弯顺、表面平整美观，勾缝平顺、无脱落现象，沉降缝整齐竖直、上下贯通、沥青麻絮填塞密实，泄水孔坡度向外下倾、无堵塞。

⑨实测项目包括对平面位置、顶面高程、断面尺寸、表面平整度检测、砂浆强度汇总评定。

【实践练习】 学生试分析针对该工程的排水、防护小型构造物质量监理重点要进行哪些质量控制。

3.2.3 水泥混凝土道路路面工程施工质量监理

水泥混凝土路面施工的质量控制是一个系统工程，包括原材料、施工机械、施工管理水平、天气变化、辅助作业班组工人熟练程度和各类机车手的操作水平等，它们都会对施工质量产生直接的影响。保证和控制施工质量的根本措施是过程的控制和检查，《公路水泥混凝土路面施工技术规范》(JTGF30－2003)对施工过程的质量控制、检查给予了充分的重视，明确了控制、检测的项次，水泥混凝土路面施工质量只有严格按照这些明确的手段和方法进行检测和控制才能实现。先介绍规范对原材料、拌和物和路面施工质量的检验规定，然后结合施工中实际质量控制中的几个质量检验问题作一些论证。

3.2.3.1 路面质量控制必须依据的质量检验规定

1. 严格控制路面原材料的质量

水泥混凝土路面结构层是以水泥与水合成的水泥浆为结合料、碎(砾)石为骨料、砂为填充料，经拌和、摊铺、压实和养生而成的。由于路面结构层同受到车轮荷载和自然因素的综合作用，则要求混凝土材料必须具有较高的强度、抗磨性、耐冻性(寒冷地带)以及尽可能低的膨胀系数和弹性模量。为此，应对路面混凝土及其组成材料提出一定的要求，并确定合适的配合比例。

(1)水泥的质量控制。应考虑道路等级、工期、铺筑时间、施工方法及经济性等因素，原则上应采用抗折强度高、耐疲劳、干缩小、耐磨性和抗冻性好的水泥。水泥进场时，应严格检查生产厂家的水泥产品化验资料(报告单)，并对其品种、标号、包装、数量、出厂日期等进行检查，看是否能满足各项路用指标。在现场进行水泥细度、凝结时间、体积安定性、强度抽检试验，特别是安定性指标必须进行抽检，对施工中所用的水泥必须经该地区有资质的试验室复验合格后方可使用。不同标号、厂牌、品种、出厂日期的水泥，不得混合堆放，严禁混合使用，出厂期超过三个月或受潮的水泥，必须经过试验，按其试验结果决定正常使用或降级使用，已经结块变质的水泥不得使用。混凝土路面施工中，应尽量选用同一厂家在同一时期生产的同一标号水泥。

(2)骨料的质量控制。施工中，水泥混凝土路面的最大粒径应根据具体施工要求决定，使用碎石时，应采用30 mm，使用砾石时，应采用20 mm。同时使用优良的级配，严格限制针片状颗粒的含量，粗骨料中薄片状及长针状颗粒应控制在15％以内(细骨料可不加限制)，骨料的强度要符合质量要求，粗骨料的强度应高于混凝土标号的1.5倍，其压碎值不宜大于20％。严格控制集料中的含泥土(石粉)量，砾石料要采取高压水冲洗等措施，而且不允许露天堆放，砂石料与水泥一样，在施工现场必须罐装，不允许有任何污染。

2. 优化水泥混凝土配合比设计

水泥混凝土配合比的设计和优化是滑模摊铺路面的关键技术，配合比设计时除满足水泥混凝土路面的物理力学指标外，重要的是考虑混凝土的工作性和经济性。

(1)减水剂的选用。要配制出高抗弯拉强度、耐久性好的混凝土配合比，就要求混凝土的水灰比较小，因此必须采用高效减水剂，保证混凝土较好的工作性。

(2)矿料级配的组成原则。砂率的选用由于有比较成功的实践经验，目前的理论和经验数据比较成熟，容易选定。但粗集料一般要采用两级配集料进行掺配，由于粗集料加工的现状不理想，确定一个相对合理的掺配系数是极其重要的。根据经验以及查阅相关资料，粗集料组成为最优曲线并略偏粗，更有利于路面平整度的控制及抗弯拉强度的提高。另外，粗集料的含泥量一般不大于1％，砂的含泥量不大于2％，否则将严重影响路面的抗折强度和增大干缩变形。

(3)水泥、粉煤灰的路用品质要求。在配合比设计前，对水泥的路用品质进行检测，如发现问题，及时与厂家进行协商和探讨，调整水泥的组分，确保水泥品质的完全合格。粉煤灰则必须达到二级以上，对每车材料必须进行检测后才能入罐，因为三级以下的粉煤灰对路面的危害极大。

3. 水泥混凝土路面的施工质量控制

(1)认真细致地做好试验路段。摊铺水泥混凝土路面试验路段分为试拌和试铺两阶段，通过试验路段的试验应达到下述目的：试验段在与施工条件等同的条件下实施，通过在指定工作段先试验性地组织施工、测算，总结得出所有必需的工作参数和施工经验，用以指导正式生产。

(2)在路面摊铺前，做好各项准备工作。

①对基层进行清扫、修补。对破损的基层采用高标号的水泥砂浆修补平整密实，对基层裂缝则进行清缝后灌入沥青，并在表面粘贴不窄于1 m宽的单层油毡，防止路面反射裂缝的出现；

②准备好摊铺机行走的基线，确保基线平滑顺适，逐桩检查板厚，并对板厚不合适的位置进行基线微调；

③对胀缝、钢筋补强位置进行预先标识并提前到位，不因钢筋的安装影响摊铺机的连续作业。

(3)含水量检测。路面当日开工前，对材料进行含水量检测，特别注意对砂和小碎石的含水量检测。拌和时注意控制混凝土的拌和质量，确保混凝土坍落度的均匀。

(4)微调混凝土坍落度。根据天气情况，如温度、风速等，对混凝土的出厂坍落度进行微调，确保机前混合料的均匀，根据运距的变化，微调减水剂及水灰比，使混凝土的工作性得到保障。

(5)校核摊铺机。摊铺机在开工前，应调整好振动棒、抹平板等位置，校核摊铺机的仰角及平面位置等。施工时，控制振捣仓的料位及机前的料位，并控制行进速度，不宜过快。太快则工人的修边速度跟不上，拉杆插入的位置不太准确，且机手对前、后的照顾易出现瑕疵，一般以1.0～1.5 m/min为宜。另外，根据施工后的路面情况，及时调整摊铺机的振动频率。

(6)养护。路面施工后，应及时喷洒养护剂，根据天气情况(温度、风速、湿度等)确定养护剂的喷洒遍数、浓度。路面切缝后，采用保湿养护膜或薄膜覆盖养生，养生28天后，开放交通。

(7)路面纵横缝的施工。胀缝的设置一般以尽量少为宜，根据当地的温差状况及施工时的温度，设置胀缝的位置，结构物附近必须设置胀缝。

4. 提高路面平整度

水泥混凝土路面板的平整度是使用质量的最重要指标。平整度高的路面不但可以提高通过能力和经济效益，而且可以减少对面板的冲击力，从而可以延缓甚至避免错台、唧泥、断裂现象的发生，因而延长路面使用寿命。在水泥混凝土平整度指标的控制上，应做好收水抹面和表面拉毛，严格控制水灰配合比，并摊铺均匀。掌握最佳混凝土拌制时间，确保混合料中浆体分布均匀，振动棒的走向及布料厚度要明确控制，不允许把振动棒作为布料工程使用，振捣必须到位，防止漏振、过振。掌握真空脱水时间，避免造成中部和表层已达到塑性强度，边部和下层却仍是弹软状态，造成剩余水灰比分布不匀情况。

3.2.3.2　*影响路面质量控制的几个有关质量检验方面的问题*

1. 真实质量和认定质量

施工质量实际上有两种表述方式：真实质量和认定质量。真实质量是施工过程中各类影响质量因素实际作用后产生的质量结果；认定质量是通过各类检测手段对真实质量的认知程度。认定质量又分为过程认定质量和结果认定质量，过程认定质量是在施工过程对真实质量产生过程的跟踪、追述，结果认定质量是对真实质量的评价。

2. 试验段施工

混凝土路面施工依然是一种具有很强“经验性”的作业，需要实际结果来验证理论和参数的真实现状。规范提出：“高速公路、一级公路宜在主线路面以外进行试铺。”通常在准备工作充分的情况下，进行试验段作业的成功概率极大，如广东省1996～2000年间混凝土路面试验段成功率为95％以上。另一方面，只有在主线上进行试验段摊铺，才体现出实际工程环境一致的真实质量结果，而主线外的作业永远是“模拟”施工，难有真正的说服力。

3. 强度

(1)关于早期强度问题。随着水泥质量的提高，水泥的细度越来越细，这实际上带来了两个结果：可能增大的干缩裂缝；混凝土强度进一步加强。发展路用水泥的原意是为了更好地使水泥适宜于水泥混凝土路面施工，但我们对其认知程度尚局限于对铁铝酸四钙的取舍上，因为这一活性成分直接影响弯拉强度。

在施工过程中，业主、监理和施工单位应从经验的角度，认真检测早期强度的发展状况，对于出现早期强度过高的现象，必须引起警惕，并采取必要措施控制早期强度发展过快的趋势。

(2)高抗压强度和高性能问题。高抗压强度并不等于高弯拉强度和高耐久性，在面板与基层强度不和谐(模量过大)时，在基层与面板之间的摩阻力过大(约束过大)时，在抗压强度过高导致混凝土脆性增大时，在摊铺宽度达到8.00 m以上造成内部约束过大时，高抗压强度均可能导致降低耐久性能的后果。

(3)强度的检验。对于路面混凝土弯拉强度检验，无论采取哪种方式，均与路面有差异，无差异的是在路面板上切取的完全等同振捣及养护条件下的小梁。规范提出的标准试件、标准制作方式和标准养生条件是所有混凝土材料的基准弯拉强度，这是大家公认的基准强度值。首先保证基准强度不出问题，实际摊铺混凝土路面板上的真实强度是通过每公里每车道1个岩芯来检验的。弯拉强度不足时的返工命令，只能根据路面上每公里每车道加密到取3个岩芯的平均弯拉强度最终决定。

4. 切缝检验

提出对切缝深度的检测并重新规定其深度，是基于近年滑模施工工艺推行以来，在部分省区的高速公路上出现的施工质量问题而言。滑模摊铺机在摊铺 8.00 m 以上的双车道路面后，需要进行纵、横缩缝的开切，由于纵缝间设计上一般有拉杆，在锯纵缝时，施工单位往往担心锯到拉杆，因而开切深度不够（特别是对前置式打拉杆的摊铺机）或切缝时间过晚，必然不利于纵缝的导裂和面板防裂。

5. 养生的质量控制

(1)目前被大家所接受的养生方法是喷洒养生剂同时覆盖薄膜，这一工艺是基于水泥混凝土中的水分可实现充分自养的机理。但在实际施工过程中，时有发生养护施工疏忽造成自养水分不足的问题。

(2)养生剂对保水的有效性尚未有更具说服力的试验。由于水化热需要散逸，当养生剂成膜后水化热会携带大量水分冲破养生膜逃逸，从而破坏其养生功效，更常见的是在凸凹不平的微观混凝土表面上，养生剂往往难以成膜。有结果显示，采用某种养护剂，喷洒一遍的成膜面不足 40 %，喷洒两遍只达 60 %～70 %，因此切不可因喷洒养生剂而忽视覆盖工艺。

(3)目前养护市场出现一种双层保水覆盖方法，即在切缝后，先覆盖一层带夹层的有孔保湿保温薄膜，薄膜夹层中有高分子聚合物，可如海绵一样贮存大量水分，用水车进行全面补水后，再覆盖一层密封薄膜，达到了对混凝土保水、补水的功效。另外，在饱和湿度条件下，使用土工毡也使得失水较慢，只要面板表面不发白，也具有很好的养生效果。

养生问题规范并未规定一种强制的方式，具体做法由施工单位自定。路面混凝土施工养生的总原则是：要求前 7d 内养生的混凝土表面不得有干燥发白现象。

6. 地材的检测问题

目前我国大部分施工单位对碎石、河砂等地材采取分类堆放的方式，这造成了检测及判定批次的困难。因此，进场材料的检测关键是按车次确定其批次，或在石场、砂场的生产场地确认。这是一项十分烦琐的工作，许多施工单位常因嫌麻烦或管理不到位造成进场材料的漏检，使规范规定的检测频率不能得到保证，必须引起注意。

施工质量的检查、验收与控制应贯穿整个施工过程，并对各工艺过程、技术环节严格把关。在采用规范要求的检查验收标准指标时，必须了解、把握其产生的原因，才能有效地进行管理控制。

【实践练习】 学生试分析针对该工程的路面质量监理重点要进行哪些质量控制。

【思考题】

1. 简述水泥混凝土道路施工准备阶段的质量控制要点。
2. 水泥混凝土道路路基施工的质量控制要点有哪些？
3. 简述路基排水的质量控制要点。
4. 水泥混凝土道路路面施工质量控制要点有哪些？

学习情境 3.3　水泥混凝土道路工程进度监理

【情境描述】 本工程施工总承包合同工期为 20 个月。在工程开工之前，总承包单位向总监理工程师提交了施工总进度计划，各工作均匀进行。该计划得到总监理工程师的批准。监理工程师为了保证本工程的建设工期，在施工总进度计划中应重点控制哪些工作？

当工程进行到第 7 个月末时，进度检查绘出的实际进度前锋线如图 3.3.1 所示。E 工作和F工作于第10个月末完成以后，业主决定对K工作进行设计变更，变更设计图样于第13个月末完成。根据第7个月末工程施工进度检查结果，分别分析E、C、D工作的进度情况及对其紧后工作和总工期产生的影响。

工程进行到第12个月末时，进度检查时发现：H工作刚刚开始；I工作仅完成了1个月的工作量；J工作和C工作刚刚完成。

根据第12个月末进度检查结果，绘制进度前锋线。此时总工期为多少个月？

由于J、G工作完成后K工作的施工图样未到，K工作无法在第12个月末开始施工，总承包单位就此向业主提出工期索赔，索赔是否成立？

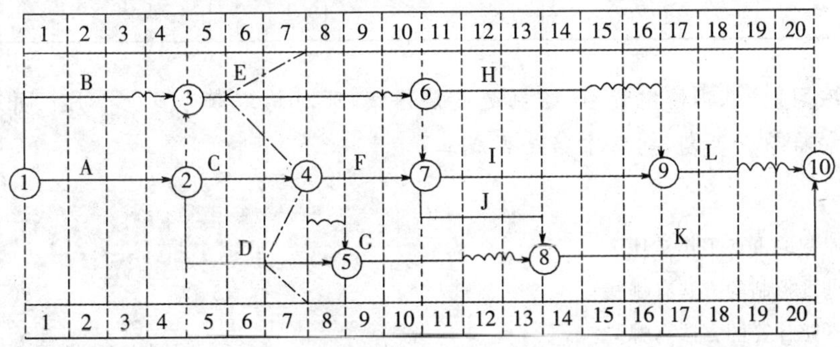

图3.3.1　施工进度图

【情境剖析】　本情境牵涉进度计划的提交、审批，进度控制的重点工作，涉及进度计划的监测、控制，牵涉进度计划执行过程中工期的延期与延误、工期索赔等问题。

【工作任务】　本情境的工作任务如表3.3.1所示。

表3.3.1　工作任务表

能力目标	主讲内容	学生完成任务	评价标准	
掌握进度控制的重点工作	关键工作的确定	完成本情境的重点控制工作	优秀	正确说出进度控制的重点工作
			良好	基本正确说出进度控制的重点工作
			合格	了解进度控制的重点工作
进一步掌握进度控制的方法、进度监测的方法、进度调整的方法	前锋线法	学生完成本情境的进度控制工作	优秀	能总结进度控制的方法，并正确完成本情境的进度控制工作
			良好	正确完成本情境的进度控制工作
			合格	基本正确完成本情境的进度控制工作

（续表）

能力目标	主讲内容	学生完成任务	评价标准	
进一步熟悉工期索赔的时间计算	工期索赔	学生判断本情境是否能索赔工期，索赔多少天	优秀	能正确判断此情境是否能索赔工期，索赔多少天
			良好	基本正确判断此情境是否能索赔工期，索赔多少天
			合格	正确判断此情境是否能索赔工期

【实践练习】 根据情境资料，绘制进度前锋线，此时总工期为多少个月？并进行工期索赔计算，可索赔多少工期，判断索赔是否成立？

【思考题】

1. 进度控制的重点工作是什么？
2. 总结进度控制的方法有哪些？
3. 工期索赔计算的方法有哪些？

学习情境 3.4 水泥混凝土道路工程费用监理

【情境描述】 本工程业主与施工单位签订了施工合同，合同工期为 90 天。在工程施工过程中有如下情况发生：

(1)在土方开挖时遇到了一些工程地质勘探没有探明的弧石，排除弧石用了一台大挖掘机用了 4 个台班，工人辅助用工 8 个工日；

(2)在施工过程中遇到数天季节性大雨后又转为特大暴雨引起山洪暴发，造成山体滑坡，路基被冲垮，使施工单位造成直接经济损失 20 万元；

(3)在施工过程中由于监理的指令错误，导致工程返工，延误 3 天，造成直接损失 2 万元。

为此施工方按照索赔程序提出了延长工期和费用补偿要求，你作为监理工程师应如何审理？

【情境剖析】 本情境牵涉索赔程序、费用补偿等知识。

【工作任务】 本情境的工作任轿车表如表 3.4.1 所示。

表 3.4.1 工作任务表

能力目标	主讲内容	学生完成任务	评价标准	
熟悉工程索赔的程序	复习工程索赔的程序过程	完成本情境的工程索赔的程序过程等任务	优秀	会灵活运用工程索赔的程序过程
			良好	会运用工程索赔的程序过程
			合格	了解工程索赔的程序过程

(续表)

能力目标	主讲内容	学生完成任务	评价标准	
熟练计算索赔费用补偿最终价款的确认	复习哪些费用索赔,是谁的责任	完成本情境的索赔费用补偿最终价款的确认	优秀	熟练完成索赔费用补偿最终价款的确认
			良好	正确完成本情境的索赔费用补偿最终价款的确认
			合格	了解费用补偿最终价款的确认

【实践练习】 根据情境资料,运用所学知识,解决下列问题:

①情况发生(1)中,如果挖掘机每台班280元,辅助用工每工日50元。乙方向甲方提出费用补偿是否合理?如果合理,应补偿多少?

②情况发生(2)中,甲方是否补偿给乙方?如是,应补偿是多少?

③情况发生(3)中,甲方是否补偿给乙方?如是,应补偿是多少?

【思考题】

1. 在施工过程中,什么情况下甲方应向乙方补偿?
2. 在施工过程中,什么情况下乙方应向甲方补偿?

学习情境3.5　安全监理

【情境描述】 本工程项目范围:北起经十八规划路,南至兴凌大道,设计道路全长731.44 m,宽度为50 m。行车道结构为水泥混凝土路面,道路设计内容包括地基处理、道路、绿化等。

1. 安全生产管理机构

本工程设计复杂,专业施工工程多,如何做到忙而不乱,杂而不混,科学有序地组织施工,确保施工人员的人身安全和生产设备、工程建设的安全尤为重要。为此,特建立安全管理机构。

根据本项目的实际情况,成立以项目经理为组长,项目副经理、技术负责人、安全总监为副组长,专业工长和班组长为组员的项目安全生产领导小组,在项目形成安全管理网络,如图3.5.1所示。

2. 安全管理组织计划

在本工程施工过程中,项目将严格执行二级交底和教育制度,即项目总工、项目安全负责人向施工工长和部门负责人交底,施工工长、部门负责人向施工班组交底。

【情境剖析】 本情境牵涉水泥混凝土路面工程的工程概况描述、工程的安全生产管理机构和安全管理组织计划,请思考该工程安全生产管理机构设置是否完备?安全管理组织计划是否可行?结合后面介绍的工程安全生产管理措施,进一步优化其管理机构并细化安全管理组织计划。

【工作任务】 本情境的工作任务如表3.5.1所示。

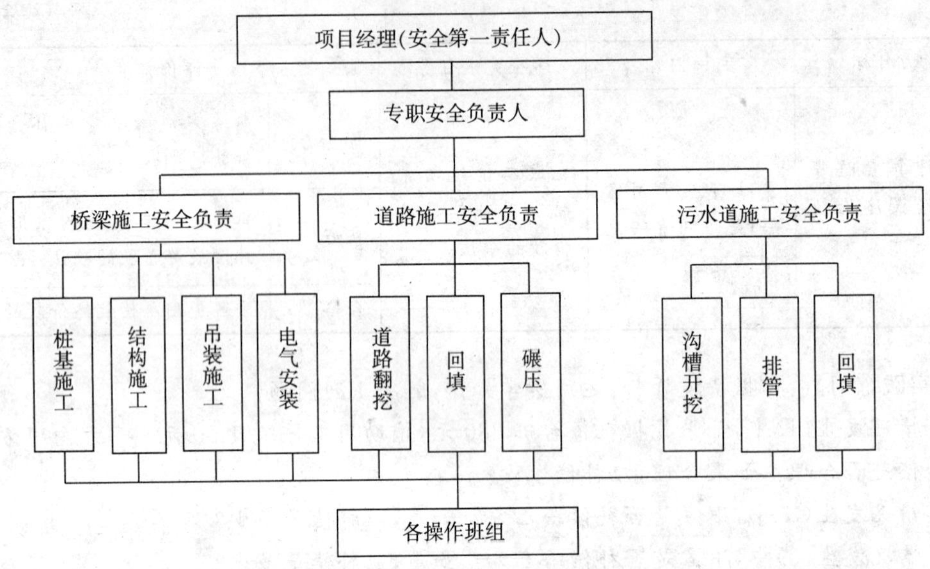

图 3.5.1 某项目安全管理网络图

表 3.5.1 工作任务表

能力目标	主讲内容	学生完成任务	评价标准	
了解水泥混凝土道路工程安全监理工作计划	安全监理的工作计划和安全生产的管理体系	了解安全监理工作计划和安全生产的管理体系,并结合具体工程编写安全监理工作计划	优秀	了解水泥混凝土道路工程安全监理工作计划,并能根据具体工程编写相应的工作计划
			良好	了解并熟悉水泥混凝土道路工程安全监理工作计划
			合格	了解水泥混凝土道路工程安全监理工作计划及其重要性
掌握水泥混凝土道路工程安全监理细则的编写	安全生产的管理措施和保证措施	熟悉并掌握水泥混凝土道路工程安全生产管理和保证措施,并能结合实际工程进行安全监理细则编写	优秀	熟悉并掌握水泥混凝土道路工程安全生产管理及保证措施,并能结合实际工程进行细则编写
			良好	掌握水泥混凝土道路工程安全生产管理及保证措施,并能编写出安全监理大纲
			合格	掌握水泥混凝土道路工程安全生产管理及保证措施

3.5.1　安全监理的工作计划

为了贯彻执行"安全第一，预防为主，综合治理"的方针，在建设工程项目施工过程中，把安全工作落到实处，确保本工程安全生产目标的顺利实现，根据本工程实际，需制订安全工作计划。

1. 指导思想

"安全第一，预防为主，综合治理"。

2. 工作依据

(1)国家颁布的有关安全生产、文明施工的法律法规。

(2)《建设工程安全生产管理条例》、《公路工程施工监理规范》。

(3)安全监理委托合同及与公司签订的《技术经济责任书》。

3. 安全监理目标

本项目安全责任事故发生率为零，无重、特大安全事故发生。

4. 安全监理内容

(1)安全监理施工准备阶段：

①建立、健全驻地办安全生产、文明施工组织机构和保证体系；

②制定驻地办安全生产、文明施工规章制度；

③组织监理人员进行施工安全生产、文明施工的知识和能力的教育培训，熟悉掌握工程施工过程中的各种安全技术操作规程，明确各自岗位职责，认真履行相应的职责和义务；

④审查专业分包和劳务分包单位的资质；

⑤审查施工单位电工、焊工、架子工、起重机械工、机动车司机和指挥人员、爆破工等特殊工种作业人员资格；

⑥督促施工单位建立健全施工现场安全生产制度；

⑦审查施工单位安全生产责任制度；

⑧审查施工单位的施工组织设计专项施工方案中安全技术措施，高危作业安全施工及应急救援预案；

⑨督促施工单位做好逐级安全技术交底工作；

⑩召开第一次安全工作会议。

(2)安全监理实施阶段：

①督促施工单位按照工程建设强制性标准和专项施工方案组织施工，制止违规施工作业；

②对施工过程中的高危作业等进行巡视检查，发现严重违规施工和安全事故隐患的，应要求施工单位整改，并检查整改结果签署复查意见，情况严重且拒不整改或不停止施工的，应及时向上级主管部门报告；

③督促施工单位进行安全自查工作；

④参加施工现场的安全生产检查；

⑤复核施工单位施工机械、安全设施的验收手续，并签署意见，未经安全监理人员签署认可的不得投入使用；

⑥对高危作业的关键工序实施现场跟班监督检查；

⑦监督检查施工现场、工棚、办公室的消防安全工作；

⑧监督施工单位和自身的安全台账管理和记录工作；

⑨督促施工单位对工人进行安全生产教育和分部分项工程的安全技术交底。

5. 安全检查制度

(1)每月进行一次安全、环保大检查，并做好记录。

(2)监督施工单位安全管理人员每日进行巡查，发现问题及时整改。

(3)发现违章、违纪问题以书面形式指令施工单位整改。

(4)发现安全、环保隐患及时以书面形式指令施工单位整改。

6. 安全记录

(1)定期检查驻地办及施工单位安全记录、台账、资料、报表等是否齐全、完整、真实。

(2)安全事故坚持“四不放过”的原则处理，及时报告。

(3)按工作规则进行竞赛、评比、总结。

(4)对未按规定施工，导致施工现场存在有事故隐患的施工单位，要求其限期整改，到期未整改的，令其暂停施工，并上报指挥部进一步处理。

总之，在本工程施工生产过程中，驻地办应充分发挥监理人员与施工人员的积极性，落实安全生产的各项规章制度，采取行之有效的安全管理办法，坚定不移地把安全生产的各项措施落到实处，确保本工程安全生产总目标的顺利实现。

3.5.2 安全生产管理体系

安全生产管理体系如图 3.5.2 所示。

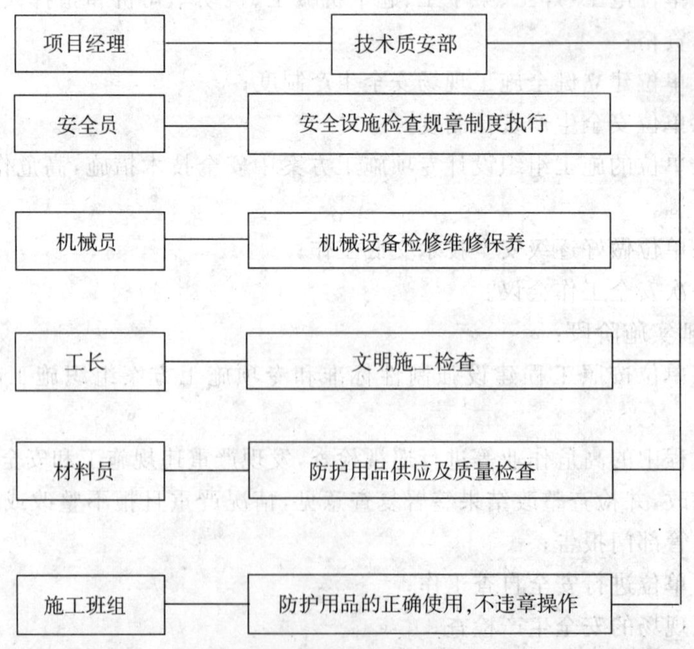

图 3.5.2 安全生产管理体系图

3.5.3　安全生产的管理措施

3.5.3.1　建立健全安全生产管理体系、落实安全生产责任制

1. 按合同拟建立工程安全生产保证体系，成立以项目经理为组长的安全生产领导小组，全面负责并领导本项目的安全生产工作。

2. 实行安全生产三级管理，即一级管理由项目经理负责，项目经理是施工项目安全管理第一责任人；二级管理由项目部安全检查工程师和专职安全员负责；三级管理由施工作业队班组长和专职安全员负责。

3. 按照颁布的《安全生产责任制》要求，落实各级管理人员和操作人员的安全生产负责制，全员承担安全生产责任，做到纵向到底，横向到边，一环不漏，人人做好本岗位的安全工作。

4. 工程开工前由项目经理部组织有关人员，编制实施性安全施工组织设计，对土方开挖、管道吊装、软基础处理、砼结构施工、机械操作、土方回填等作业项目，实施专项安全措施设计，确保施工安全。

5. 实行逐级安全技术交底制，由项目经理部组织有关人员进行详细的安全技术交底，凡参加安全技术交底的人员要履行签字手续，并保存资料，项目经理部专职安全员对安全技术措施的执行情况进行监督检查，并作好记录。

6. 加强施工现场教育：

(1)针对本工程特点，对所有从事管理和生产的人员，施工前进行全面的安全教育，重点对专职安全员、班组长、从事特殊作业的起重工、电工、焊接工、机械工、机动车辆驾驶员等进行培训教育。

(2)未经安全教育的施工管理人员和生产人员不准上岗，未进行三级教育的新工人不准上岗，变换工种或采用新技术、新工艺、新材料而没有进行培训的人员不准上岗。

(3)特殊工种的操作人员的安全教育、考核、复验，须严格按照《特殊作业人员安全技术考核管理规定》进行考核，合格且获得操作证者方能持证上岗，对已取得上岗证的特种作业人员要进行登记，按期复审，并要设专人管理。

(4)通过安全教育，增强职工安全意识，树立“安全第一，预防为主”的思想，并提高职工遵守施工安全纪律的自觉性，认真执行安全检查操作规程，做到：不违章指挥，不违章操作，不伤害自己，不伤害他人，不被他人伤害，达到提高职工整体安全防护意识和自我保护能力。

7. 认真执行安全检查制度。项目经理部要保证安全检查制度的落实，规定定期检查日期、参加检查人员，项目经理部每周进行一次，作业班组每天进行一次，作定期检查。根据工程情况，如施工准备前、施工危险性大、采取新工艺、季节性变化、节假日前后等要进行检查，并要有项目部领导值班。对检查中发现的安全问题，按照“三不放过”的原则立即制定整改措施，定人限期进行整改，保证“管生产必须管安全”的原则得到落实。

3.5.3.2　主要施工项目安全技术措施

1. 施工现场安全技术措施

(1)所有工程在开工前必须编制有安全措施的施工组织设计，技术复杂的专题方案必须严格审核批准手续、程序。

(2)施工现场的布置须符合防火、防爆、防雷电等规定和文明施工的要求，施工现场的生

产、生活、办公用房、仓库、材料堆放点、停车场须按批准的总平面布置图进行布置。

(3)施工现场除应设置安全宣传标语牌外，施工道路应平整、坚实、畅通，危险地点挂GB2893—82《安全色》和GB2894—82《安全标志》规定的标牌，夜间有人经过的施工区等还应设红灯示警。

(4)现场的生产、生活区要设足够的消防水源和消防器材，消防器材须有专人管理，不准乱拿乱动，并且消防器材要定期检查，所有施工人员和管理人员必须熟悉并掌握消防设备的性能和使用方法。

(5)各类房屋、库棚、料场等消防安全应符合公安部门的规定，室内不准堆放易燃品。严禁在易燃、易爆物品的附近吸烟，现场的易燃杂物应随时清除，严禁在有火种的场所或近旁堆放。

(6)氧气瓶不得沾染油脂，乙炔发生器必须有防止回火安全装置，氧气与乙炔发生器要隔离存放。

(7)施工现场临时用电要有方案设计，应按《施工现场临时用电安全技术规范》JGJ46—88的要求进行设计、施工，验收和检查。临时用电还要有安全技术交底及验收表，健全安全用电管理制度和安全技术档案。

(8)施工现场应实施机械安全管理及安装验收制度，要按照规定的安全技术标准进行检测。所有操作人员要持证上岗，使用期间定机定人，保证设备完好率。

(9)必须抓好施工现场平面布置和场地设施管理，做到图物相符，井然有序，此外还应做好环保、消防、材料、卫生、设备等文明施工管理工作。

(10)预防台风、暴雨事故，在台风、暴雨到来之前应对临时建筑物进行加固处理，作好防台、防洪措施。

2. 工程施工安全控制措施

(1)土方开挖及外运安全措施：

①开工前应根据国家和上级部门的有关规定，按照施工组织设计确定施工方案、方法和总平面布置图，制定行之有效的安全技术措施，并逐级向施工人员交底，确保实施。

②施工中应加强技术管理，严格控制施工质量，合理组织施工程序，及时采取安全措施，以避免那些由于人为不当而引起的安全事故。

③在开挖过程中，发现有地下水时，应设法将水排除后再行开挖；如发现边坡有不稳定现象时，应立即进行安全检查和处理。

④做好雨季的基槽保护措施，并作经常性的检查，以确保基槽外的水不流入基槽内，并在集水井位置设抽水机，确保沟槽不积水。

(2)浇筑砼施工安全措施。砼浇筑时应加强振捣，防止出现质量事故，并由专人负责模板加固工作，防止发生跑模和爆模事故。

(3)管道制作安全装措施：

①管道制作安装采用气割和焊接时，必须确保乙炔和氧气瓶之间的距离在5 m以上，并要清除工作面及周围易燃易爆物品，采用防火措施，严防火灾事故的发生。

②必须使用有上岗证的气、电焊工进行气、电焊的施工作业，严禁无上岗证的人员进行特种作业。

③当需要进行高空作业时，操作人员必须系好安全带，并要有牢固的吊点。

④管道吊装时，钢丝绳的安全系数应大于10，禁止使用麻绳作吊绳，必须要有专人负责指挥施工，同时对施工的安全负责。

⑤钢管吊装对缝时，严禁将头、手、脚伸入或扒在钢管口上，以防轧挤伤。压力钢管上临时焊接的脚踏板、挡板、压码、支撑架、扶手、栏杆、吊耳等，焊后必须认真检查，确认牢固后方可使用。

3. 施工现场各工种安全作业措施

(1)木工：

①不得使用不合格的模板、杆件、连接件和支撑件；

②按支模工序进行，立模未连接固定前，应设临时支撑以防模板倾倒；

③模板必须架设稳固，连接可靠；

④拆除模板的时间应经施工技术人员同意；

⑤拆模应按顺序分段进行，严禁猛撬，硬砸或大面积撬落和拉倒；

⑥拆下的模板应及时运出集中堆放，防止钉子扎脚。

(2)钢筋工：

①展开盘圆钢筋要一头卡牢，防止回弹；

②拉直钢筋时的卡头要卡牢，地锚要稳固，拉筋沿线的2 m宽区域内禁止人员通过；

③采用绞磨时，不准用胸、肚接触推杠，并缓慢松开，不得一次松开；

④钢筋堆放应分散、规整摆放，避免乱堆和叠压；

⑤高大钢筋骨架应设临时支撑固定，以防倾倒；

⑥使用切断机断料时不能超过机械的负载能力，在活动刀片前进时禁止送料，手与刀口的距离不得少于15 cm；

⑦使用除锈机除锈时应戴口罩和手套，带钩的钢筋禁止上机除锈；

⑧上机弯曲长钢筋时，应有专人扶住并站于弯曲方向的外面，调头弯曲时，防止碰撞人和物；

⑨调直钢筋时，在机器运转中不得调整滚筒，严禁戴手套操作，调直到末端时，人员必须躲开，以防钢筋甩动伤人。

(3)混凝土工：

①有倾倒掉落危险的浇筑作业应采取相应防护措施；

②使用震动器时应穿胶鞋，湿手不得接触开关，电源线不得有破皮漏电；

③震动中发现模板撑胀、变形时应立即停止作业，并进行处理。

4. 施工现场各种机械安全使用措施

(1)木工机械作业规定如下：

①木工机械作业的一般规定

Ⅰ. 工作场地应备有齐全可靠的消防器材，不得存放油、棉纱等易燃品，严禁烟火；

Ⅱ. 机械安全防护装置安全可靠，各部连接紧固，工作台上不得放置杂物；

Ⅲ. 机械高速转动部件安全可靠，刀具不得有裂纹破损；

Ⅳ. 严禁在机械运转中测量工件尺寸和清理木粉、刨花、杂物；

Ⅴ. 运转中不准跨过机械传动部件传递工件、工具等，排除故障、拆装刀具时，必须待机械停稳后，切断电源，方可进行。

②圆盘锯

Ⅰ. 锯片上方必须安装保险挡板和滴水装置；

Ⅱ. 锯片不得连续缺齿 2 个，裂纹长度不得超过 20 mm，裂纹末端应有止裂孔；

Ⅲ. 夹持锯片的法兰盘直径应为锯片直径的四分之一，被锯木料的厚度应以锯片能露出木料 10～20 mm 为限。

(2)钢筋加工机械包括钢筋调直切断机、钢筋切断机、钢筋弯曲机。

①钢筋调直切断机：

Ⅰ. 在调直块未固定、防护罩未盖好前不得送料，作业中严禁打开各部防护罩及调整间隙；

Ⅱ. 钢筋送入后，手不得接近曳轮，必须保持一定距离；

Ⅲ. 送料前，应将不直的料头切去；

②钢筋切断机：

Ⅰ. 接送料台应和切刀下部保持水平；

Ⅱ. 机械未达到正常转速时不得切料；

Ⅲ. 不得剪切直径和强度超过机械铭牌规定的钢筋和烧红的钢筋；

Ⅳ. 一次切断多根钢筋时，其总截面积应在规定的范围之内；

Ⅴ. 剪切低合金钢筋时，应换用高硬度切刀；

Ⅵ. 切断短料时，手和切刀之间应保持 150 mm 以上，手握端小于 400 mm 时，应使用套管或夹具；

Ⅶ. 严禁用手直接清除刀片附近的断头和杂物，非操作人员不得在钢筋摆动范围和切刀附近停留；

Ⅷ. 发现机械运转不正常、有异响或切刀歪斜等情况时，应立即停机修理。

③钢筋弯曲机：

Ⅰ. 工作台和弯曲机台面应保持平直；

Ⅱ. 芯轴的直径应为钢筋的 5 倍；

Ⅲ. 弯曲钢筋时，严禁超过规定的钢筋直径、根数和机械转速，作业中严禁进行更换芯轴、销子和变换角度、调速等作业，也不得加油和清扫；

Ⅳ. 严禁在弯曲钢筋的作业半径内和机身不设固定销的一侧站人。

(3)混凝土和砂浆机械作业规定如下：

①混凝土机械作业的一般规定

Ⅰ. 作业现场应有良好的排水条件，机棚应有良好的通风防雨、防冻条件，并不得积水；

Ⅱ. 固定式机械应有可靠的基础，移动式机械应在平坦坚硬的地坪上用方木或撑架架牢，并保持水平；

Ⅲ. 作业后，应将设备内存料和积水放尽，清洁保养机械，清理场地，切断电源和锁好闸箱；

Ⅳ. 轮胎式机械转移时的拖行速度不得超过 15 km/h。

②混凝土振捣器

Ⅰ. 插入式振捣器软轴的弯曲半径不得小于 60 cm，不得用手硬插、斜插或使用钢筋夹住棒头，也不得全部插入混凝土中；

Ⅱ. 平板振捣器的电源线必须固定在平板上,开关装在把手上,拉绳应干燥绝缘;

Ⅲ. 操作人员必须穿戴绝缘胶靴和绝缘手套。

3.5.4 安全施工保证措施

严格执行"安全第一,预防为主",搞好安全预防工作是安全工作成败的关键。若工程位于某化工专区内,安全要求更高,安全防护范围很广,涉及现场交通、安全防护、现场安全用电防护、机械安全防护、施工人员安全防护、行人安全防护等。

3.5.4.1 现场交通、安全防护

工程施工期间应保持原有道路的交通通行能力,在施工路段,做好交通指示和警示标志,确保车辆、行人安全通行(详见现场交通组织及管理措施)。

制订安全行车规章制度,搞好汽车、机械维修保养,使之保持良好的运行状态。便道出入口设置醒目的交通标志,防止事故发生。

3.5.4.2 现场安全用电

主线执行三相五线制,其具体措施如下:

1. 按总平面布置设置一个总配电站;

2. 现场施工用电原则执行一机、一闸、一漏电保护的"三级"保护措施,其电箱设门、设锁、编号,注明负责人;

3. 机械设备必须执行工作接地和重复接地的保护措施;

4. 电箱内所配置的电闸、漏电保护器、熔丝荷载必须与设备额定电流相等,不使用偏大或偏小额定电流的电熔丝,严禁用金属丝代替熔丝。

5. 现场电工必须是经过培训,考核合格,持证上岗。

3.5.4.3 机械安全防护

1. 保证机械护罩完善和电机无问题的前提下,还要有对机械接零和重复接地,接地电阻不大于4Ω;

2. 机械操作人员必须经过培训,考核合格,持证上岗;

3. 各种机械要定期维修保养,做到自检、自修、自维有记录;

4. 施工现场各种机械要挂安全技术操作规程牌;

5. 各种起重机械和垂直运输机械在吊运物料时,现场要设人值班和指挥;

6. 严格酒后作业,运输车辆严禁超载.超员行驶;

7. 机械设备应有安全停放场地。

8. 各种运输车辆在未竣路面行驶,最大时速不得超过40 km。

3.5.4.4 施工人员安全防护

组织措施项目部设安全管理部门,工程队设专职安技员,施工班组设兼职安全员,建立健全各项施工安全制度,认真贯彻安全生产必须安全的原则,保证经常性的安全检查,发现事故隐患及时处理。

1. 参加施工的人员要经过安全培训,并经考核合格持证上岗。

2. 施工人员必须遵守现场纪律和国家法令、法规、规定的要求,服从项目经理部的综合管理。

3. 施工人员开始作业前,必须先检查是否正确使用"三宝",防护是否稳妥后,方可开始

作业。

4. 施工现场设医务室，派驻医生一名，对员工疾病进行医治和疾病预防工作。

5. 施工作业面在夜间施工时应有足够的照明，确保夜间施工人员的安全。

6. 夜间施工执行申请审批制，未经批准不准夜间施工。

7. 加强现场管理，做到文明施工，快而有序，忙而不乱。

3.5.4.5　行人安全防护

1. 依据设计图设计的护栏按交通组织及管理方案设置行人专用通道，并设置统一的交通指示和警示标志。

2. 施工作业区严格封闭，安排专人负责指挥行人及行车的交通管理。

3. 严格按交通组织及管理方案实施。

3.5.4.6　施工现场防火措施

1. 项目建立防火责任制，职责明确；

2. 按规定建立义务消防队，有专人负责，制订教育训练计划和管理办法；

3. 重点防火部位必须建立有关规定，有专人管理落实责任，设置警告标志，配置相应的消防器材；

4. 建立用火审批制度，按规定划分级别，明确审批手续，并有监护措施；

5. 木工、办公室及工人宿舍、食堂等处应设有常规消防器材；

6. 焊割作业应严格执行"十不烧"及压力容器使用规定。

3.5.4.7　安全检查

1. 班组每天进行班前活动，由班长或安全员传达工长安全技术交底，并检查当天工作环境，做到当时检查当时记录。

2. 质安部专职安全员带队每星期一组织本项目安全生产的检查，记录问题，落实责任人，签发整改通知，落实整改时间，定期复查，对未及时完成整改的人和事，严格按本企业安全奖惩条例执行。

3. 每月一次进行项目安全大检查。发现问题，提出整改意见，发出整改通知单，由项目经理签收，并布置落实整改人、措施、时间。如经复查未完成整改，将对项目经理及有关责任人进行处罚。

4. 对有关部门到项目随机抽查发现的问题，由项目质安部监督落实整改。

【实践练习】　本工程地点位于×××公路段（39K＋800——48K＋100）。工程范围：全长 8.3 km，设计技术标准为山岭重丘四级公路，路基宽 5.5 m，路面宽 4.5 m，水泥砼路面。

公路路线等级采用部颁四级公路标准，设计行车速度 20 km/h，桥涵设计荷载为公路二级。设计交通等级为轻型，设计年限为 15 年。本合同段工程位于乡村公路段，为原村 X143 道泥结路面。本合同段施工地区属亚热带海洋性季风气候，温暖潮湿，每年 4 月～9 月为汛期，降水量占全年的 70 %～77 %。

结合实践练习的工程案例，编写适应该工程的安全监理细则。

【思考题】

1. 制定安全生产计划的必要性。
2. 水泥混凝土道路工程安全生产管理措施主要包括哪些内容？

学习情境3.6 合同争议

【情境描述】 在本项目中，项目业主和施工单位在合同中约定依照合同约定：工程竣工后施工单位应及时向业主提交有关竣工资料，若工程验收合格，县村村通水泥路工程指挥部按规定拨付资金，项目业主与施工单位按合同要求结算施工款项(质量保留金除外)；存在质量缺陷的，由施工单位负责无条件返工或缺陷修补后再行验收；存在严重质量问题的，县村村通水泥路工程指挥部不予验收，不予结算。此村村通水泥路工程完工后，施工单位按合同约定及时向业主提交了竣工验收报告，工程经验收合格，但项目业主并未依照合同约定的期限内支付工程结算价款。

【情境剖析】 本情境牵涉业主并未依照合同约定及时支付工程结算价款引起合同纠纷的问题；涉及合同争议的解决方法，选择那种方式去解决合同争议等问题。

【工作任务】 本情境的工作任务如表3.6.1所示。

表3.6.1 工作任务表

能力目标	主讲内容	学生完成任务	评价标准	
掌握解决合同争议的方法	解决合同争议的方法	分组讨论本情境合同争议的解决方式并模拟仲裁庭解决	优秀	熟练掌握解决合同争议的方法
			良好	掌握解决合同争议的方法
			合格	熟悉解决合同争议的方法

3.6.1 解决合同争议的方法

合同争议也称合同纠纷，是指合同当事人对合同规定的权利和义务产生了不同的理解。合同争议的解决方式有和解、调解、仲裁、诉讼四种，在这四种解决争议的方式中，和解和调解的结果没有强制执行的法律效力，要靠当事人自觉履行。当然，这里所说的和解和调解是狭义的，不包括仲裁和诉讼程序中在仲裁庭和法院的主持下的和解和调解。这两种情况下的和解和调解属于法定程序，其解决方法仍有强制执行的法律效力。

1. 和解

和解是指合同纠纷当事人在自愿友好的基础上，互相沟通、互相谅解，从而解决纠纷的一种方式。

合同发生纠纷时，当事人应首先考虑通过和解解决纠纷。事实上，在合同的履行过程中，绝大多数纠纷都可以通过和解解决。合同纠纷和解解决有以下优点：

(1)简便易行，能经济、及时地解决纠纷；

(2)有利于维护合同双方的友好合作关系，使合同能更好地得到履行；

(3)有利于和解协议的执行。

2. 调解

调解是指合同当事人对合同所约定的权利、义务发生争议，不能达成和解协议时，在经济合同管理机关或有关机关、团体等的主持下，通过对当事人进行说服教育，促使双方互相做出适当的让步，平息争端，自愿达成协议，以求解决经济合同纠纷的方法。

合同纠纷的调解往往是当事人经过和解仍不能解决纠纷后采取的方式，因此与和解相比，它面临的纠纷要大一些。与诉讼、仲裁相比，仍具有与和解相似的优点，能够较经济、及时地解决纠纷，有利于消除合同当事人的对立情绪，维护双方的长期合作关系。

3. 仲裁

仲裁亦称“公断”，是当事人双方在争议发生前或争议发生后达成协议，自愿将争议交给第三者作出裁决，并负有自动履行义务的一种解决争议的方式。这种争议解决方式必须是自愿的，因此必须有仲裁协议。如果当事人之间有仲裁协议，争议发生后又无法通过和解和调解解决，则应及时将争议提交仲裁机构仲裁。

4. 诉讼

诉讼是指合同当事人依法请求人民法院行使审判权，审理双方之间发生的合同争议，作出有国家强制保证实现其合法权益、从而解决纠纷的审判活动。合同双方当事人如果未约定仲裁协议，则只能以诉讼作为解决争议的最终方式。

3.6.2 仲裁

1. 仲裁的原则

(1)自愿原则。解决合同争议是否选择仲裁方式以及选择仲裁机构本身并无强制力，当事人采用仲裁方式解决纠纷，应当贯彻双方自愿原则，达成仲裁协议。如有一方不同意进行仲裁的，仲裁机构即无权受理合同纠纷。

(2)公平合理原则。仲裁的公平合理。是仲裁制度的生命力所在，这一原则要求仲裁机构要充分搜集证据，听取纠纷双方的意见。仲裁应当以事实为依据，同时，应当符合法律规定。

(3)仲裁依法独立进行原则。仲裁机构是独立的组织，相互间也无隶属关系。仲裁依法独立进行，不受行政机关、社会团体和个人的干涉。

(4)一裁终局原则。由于仲裁是当事人基于对仲裁机构的信任作出的选择，因此其裁决是立即生效的。裁决作出后，当事人就同一纠纷再申请仲裁或者向人民法院起诉的，仲裁委员会或者人民法院不予受理。

2. 仲裁委员会

仲裁委员会可以在直辖市和省、自治区人民政府所在地设立，也可以根据需要在其他市区设立，不按行政区划层层设立。

仲裁委员会由主任 1 人、副主任 2 至 4 人和委员 7 至 11 人组成，仲裁委员会应当从公道正派的人员中聘任仲裁员。

仲裁委员会独立于行政机关，与行政机关没有隶属关系，仲裁委员会之间也没有隶属关系。

3. 仲裁协议

(1)仲裁协议的内容。仲裁协议是纠纷当事人愿意将纠纷提交仲裁机构仲裁的协议，它应包括以下内容：

①仲裁的意思表达；

②仲裁事项；

③仲裁委员会。

在以上3项内容中，选定的仲裁委员会具有特别重要意义。因为仲裁没有法定管辖，如果当事人不约定明确的仲裁委员会，仲裁将无法操作，仲裁协议将是无效的。至于请求仲裁的意思表达和仲裁事项，则可以通过默示的方式来体现。可以认为在合同中选定仲裁委员会就是希望通过仲裁解决争议，同时，合同范围内的争议就是仲裁事项。

(2)仲裁协议的作用：

①当事人均受仲裁协议的约束；

②仲裁机构对纠纷进行仲裁的先决条件；

③了解法院对纠纷的管辖权；

④机构应按仲裁协议进行仲裁。

4. 仲裁庭的组成

(1)当事人约定由3名仲裁员组成仲裁庭。当事人如果约定由3名仲裁员组成仲裁庭，应当各自选定或者各自委托仲裁委员会主任指定1名仲裁员，第3名仲裁员由当事人共同选定，或者共同委托仲裁委员会主任指定，第3名仲裁员是首席仲裁员。

(2)当事人约定由1名仲裁员组成仲裁庭。仲裁庭也可以由1名仲裁员组成，当事人如果约定由1名仲裁员组成仲裁庭的，应当由当事人共同选定或者共同委托仲裁委员会主任指定仲裁员。

5. 开庭和裁决

(1)开庭。仲裁应当开庭进行，当事人协议不开庭的，仲裁庭可以根据仲裁申请书、答辩书以及其他材料作出裁决，仲裁不公开进行。当事人协议公开的，可以公开进行，但涉及国家秘密的除外。

申请人经书面通知，无正当理由不到庭或者未经仲裁庭许可中途退庭的，可以视为撤回仲裁申请。被申请人经书面通知，无正当理由不到庭或者未经仲裁庭许可中途退庭的，可以缺席裁决。

(2)证据。当事人应当对自己的主张提供证据，仲裁庭对专门性问题认为需要鉴定的，可以交由当事人约定的鉴定部门鉴定，也可以由仲裁庭指定的鉴定部门鉴定。根据当事人的请求或者仲裁庭的要求，鉴定部门应当派鉴定人参加开庭。当事人经仲裁庭许可，可以向鉴定人提问。

建设工程合同纠纷往往涉及工程质量、工程造价等专门性的问题，一般需要进行鉴定。

(3)辩论。当事人在仲裁过程中有权进行辩论，辩论终结时，首席仲裁员或者独任仲裁员应当征询当事人的最后意见。

(4)裁决。裁决应当按照多数仲裁员的意见作出，少数仲裁员的不同意见可以记入笔录。仲裁庭不能形成多数意见时，裁决应当按照首席仲裁员的意见作出。仲裁庭仲裁纠纷时，其中一部分事实已经清楚，可以就该部分先行裁决。

对裁决书中的文字、计算错误或者仲裁庭已经裁决，但在裁决书中遗漏的事项，仲裁庭应当补正，当事人自收到裁决书之日起30日内，可以请求仲裁补正。

裁决书自作出之日起发生法律效力。

6. 申请撤销裁决

当事人提出证据证明裁决有下列情形之一的，可以向仲裁委员会所在地的中级人民法院申请撤销裁决。

(1)没有仲裁协议的;

(2)裁决的事项不属于仲裁协议的范围,或者仲裁委员会无权仲裁的;

(3)仲裁庭的组成或者仲裁的程序违反法定程序的;

(4)裁决所根据的证据是伪造的;

(5)对方当事人隐瞒了足以影响公正裁决的证据的;

(6)仲裁员在仲裁该案时有索贿受贿、徇私舞弊、枉法裁决行为的。

人民法院经组成合议庭审查核实裁决有前款规定情形之一的,应当裁定撤销。当事人申请撤销裁决的,应当自收到裁决书之日起 6 个月内提出,人民法院应当在受理撤销裁决申请之日起 2 个月内作出撤销裁决或者驳回申请的裁定。

人民法院受理撤销裁决的申请后,认为可以由仲裁庭重新仲裁的,通知仲裁庭在一定期限内重新仲裁,并裁定中止撤销程序。仲裁庭拒绝重新仲裁的,人民法院应当裁定恢复撤销程序。

7. 执行

仲裁委员会的裁决作出后,当事人应当履行。由于仲裁委员会本身并无强制执行的权力,因此,当一方当事人不履行仲裁裁决时,另一方当事人可以依照《民事诉讼法》的有关规定向人民法院申请执行,接受申请的人民法院应当执行。

3.6.3 诉讼

如果当事人没有在合同中约定通过仲裁解决争议,则只能通过诉讼作为解决争议的最终方式。人民法院审理民事案件,依照法律规定实行合议、回避、公开审判和两审终审制度。

1. 建设工程合同纠纷的管辖

建设工程合同纠纷的管辖,既涉及级别管辖,也涉及地域管辖。

(1)级别管辖。级别管辖是指不同级别人民法院受理第一审建设工程合同纠纷的权限分工,一般情况下,基层人民法院管辖第一审民事案件。中级人民法院管辖重大涉外案件、在本辖区有重大影响的案件、最高人民法院确定由中级人民法院管辖的案件。在建设工程合同纠纷中,判断是否在本辖区有重大影响的依据,主要是合同争议的标的额。由于建设工程合同纠纷争议的标额较大,因此往往由中级人民法院受理一审诉讼,有时甚至由高级人民法院受理一审诉讼。

(2)地域管辖。地域管辖是指同级人民法院在受理第一审建设工程合同纠纷的权限分工。对于一般的合同争议,由被告住所地或合同履行地人民法院管辖。《民事诉讼法》也允许合同当事人在书面协议中,选择被告住所地、合同履行地、合同签订地、原告住所地、标的物所在地人民法院管辖。对于建设工程合同的纠纷一般都适用不动产所在地的专属管辖,由工程所在地人民法院管辖。

2. 诉讼中的证据

(1)书证;

(2)物证;

(3)视听资料;

(4)证人证言;

(5)当事人的陈述；

(6)鉴定结论；

(7)勘验笔录。

当事人对自己提出的主张，有责任提供证据。当事人及其诉讼代理人因客观原因不能自行收集的证据，或者人民法院认为审理案件需要的证据，人民法院应当调查收集。人民法院应当按照法定程序，全面地、客观地审查核实证据。

证据应当在法庭上出示，并由当事人互相质证。对涉及国家秘密、商业秘密和个人隐私的证据应当保密，需要在法庭出示的，不得在公开开庭时出示。经过法定程序公证证明的法律行为、法律事实和文书，人民法院应当作为认定事实的根据，但有相反证据足以推翻公证证明的除外。书证应当提交原件，物证应当提交原物，提交原件或者原物确有困难的，可以提交复制品、照片、副本、节录本。提交外文书证，必须附有中文译本。

人民法院对视听资料，应当辨别真伪，并结合本案的其他证据，审查确定能否作为认定事实的根据。

人民法院对专门性问题认为需要鉴定的，应当交由法定鉴定部门鉴定；没有法定鉴定部门的，由人民法院指定的鉴定部门鉴定。鉴定部门及其指定的鉴定人有权了解进行鉴定所需要的案件材料，必要时可以询问当事人、证人。鉴定部门和鉴定人应当提出书面鉴定结论，在鉴定书上签名或者盖章。与仲裁中的情况相似，建设工程合同纠纷往往涉及工程质量、工程造价等专门性的问题，在诉讼中一般也需要进行鉴定。

【应用案例 3.6.1】 若施工单位和开发商对于工期延长和变更价款未取得一致意见而形成合同争议，应如何解决？

【分析与解答】

若业主和承包商对于工期延长和变更价款未取得一致意见而形成合同争议，可通过以下途径解决：①协商和解；②有关部门调解解决；③按合同约定的仲裁条款申请仲裁；④向有管辖权的法院起诉。

【实践练习】 分组讨论合同争议的解决方式，模拟仲裁庭解决。

【思考题】

1. 解决合同争议的方法有哪些？
2. 仲裁的原则有哪些？
3. 仲裁庭如何组成？

学习情境 3.7　监理资料整理

【情境描述】 对于本项目，作为监理人员，应如何整理本工程的监理资料。

【情境剖析】 本情境涉及到监理资料归档整理的方法、档案的移交等知识。

【工作任务】 本情境的工作任务如表 3.7.1 所示。

表 3.7.1 工作任务表

能力目标	主讲内容	学生完成任务	评价标准	
进一步掌握监理资料的整理与移交	复习监理资料整理的方法,档案的移交	分组讨论本情境资料的整理与移交	优秀	熟练地对本情境需要整理与移交的资料进行总结
			良好	熟悉本情境需要整理与移交的资料,并进行总结
			合格	熟悉本情境需要整理与移交的资料

【实践练习】 学生复习并分组对本情境进行监理资料整理、移交与归档。

【思考题】

在项目监理部,对监理文件档案资料管理部门和实施人员的要求如何?

学习项目 4　沥青混凝土道路工程监理

【学习目标】 通过本学习项目的学习，进一步熟悉城镇建设工程的监理程序；掌握沥青混凝土道路工程的质量控制要点；进一步巩固工程的进度控制方法和控制程序；进一步巩固建筑工程的投资控制的工作流程和编制资金使用计划；掌握沥青混凝土道路工程的安全设施的监理要点；能进行道路工程的工程分包、工程变更、工程延期、费用索赔的管理等工作；进一步熟悉工程监理资料的搜集方法和整理方法。

【项目概述】 国道 107 线改建工程某标段长 10.78 km，其中新建段长 3.35 km，其余 7.43 km 沿老路加宽，部分路段截弯取直，路线穿过地带基本为黄河古道冲积扇平原组成，地势起伏较小，属平原微丘区，海拔高度一般为 98～101 m。所经地区属亚热带大陆气候区，气候干燥，四季分明，年平均气温 13 ℃，平均降水量 400 mm，年最大降水量为 1080 mm，6 月～8 月为雨季，占全年雨量的 51 %。根据施工图设计文件，通过现场核查，工程概况如下：

(1)公路技术等级。属于平原微丘区二级公路，计算行车速度为 80 km/h。

(2)路线。路段内共有 5 个转角点，平均 0.0464 个/km。平曲线最小半径 500 m，最大半径 5000 m。缓和曲线最小长度 70 m，反向曲线间直线最小长度 549.90 m，同向曲线间的最小直线长度 547.04 m，平曲线最小长度 221.96 m。平曲线的线形要素组合均为直线、回旋线、圆曲线、回旋线、直线顺序的基本形。

路段内共有 12 个变坡点，平均 1.21 个/km。最大纵坡 0.6 %，最小纵坡 0.3 %，最短坡长 300 m。凸形竖曲线最大半径 20000 m，凹形竖曲线最小半径 6000 m，竖曲线最小长度 120 m。全段内平纵线形组合有 4 处，均符合规范设计要求。

(3)路基和路面。宽度 17 m，路面宽度 15.0 m，两侧硬路肩 1.0 m。路面基层(自下而上)35 cm 水泥石灰稳定土，0.6 cm 乳化沥青稀浆封层，18 cm 水泥稳定碎石。路面面层上面层为 3 cm 细粒粒式沥青混凝土，下面层为 4 cm 中粒式沥青碎石。

(4)主要工程数量。本标段路基土方 185350 m^3，沥青路面 161640 m^2，水泥稳定碎石基层 180759 m^2，水泥石灰稳定士底基层 17012 m^2，预应力空心板钻孔灌注桩中桥 3 座，涵洞 24 道，平面交叉 17 处。其中，公路与公路交叉 3 处，全路与大道交叉 14 处。

(5)工期。合同规定工期 2006 年 8 月 31 号开工，2008 年 3 月 1 号完工。

学习情境 4.1　沥青混凝土道路质量监理

【情境描述】 该工程为国道的一段改建工程，属于平原微丘区二级公路，沥青混凝土路面，所经地区属亚热带大陆气候区，气候干燥，针对这样的地区特点，在进行路基、路面的质量控制时，作为沥青混凝土道路应该针对沥青这种材料本身的特点来进行施工监理。

【情境剖析】 该情境涉及沥青混凝土前期以及施工过程中以沥青材料为中心展开各阶段的质量控制。

【工作任务】 本情境的工作任务如表 4.1.1 所示。

表 4.1.1 工作任务表

能力目标	主讲内容	学生完成任务	评价标准	
了解沥青材料的特点,掌握施工前期的质量控制	沥青道路施工前的质量控制	学生掌握沥青道路施工前要进行哪些质量控制	优秀	掌握沥青材料的特点,掌握施工前期的质量控制
			良好	了解沥青材料的特点,掌握施工前期的质量控制
			合格	掌握施工前期的质量控制
掌握沥青路面施工中的质量监理	沥青路面施工过程中的质量监理	学生掌握沥青道路施工过程中要进行哪些质量控制	优秀	熟练掌握沥青路面施工中的质量监理
			良好	掌握沥青路面施工中的质量监理
			合格	基本掌握沥青路面施工中的质量监理

随着高等级公路建设的发展,沥青混凝土路面占有越来越大的比例,沥青混凝土施工也逐步引起了广泛关注。但随着不断发展,也暴露出了一些缺陷。这主要表现在越来越多的超重车辆给沥青路面带来了严重的早期质量破坏,同时气温的影响或施工的不规范,从而导致沥青混凝土路面被破坏,使用寿命减短。因此,作为路面工程最后的结构层,直接承受行车荷载的作用,要求该层必须具有足够的强度、稳定性、平整度、抗滑性和尽可能低的扬尘性。针对这些要求,在沥青混凝土路面施工中,从材料、配合比、施工工艺、机械设备上都要加以严格控制。

4.1.1 沥青混凝土路施工前期的质量控制

1. 原材料的质量控制

原材料的质量是影响沥青混凝土路面质量的根本因素,在沥青混凝土路面工程施工的准备阶段,必须对原材料的质量进行严格控制。对选定的石料、矿粉、沥青按照规范进行质量检查,对于不合格的原材料坚决不允许使用,沥青混合料的配合比设计应遵循现行规范的有关规定执行。而对沥青混合料的配合比设计必须进行同步验证,其配合比设计一经确认便不得随意更改,严格按照沥青混合料配合比设计确定石料、油石比、级配生产施工。

2. 基层表面的清理与检查

路面基层的平整度对沥青混凝土的质量影响很大,因此必须严格按照施工规范进行检查验收,对出现的问题进行认真处理。

(1)将路面基层的浮土、浮灰、浮沙清除干净;

(2)如发现基层有松散、坑塘等稳定性差、强度低的损害时,应对基层及时进行处理,否则会产生不均匀沉降,影响路面平整度,甚至产生沥青路面早期破坏;

(3)基层表面平整度较差时,在路面施工以前,应用沥青混合料进行找补。

3. 沥青下承层的质量检验

按公路工程质量检验评定标准，对下承层的外观与内在质量进行全面检查，对局部缺陷（如严重离析、开裂等），应按规定修复补救，并将缺陷及修复情况整理存档备案。

4. 试铺段的施工

工程在进行施工之前，使用了正常施工所需采用的全部设备，按照技术规范要求，在严密的监督和质量控制下进行试铺，试铺段长度 200～500 m。

4.1.2　沥青混凝土道路施工中的质量控制

1. 沥青混合料拌制

沥青混凝土混合料的拌和质量是影响沥青混凝土路面的一个重要因素，如果沥青混凝土混合料级配不好、沥青用量偏高或偏低、拌和不均匀、拌和温度控制不准等原因，都将影响沥青混合料的摊铺效果，从而影响沥青路面的质量。

(1)对沥青混凝土拌和机进行调试和维修保养，使沥青混凝土拌和机始终处于良好状态。

(2)调整热料仓的比例，确保热料仓的比例符合规范级配要求。

(3)控制沥青用量，使沥青用量符合技术规范要求。

(4)保证拌和时间，沥青混合料拌和时间以混合料拌和均匀、所有矿料颗粒全部裹覆沥青结合料为准，所拌和的沥青混合料应均匀一致、无花白料、无结团成块或严重的粗细料分离现象。

(5)控制拌和温度，防止沥青与矿料加热温度过高，影响沥青与料的粘结力。在拌制过程中应要求用多种温度计测试温度以及校验温控系统中温度传感器的准确性，控制拌和时沥青的温度在 160～170 ℃，矿料的进料温度控制在 175～190 ℃，混合料出厂温度以 155～170 ℃为宜。SMA 使用了 SBS 改性沥青，拌和温度比拌普通沥青混合料提高了 10～20 ℃。沥青加热温度控制在 170～180 ℃；矿料加热温度在 185～195 ℃；混合料出料温度控制在 170～185 ℃（实际施工时的温度范围），当混合料温度超过 195 ℃时，予以废弃。

2. 沥青混合料运输

沥青混凝土运输采用自卸汽车，运输车装料前必须将车厢清理干净，车厢底板及周壁要涂一薄层防粘液，防止混合料粘连。装好料的汽车要用保温布覆盖，然后可以出厂。运输时间一般不得大于 1h。在运输过程中，为了确保摊铺温度，所有沥青混合料的运输车辆都用油布覆盖。倒车卸料时，要避免汽车撞击摊铺机，指定专人指挥车辆，在摊铺机前 10～30 cm 处停车，卸料过程中应挂空挡靠摊铺机推动前进。

3. 沥青混合料摊铺

(1)通过试验路的施工确定松铺系数，按松铺系数确定摊铺厚度，并准备一块与其等厚的长条木板，垫于熨平板下作为摊铺机起步用。

(2)摊铺前熨平板要进行充分的预热，一般预热 30 min 以上，并用最近到的 3 车料先行摊铺，以避免熨平板粘料，拉裂摊铺表面使材料产生堆移松散，影响平整度。

(3)根据拌和机的产量、施工机械配套情况及摊铺层厚度、宽度确定摊铺速度，使沥青混合料缓慢、均匀、连续不间断地摊铺，以提高平整度。

(4)在摊铺过程中应尽量避免停机，如遇特殊情况必须停机时，停顿时间超过 30 min 或混合料温度低于 100 ℃时,要按照冷接缝的方法重新设置横缝。为减少施工横缝,应保证每层每天至少摊铺 1 km。

(5)在摊铺过程中,摊铺机以试铺确定的摊铺速度,振动、振捣频率匀速前进,严禁中途变速或停顿,机械摊铺过程中,不得用人工反复修整。运料车应在摊铺机前 10～30 cm 处停住,并挂空挡,依靠摊铺机推动缓慢前进,严禁运料车撞击摊铺机。

(6)派专人负责清扫洒落的粒料,摊铺遇雨时,应立即停止施工,并在雨后清除未压实成型的混合料。

4. 沥青混合料的压实成型

摊铺成型后及时进行碾压,有局部离析及边缘不规则时要进行人工修补。沥青混合料压实以试铺段确定的碾压组合和速度,紧接摊铺后进行,一般沥青混凝土路面采用钢轮压路机和轮胎压路机联合作业完成压实工作。碾压分段进行,分段长度控制在 30～50 m 之间,即一段初压,二段复压,三段终压。

(1)初压。第一阶段初压习惯上常称作稳压阶段。由于沥青混合料在摊铺机的熨平板前已经初步夯击压实,而且刚摊铺成的混合料的温度较高,因此只要用较小的压实力就可以达到较好的稳定压实效果。通常用 6～8 t 的双轮振动压路机以 2 km/h 左右速度进行碾压 2～3 遍,初压温度定为 110～140 ℃(SMA 初压温度不低于 150 ℃)。碾压机驱动轮压匀速前进,后退时沿前进碾压时的轮迹行驶进行振动碾压,也可以用组合式钢轮-轮胎(四个等间距的宽轮胎)压路机(钢轮接近摊铺机)进行初压。前进时静压匀速碾压,后退时沿前进碾压时的轮迹行驶并振动碾压,初压后的沥青混凝土面层不得产生推移、开裂现象。

(2)复压。第二阶段复压是主要压实阶段,在此阶段至少要达到规定的压实度,因此,复压应该在较高温度下并紧跟在初压后面进行。复压期间的温度不应低于 100～110 ℃,通常用双轮振动压路机(用振动压实)或重型静力双轮压路机和 16 t 以上的轮胎压路机同进先后进行碾压,也可以用组合式钢轮-轮胎压路机与振动压路机和轮胎压路机一起进行碾压。碾压遍数参照铺筑试验段时所得的碾压遍数确定,通常不少于 8 遍,碾压方式与初压相同,复压后的沥青混凝土面层表面要求无明显轮迹。

(3)终压。第三阶段终压是消除缺陷和保证面层有较好平整度的最后一步,由于终压要消除复压过程中表面遗留的不平整,因此,沥青混合料也需要有较高的温度。终压常使用静力双轮压路机,并应紧接在复压后进行。终压结束时的温度不应低于沥青面层施工规范中规定的 70 ℃,应尽可能在较高温度下结束终压。终压后要求表面平整、光洁,颜色均匀一致,无明显轮迹。对压路机无法压实的边缘及构造物接头处,应采用小型压路机或振动夯压实。施工过程中禁止对路缘石及硬化土路肩造成污染,胶轮压路机碾压时需距路缘石边缘 5 cm 左右。当天碾压的沥青混合料面层应封闭交通,不得停放任何机械设备或车辆,不得散落矿料、油料等杂物。碾压成型后表面有足够的构造深度,基本上不透水。

在施工现场,初压、复压和终压的压路机应各自在相互衔接的小段上碾压,并随摊铺速度依次向前推进。当然,实际碾压过程中压路机会超过复压与初压和终压复压的分界线。为使压路机驾驶员容易辨明自己应该碾压的路段,可用彩旗或其他标记物放在初压与复压和复压与终压的分界线上,并根据沥青混合料的温度和碾压遍数移动这些标记物,指挥驾驶员及时进入下一小段进行碾压。

(4)碾压规则。为保证各阶段的碾压作业始终在混合料处于稳定的状态下进行,碾压作业应由下而上(沿纵坡和横坡)进行,先静压后振动碾压。初压和终压使用双轮压路机,初压可使用组合式钢轮-轮胎压路机,复压使用振动压路机和轮胎压路机。碾压时驱动轮在前,从动轮在后,后退时沿前进碾压的轮迹行驶。压路机的碾压作业长度应与摊铺机的摊铺速度相平衡,随摊铺机向前推进,压路机折回去在同一断面上,呈阶梯形。当天碾压完成尚未冷却的沥青混凝土层面上不应停放一切施工设备(包括临时停放压路机),以免产生形变,压实成型的沥青面层完全冷却后才能开放交通。

(5)横向接缝的碾压。横向接缝的碾压是工序中的重要一环,碾压时,应先用双轮压路机进行横向(即垂直于路面中心线)碾压,需要时,摊铺层的外侧应放置供压路机行驶的垫木。碾压时压路机应位于已压实的混合料层上,伸入新铺混合料的宽度不超过 20 cm。接着每碾压一遍向新铺混合料移动约 20 cm,直到压路机全部在新铺面层上碾压为止,然后进行正常的纵向碾压。在相邻摊铺层已经成型必须施做冷纵向接缝时,可先用钢轮压路机沿纵横碾压一遍,在新铺层上的碾压宽度为 15～20 cm,然后再沿横向接缝进行横向碾压,横向碾压结束后进行正常的纵向碾压。

(6)纵向接缝的碾压。压路机先在已压实路面上行走,同时碾压新铺混合料 10～15 cm,然后碾压新铺混合料,同时跨过已压实路面 10～15 cm,将接缝碾压密实。

5. 沥青混凝土路面的缺陷处理

从使用效果来看,其缺陷主要表现为路面波浪、横缝跳车、密实度不够、局部推移、松散、隆起等。消除波浪的主要办法是调整好摊铺机的性能,同时要求沥青混合料要保持稳定的温度及级配。找平系统要处于良好状态,操作人员要随时检查,发现问题及时处理。横缝跳车主要是工艺上的问题,横缝在处理时要将已成型的路面切齐,并在接触面上浇洒粘层沥青。摊铺机在开铺前掌握好松铺系数,刚摊铺完要及时进行人工修补。碾压时先横向碾压,再纵向碾压,经过这样处理一般不会出现横缝。密实度不够的主要原因是油石比不准确,级配曲线中细料出线,压实遍数不够或压实机具偏轻造成的。局部推移、松散、隆起的主要原因是基层软弱、油石比偏大,压路机起、停车速度太快等因素。

6. 沥青混凝土路面的施工接缝质量控制

(1)纵向接缝。两条摊铺带相接处,必须有一部分搭接,才能保证该处与其他部分具有相同的厚度。搭接的宽度应前后一致,搭接施工有冷接茬和热接茬两种。

冷接茬施工是指新摊铺层与经过压实后的已铺层进行搭势头,半幅施工不能采用热接缝时宜加设挡板或采用切刀切齐。铺另半幅前必须将缝边缘清扫干净,并涂洒少量粘层沥青。摊铺时应重叠在已铺层 5～10 cm,摊铺后用人工将摊铺在前半幅上面的混合料铲走,然后进行碾压,并注意新摊铺带必须与前一条摊铺带动的松铺厚度要相同。

热接茬施工一般是在使用两台以上摊铺机梯队作业时采用的,此时两条毗邻摊铺带的混合料都还处于压实前的热状态,所以纵向接茬易于处理,且连接强度较好。施工时应将已铺混合料部分留下 10～20 cm 宽,暂不碾压,作为后摊铺部分的高程基准面,待后摊铺部分完成后,一起跨缝碾压。

不管采用冷接法还是热接法,摊铺带的边缘都必须齐整,这就要求机械在直线上或弯道上行驶始终保持正确位置。为此,可沿摊铺带一侧敷设一根导向线,并在机械上安置一根带链条的悬杆,驾驶员只要注视所悬链条对准导向线行驶即可。

(2)横向接缝。相邻两幅及上下层的横向接缝均应错位 1 m 以上,横向接缝有斜接缝和平接缝两种。高速公路、一级公路的中、下层的横向接缝可采用斜接缝，在上面层应采用垂直的平接缝，其他等级公路的各层均可采用斜接缝。铺筑接缝时，可以已压实部分上面铺一些热混合料使之预热软化，以加强新旧混合料的粘结。但在开始碾压前，应将预热用的混合料铲除。

斜接缝的搭接长度与层厚有关，一般为 0.4～0.8 m，搭接处应清扫干净并洒粘层油。当搭接处混合料中的粗集料颗粒超过压实层厚时应予剔除，并补上细料，斜接缝应充分压实并搭接平整。

对于横向接缝，应于接缝处起继续摊铺混合料前，用 3 m 直尺检查已铺路面端部平整度，不符合要求时应予以清除。在摊铺新混合料时应调整好预留高度，接缝摊铺层施工结束后再用 3 m 直尺检查平整度。对不符合要求者，应趁混合料尚未冷却时立即处理，以保证横向接缝处的路面平整度。

总之，在施工过程中要合理地进行人员、机械配置，严把材料质量关，在整个施工过程中抓住施工要点，对可能出现的问题进行严格的质量控制，重点控制好路面混凝土的拌和温度、摊铺温度及工艺技术、碾压以及在碾压过程中的平整度和压实度，保证各项技术指标均符合规定要求，使工程达到优良等级，更好地为社会服务。

【实践练习】 结合该工程的沥青道路特点，学生试分析针对该工程的路面质量监理重点要进行哪些质量控制。

【思考题】

1. 沥青混凝土道路施工前的治疗控制要点有哪些？
2. 沥青混凝土道路的质量控制要点有哪些？
3. 总结沥青混凝土道路与水泥混凝土道路质量控制有哪些不一样。

学习情境 4.2 沥青混凝土道路工程进度监理

【情境描述】 本工程业主与监理单位、施工单位分别签订了监理委托合同和施工合同，合同工期为 18 个月。在工程开工前，施工承包单位在合同约定的时间内向监理工程师提交了施工总进度计划，如图 4.2.1 所示。

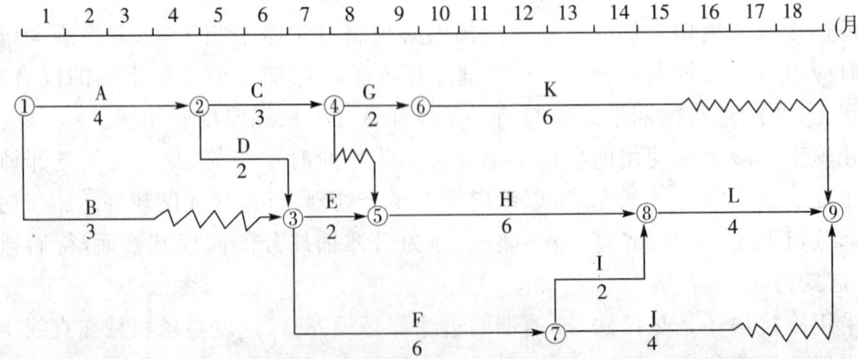

图 4.2.1　本工程报送的进度计划图

进度计划提交时间是否可行？进度是否满足工期要求？在工程进行的过程中，发生了

以下几件事:

(1)因业主要求需要修改设计,致使工作K停工等待图纸3.5个月;

(2)部分施工机械由于运输原因未能按时进场,致使工作H的实际进度拖后1个月;

(3)由于施工工艺不符合施工规范要求,发生质量事故而返工,致使工作F的实际进度拖后2个月。

承包单位在合同规定的有效期内提出工期延长3.5个月的要求,假如你是监理工程师,运用你所学知识,应批准工程延期多少时间?

【情境剖析】 本情境牵涉施工进度计划的报送时间、进度计划的审批、工期索赔计算等知识。

【工作任务】 本情境的工作任务如表4.2.1所示。

表4.2.1 工作任务表

能力目标	主讲内容	学生完成任务	评价标准	
工期的延期索赔计算	复习前锋线法和列表法,复习工期的延期索赔计算	完成本情境的工期延期计算	优秀	正确完成本工作的工期延期计算
			良好	较正确完成本工作的工期延期计算
			合格	能用一种方法完成工期延期计算
进度计划的提交与进度计划的审批	复习进度计划的提交与进度计划的审批	完成本情境的进度计划的审批	优秀	熟练完成本情境的季度计划审批
			良好	正确完成本情境的季度计划审批
			合格	较正确完成本情境的季度计划审批

【实践练习】 根据情景资料,运用所学知识,判断进度计划提交时间是否可行?进度是否满足要求?用前锋线法和列表法分别分析工程实际进度与计划进度,确定批准延期多长时间?

【思考题】

1. 总结进度控制的方法。
2. 总结进度控制监测的方法。
3. 总结进度控制调整的方法。

学习情境4.3 沥青混凝土道路工程费用监理

【情境描述】 某城市道路综合改建工程位于城乡结合部,是城市主干道。该项目包含道路、雨水、污水、热力、电力、电信、燃气及交通设施等配套工程。其中道路工程全长1.8 km,为三幅路形式,其结构为:4 cm改性沥青混合料AC—13表面层;5 cm中粒式沥青混凝土AC—201中间层;6 cm粗粒式沥青混凝土AC—251底面层;48 cm石灰粉煤灰稳定碎石基层;15 cm石灰土底基层。工程周围有新建居民区。在工程施工过程中有如下情况发生:

(1)在土方开挖时施工单位挖断了原有的自来水主管道,造成附近的居民停水24小时,造成直接损失10万元;

(2)在铺设主干道前,设计单位要求按原结构设计试铺 500 m 进行高温车辙试验,检验抗车辙能力,结果发现原结构设计不满足抗车辙能力,设计单位变更结构图。原 48 cm 石灰粉煤灰稳定碎石基层改为 48 cm 素混凝土基层,原 4 cm 改性沥青混合料 AC—13 表面层改为 5 cm 改性沥青混合料 AC—13 表面层。

在施工过程中,对于发生这样的变更,你作为监理如何处理经济费用变更问题?

【情境剖析】 本情境牵涉施工过程中责任划分索赔问题、设计变更经济签证问题等知识。

【工作任务】 本情境的工作任务如表 4.3.1 所示。

表 4.3.1 工作任务表

能力目标	主讲内容	学生完成任务	评价标准	
正确确定施工各方责任划分	复习工程施工各方责任的划分	分清工程施工各方责任的划分	优秀	熟练分清工程施工各方责任的划分
			良好	会分清工程施工各方责任的划分
			合格	了解工程施工各方责任的划分
熟练把握设计变更经济签证	复习哪些变更属于设计变更方面	牢固把握本情景的设计变更问题	优秀	熟练把握设计变更经济签证
			良好	正确完成本情境的设计变更经济签证
			合格	了解本情境的设计变更经济签证

【实践练习】 根据情景资料,运用所学知识,解决下列问题:

① 情况发生(1)中,造成附近的居民停水 24 小时,造成直接损失 10 万元,是谁的责任?

② 情况发生(2)中,你作为监理应如何处理?

【思考题】

1. 在施工过程中,建设单位和设计单位的责任有哪些?
2. 在施工过程中,监理单位的责任有哪些?

学习情境 4.4 沥青混凝土道路安全监理细则

【情境描述】 某道路沥青路面工程,支路 1 路面长 491.97 m,路幅宽 16 m;支路 2 路面长 308.22 m,路幅宽 16 m。道路设计面层采用沥青混凝土路面,厚度为 7 cm,分两层施工,用摊铺机摊铺,压路机碾压、成型。施工段路面施工采用集中拌料的施工法,加强对施工中的材料、施工技术、质量、安全要素的控制,从而优质高效地完成施工任务。

1. 管理措施

(1)建立安全生产检查制度。项目部每周进行一次安全大检查,对每个施工项目进行危险点预测,及时发现事故隐患,堵塞事故漏洞,树立预防为主的意识,从技术措施上加以控制。

(2)按照施工组织程序对全体施工人员进行安全技术交底,并要求一对一签字,没有安全措施或未进行安全技术交底不准施工,连续施工必须进行跨月度交底。

2. 施工安全措施

(1)对施工人员技术和体质要求:

① 所有施工人员年龄必须在18～50周岁之间,经体检合格并经安监部培训后持证上岗。

② 从事特殊作业的人员必须具有特殊工种作业证。

(2)机械操作注意事项:

① 操作人员在工作中不得擅离岗位,不得操作与操作证不相符合的机械,不得将机械设备交给无本机种操作证的人员操作。

② 机械设备在施工现场停放时,应选择安全的停放地点,关闭好驾驶室,要拉上制动闸。

③ 操作人员严禁酒后上班。

④ 机械在危险地段作业时,必须设置明显的安全警告标志,并设专人站在操作人员能看清的地方指挥。

(3)施工人员进入现场要正确佩戴安全帽,不得穿拖鞋、凉鞋、裙子、背心等不符合要求的服装。

(4)夏季做好防风、防雨、防滑、防暑等工作。

3. 文明施工及安全保护措施

(1)文明施工严格按安全文明施工十二条认真执行。

(2)严禁毁坏践踏施工线外的花草树木,严禁猎杀山林中的小动物及鸟类,严禁破坏和污染山泉及水源。

(3)保护山林,严禁烟火。

【情境剖析】 本情景牵涉沥青路面工程概况描述、工程的施工安全措施及文明施工措施,请思考该工程施工安全措施及文明施工措施是否完善。结合后面介绍沥青道路安全监理细则,拟定更加完善的施工安全措施及文明施工措施。

【工作任务】 本情境的工作任务如表4.4.1所示。

表4.4.1　工作任务表

能力目标	主讲内容	学生完成任务	评价标准	
掌握沥青混凝土道路工程安全监理细则的编写	沥青道路安全监理细则	熟悉并掌握沥青道路工程安全监理细则,并能结合实际工程进行安全监理细则编写。	优秀	熟悉并掌握沥青道路工程安全监理细则,并能结合实际工程进行安全监理细则编写。
			良好	掌握沥青道路工程安全监理细则,并能编写出安全监理大纲。
			合格	掌握沥青道路工程安全监理细则。

4.4.1 总则

1. 驻地办在整个项目施工监理过程中，应贯彻执行“安全第一，预防为主、综合治理”和“工程监理必须管安全生产”的原则，结合本工程实际编制监理规划，制定有关安全管理规章制度，落实监理人员安全责任，并严格审查施工单位安全、质保体系，施工组织设计、施工方案、开工报告等，认真做好施工全过程的安全监理工作。

2. 监理组织机构中应设置安全领导小组，各级监理人员必须遵守本细则的有关规定，做到监理工作和安全生产同时计划、布置、检查、总结和评比。

3. 在监理安全管理工作中，除应符合本细则规定外，还应符合国家和地方交通行业中有关安全管理的标准和规定。

4.4.2 监理准备工作阶段

1. 工程开工前，驻地办专监以上人员必须详细核对设计文件，特别是重点、难点的工程和部位，熟悉工程的地形、地质、水文等资料和情况。并根据项目特点确定主要危险源，制定相应的安全监理计划。

2. 在建立监理质量保证体系的同时，要建立监理安全生产保证体系，并明确各岗位安全职责。

3. 检查施工单位驻地建设、质保体系的同时，要检查驻地是否处在危险区域(如悬崖、陡坡、泥石流、汛情范围等)和具体的消防间距和消防措施。易燃、易爆品仓库应和生活、生产区分开，安全距离要满足有关规定。

4. 在有暴风雪和有汛情的区域施工时，检查施工单位是否设立专职或兼职的气象及汛情预报人员。

5. 开工前应对施工单位的便桥、便道作一次全面检查，便桥的通行能力是否满足设计和工程的实际需要，便道的宽度是否满足安全会车的要求，便道路基是否稳定可靠，检查便道、便桥各类警示标志(如限载、限速、指向标志)等。

6. 在检查施工单位进场人员、设备履约情况的同时，尚要检查设备的完好情况，是否存在不安全的因素。对从事特殊工种的人员，要求按规定持证上岗。

7. 施工中若采用新技术、新工艺、新材料、新设备时，监理人员必须事先予以了解，不要盲目从监，必要时可咨询有关专家，制定或审核相应的安全技术措施。

8. 下挖工程施工前应督促施工单位，根据设计文件复查地下管线的埋置位置与走向，并采取相应的防护措施。

9. 复核测量时应遵守护林防火的规定，预防有害动、植物伤人。在高压线下工作时，应有足够的安全距离，在有车行的道路上作业时，应有专人警戒，防止交通事故。

10. 为工程构件所设置的构件预制厂，应对场内的起重吊装能力、张拉台座的张拉能力进行复核验算，安全系数须满足有关规定的要求，并通过试吊，试拉观测变形情况，检验其工作的可靠性。

11. 在开阔的场地内安装有较高的设备时，如塔架、龙门吊等应加设避雷装置。

4.4.3 施工监理工作阶段

1. 路基

(1)筑路机械和运输车辆使用前应进行安全检查,三无车辆不得上路。

(2)拆除建(构)筑物时,应事先制定安全可靠的拆除方案,非工作人员不得进入拆除现场,对有倒塌危险的结构物应加可靠的临时支撑,严禁采用掏空、挖切、大面积推倒野蛮的施工方法。

(3)边坡土方开挖应自上而下分层顺序放坡进行,严禁采用挖空底脚的操作方法,当在建筑物、设备基础、电杆及各种脚手架附近挖土时,应采用安全防护措施。弃土下方和有滚石危及范围的道路,应设警告标志,作业时坡下禁止车辆和行人通行。

(4)路堤压实时,在路堤边缘应比设计放宽 30～50 cm,并有专人指挥压路机手进行碾压,以免翻机伤人。

(5)土方的取土坑如无地下水时,应修建至坑内的便道,有地下水且已形成水塘时,应在坑边设置围栏和明显的警示标牌,严禁一切人员入内洗物戏水。

(6)路基防护工程砌筑时,应搭设安全牢固的脚手架和跳板,砌石工程应自下而上进行,禁止在同一断面一定的范围内上下同时作业。片石改小不得在脚手、跳板上进行,挡墙基础开挖应视土质、地下水位和基坑顶缘有无(动)静载情况,设置安全的边坡度,基坑顶缘临时堆放的土方距坑边 0.8 m 以外,高度不得超过 1.5 m。

2. 路面工程

基层施工的拌和料场,装卸机不得在料堆上空心掏料,应视料堆现场情况先作放坡处理后,再行装料。装运基层混合料的运输车不得随车载人,人工清理粘贴在自卸翻斗汽车内的混合料时,应有专人指挥汽车司机。

沥青洒布机作业时应事先检查设备及洒布装置、防护、防火设备是否齐全有效,喷洒沥青时,如发现喷头堵塞或其他故障,应立即关闭阀门,再行修理。

沥青拌和楼控制室须配备灭火器材,沥青混合料拌和设备的启动、运转、停机必须事先进行检查,并按规定的程序进行。

摊铺机作业时,驾驶员不得擅自离岗。运料车向摊铺机卸料时应由专人指挥,协调一致,同步运行,换挡须在摊铺机完全停止时进行,严禁在坡道上换挡或空挡滑行,运料车运输须限速行驶。

3. 桥涵工程

(1)进入桥涵工程作业区,必须头戴安全帽,登高作业须设置安全网、身系安全带。高桥墩、大跨径、深水和结构复杂的大型桥梁,应结合施工技术方案对安全工作做专项的调查研究,并制定相应的安全技术措施,结合图纸和技术交底作安全交底。

桥涵施工前,应对施工现场、机具设备及安全防护设施进行全面检查,凡不符合有关的安全规定,均须进行整改,不达标不予开工。

(2)露天高空作业、吊装及大型构件起重安装时,应根据作业高度、现场风力对作业的影响程度,制定适合施工的风力标准,遇有六级(含六级)以上大风时,应停止上述作业。

(3)基础开挖时,如对邻近的建(构)筑物某设施有影响时,应采取安全防护措施。基坑开挖应根据土质、地下水位情况放坡,挖掘机等机械距坑顶的距离,一般不小于 1.0 m,材料和机具的堆放应不小于0.8 m。水中挖基应设置配备足够的抽水设备，人员出入基坑应设置安全爬梯。

(4)钻孔桩开钻前，应对机具设备进行全面检查，钻机的主机钢绳、绳卡、电缆及风水管路等路基应处于完好状态，并在施钻中经常予以检查。钻机停钻时，应将钻头提出孔外，对于成桩尚未拔除的护筒，必要时应加防护顶盖。

墩、台施工前必须搭好脚手架和作业平台，并在平台外侧设置栏杆，墩、台高在10 m以上时，还应架设安全网。墩、台的模板(特别是高墩、台)施工前应予以结构验算，砼浇注前应对模板进行检查，砼养生人员应系安全带，夜间施工应有足够的照明。

(5)装配式预制构件安装前，应事先审核安装方案，并对构件的起吊机具设备予以复核验算，审查安装人员的上岗证明和培训情况。采用定型产品的架桥机，事先应了解产品的性能、架设方法、额定起重能力和有关注意事项。采用施工单位自制的非定型产品架桥机，应由施工单位向监理提交验算书和施工方案，并由监理予以复核。无论是定型产品或非定型产品在正式吊装前，均应对吊机进行全面检查和试吊，试吊荷载应分级并加至超载，试吊中观测吊装设备各部位变形情况，验证设备工作性能是否安全可靠。

(6)就地现浇上部结构梁板时，应事先对满堂支架进行设计，验算支架立柱强度、稳定性和地基承载力是否符合要求，特别应注意防止地基被水浸泡后承载力的降低，地基下有软卧层时还应对下卧层进行验算。除此之外，满堂支架还须有足够的平撑和剪刀撑，以利支架的整体稳定。符合要求的支架设计，在上部结构梁板现浇前，应进行等(超)载予压，预压加载时应有专人指挥全断面均衡加载和卸载，并及时观测弹(塑)性变形，严格检查支架变形及支架底脚是否存在脱空情况。

(7)悬臂浇注上部结构箱梁时，事先对定型或非定型悬臂吊机工作过程进行熟悉和复核，对设备进行检查，并进行静载试验。悬臂吊机施工的操作人员须配备安全带、安全帽，悬臂吊机悬臂一侧须悬挂安全网，施工作业时禁止非工作人员进入施工现场。

(8)桥梁上部结构采用预应力张拉工艺时，无论是先张工艺或是后张工艺，锚环、锚塞等应事先进行检验，合格后方可使用。先张法的张拉台座应进行设计和验算，张拉作业时，操作人员应在锚夹具的侧面进行操作，张拉作业区无关人员不得进入，张拉完毕后对张拉施锚两端应妥善保护并设置挡板和及时灌浆。

(9)跨线桥梁施工时，为保证上面作业，下面行人和车辆的安全除设置防护设施外，并设岗哨监视管理。对跨越铁路的桥梁，跨越铁路桥孔安装前应与铁路主管部门和其他有关部门取得联系，协商并签订利用列车间隔时间的安装计划、有关安全防护和紧急情况发生时的预案处理措施。

(10)结构模板的安装与拆除要有专人指挥，并按规定的工序进行。机械吊运时，绳索应安全可靠，吊物下面不得站人或通行。模板的横撑、拉杆和支撑应经计算确定。

(11)钢筋冷拉和调直场地作业时，非工作人员不得进入场地内。切断机切长料时应有专人把扶，切短料时要用钳子或套管夹牢，不得集束进行切断。

(12)电焊作业应选择干燥、通风良好的地点，场地内严禁存放易燃、易爆物品。电焊机应设置单独的开关箱，焊接人员作业时，应穿戴防护用品，严禁在压力容器、管道、带电设备上进行焊接。高空作业时，焊接人员必须系好安全带。

4. 高处作业

(1)高处作业的含义和级别划分应符合国家现行标准《高处作业分级》的规定。

(2)悬空高处作业必须设有可靠的安全防护措施，从事高空作业的人员应定期或不定期的体检，有不宜登高的病症及有恐高症者不得从事高处作业。

(3)高处作业人员不得穿拖鞋或硬底鞋进行工作，严禁酒后登高作业。

(4)运送人员和物件的各种升降电梯、吊笼应有可靠的安全装置，严禁只供运送物件的吊笼运送人员。

5. 特殊季节与夜间施工

(1)雨季：

① 雨季及洪水期施工应根据当地气象部门预报及施工现场具体情况，做好施工期防汛、排洪、排涝的工作。

② 雨季应加强对支架、脚手架、土方工程的检查，防止倾倒与坍塌。

③ 雨季处于洪水可能淹没地带的材料设备、人员应提前做好安全撤离的工作。

④ 长时间在雨季作业的工程，应根据条件搭设防雨棚，遇有暴雨时，应暂停施工。

(2)冬季：

① 冬季施工应严格执行冬季施工的有关规定，做好防冻、保温等安全防护措施。

② 冬季施工需要在江河冰面上通行时，应事先调查冰层厚度及其承载能力，冰面冻结不实地段严禁通行，并设明显标志。

(3)高温季节：

高温季节应按劳动保护规定做好防暑降温工作，适当调整作息时间，避开高温时间，有条件的宜搭建凉棚，供应冷饮，配备防暑药品等。

(4)夜间施工：

① 夜间施工时，现场应有符合操作要求的照明设备，施工住地及加工间设置必要的路灯。桥涵等基坑应设置围栏，并悬挂红灯警示标志。

② 大型桥梁攀登扶梯应设照明灯具。

(5)边施工、边通车施工路段的管理：

① 改建工程需挖除旧路基和路面进行重修的路段，在施工路段两端应竖立显示正在施工的警示标志和减速标志。

②　侧拓宽或两侧拓宽的改建工程要使用红白相间的栏杆等隔离措施，并设有专职人员指挥来往车辆。

③ 通车路段的路面应经常清扫干净，防止车辆碾飞石块伤人。

④ 半幅通车路段在车辆驶出入前方应设置指示方向和减速慢行标志，同时在施工作业区两端设置明显的路栏，夜间还应加设标志红灯，半幅施工与半幅通车行车道间设置红白相间的隔离栅。

⑤ 半幅施工路段不宜过长，一般以不超过 300～500 m 为宜。

⑥ 以单车道维持通车的路段，当路段不长、交通量不大时，可在路段适当位置设置会让处。当路段较长，交通量较大时，应实行交通管制，路段两端应设置专职交管人员并配备通讯联络设备，指挥疏导往来车辆。

⑦ 在居民点或公共场所附近开挖沟槽时，应设护栏及搭设行人通过的跳板，夜间应设

照明灯和警示红灯。

⑧ 在原地拆除旧桥(涵)重建新桥(涵)时,应先建好便桥或渡口,并在旧桥(涵)址两端设置路障,夜间在路障上悬挂警示红灯,并设有通向便桥或渡口的指向标志。

(6)旧桥拆除:

① 旧桥拆除前应充分调查旧桥结构、桥址地质、旧桥现状、修建年月等情况,并在调查的基础上拟定详细的拆桥方案,经地方有关部门批准后方可进行拆除工作。

② 对拆桥人员特别是施工单位主要人员进行法律法规的符合性检查,工人上岗前要培训,并为其购买商业性保险。

③ 梁、板式结构的旧桥拆除,其主要的承重梁板可采取支架法或吊装法进行拆除,并验算支架或吊装设备按最大的受力状态。梁体结构一般应逐个梁体解联后进行吊装并运往单个梁体的破除地点,单个梁体运输中,横向支撑要牢固可靠。对于最后 1～2 片梁体解联时应考虑其横向稳定性,必要时应予以临时的支撑。

④ 旧桥拆除的现场应禁止一切非施工人员入内,施工方的技术人员和安全员必须在施工现场,监理应采用全旁站监控。旧桥拆除不宜在夜间进行。

4.4.4 监理安全领导小组的职责与安全档案的建档工作

1. 监理安全领导小组的职责

(1)监理安全领导小组由组长、副组长、组员 1～3 人组成,在驻地监理组长的领导下开展安全监管工作。在第一次工地会议上由驻地组长向承包商宣布。

(2)监理安全领导小组的成员必须认真学习本细则的全部内容和相关方面的安全文件,模范执行本细则的有关规定。

(3)监理安全领导小组的成员有权制止、劝阻承包商或监理人员违反本细则有关规定的行为。

(4)监理安全领导小组组织或参与(由上级或业主方组织)辖区范围内的安全工作大检查,并认真做好检查记录及整理汇总。

(5)监理安全领导小组组长或成员有权在工地例会上宣讲安全工作执行情况,施工过程中,对违反本细则有关规定的可视具体情况下达纠偏指令(驻地认可)。

(6)对安全问题严重又屡教不改的承包人,监理安全领导小组有权令其进行整改或处罚(业主或驻地认可)。

(7)监理安全领导小组有权向上级安全组织或机构反映所辖范围的安全情况和问题。

(8)负责调查辖区内业已发生的安全事故,并编写监理方事故调查报告和处理意见。对有人员死亡和经济损失限额以上的安全事故,应按规定逐级上报主管部门。

2. 安全档案的建档工作

有关安全领导小组组建的文件、安全保证体系、安全方面的指令、安全工作检查、安全事故的调查与处理结果,安全生产监理会议记录、安全生产执行情况的报告以及安全台账等资料文件,均由监理安全领导小组归档。

对辖区内的安全问题,只要是造成人身(重)伤亡及经济损失的均要建档、归档。

对未造成(重)伤及经济损失的安全问题,虽可不建档案,也要予以登记作为防患教材教育大家。

【实践练习】 结合前面所列本学习项目实际情况编写出相适应的安全监理细则。

【思考题】

沥青道路工程安全监理的控制要点有哪些？

学习情境 4.5　合同管理

【情境描述】 本工程业主与监理单位、施工单位分别签订了监理委托合同和施工合同，在工程施工过程中，发生了以下事件：

承包商按业主指示就部分工程进行变更施工，施工单位认为该变更使分项工程量大幅减少，要求对合同中单价作相应调整，业主认为应按合同单价执行，双方产生争议。

施工期间，承包方发现施工图纸有误，需设计单位修改，由于图纸修改造成停工 20 天，承包方提出工期延期 20 天与费用补偿 2 万元的要求。

施工期间因下雨，为保证路基工程填筑质量，总监理工程师下达了暂时停工令，共停工 10 天，其中连续 4 天出现低于工程所在地雨季平均降雨量的雨天气候和连续 6 天出现 50 年一遇特大暴雨，承包方提出工期延期 10 天与费用补偿 2 万元的要求。

按合同约定由业主提供水泥，因当时市场对水泥大量需求，业主认为有利可图，便以高价私自将水泥卖给其他一些单位，以致不能按照合同向承包商如期如数交货，造成承包商直接经济损失 200 万元，于是承包商在合同期限内向法院提起诉讼。

在上述问题中，承包商按业主指示就部分工程进行变更施工，根据前面所学知识，变更程序有哪些？变更部分的合同价款应根据什么原则确定？若业主和承包商对于工期延长和变更价款未取得一致意见而形成合同争议，可通过哪些途径解决？承包方提出的上述索赔要求是否合理，假如你是监理工程师，运用你所学知识，应如何签署意见？

【情境剖析】 本情境涉及合同管理中的变更程序、变更价款的确定原则、合同争议的解决方法等知识。

【工作任务】 本情境的工作任务如表 4.5.1 所示。

表 4.5.1　工作任务表

能力目标	主讲内容	学生完成任务	评价标准	
变更程序、变更价款的确定	复习变更程序、变更价款的确定原则	完成本情境的变更价款的确定原则	优秀	熟练并正确确定变更价款
			良好	正确确定变更价款
			合格	较正确确定变更价款
合同争议的解决方法	复习合同争议的解决方法、承担违约责任的方式	完成本情境的解决合同争议的方法及监理工程师的签署意见	优秀	熟练并正确解决争议问题
			良好	正确地解决争议问题
			合格	较正确地解决争议问题

【实践练习】 根据情景资料，运用所学知识，完成本情境的变更价款的确定原则，以监理工程师的身份处理上述索赔的问题。

【思考题】

1. 复习总结变更程序、变更价款的确定原则。
2. 复习总结索赔的程序。
3. 复习总结合同争议的解决方法、承担违约责任的方式。

学习情境 4.6 监理资料整理

【情境描述】 对于本项目，作为监理人员，应如何对本工程的监理资料进行整理和归档。

【情境剖析】 本情境涉及监理资料归档整理的方法、档案的移交等知识。

【工作任务】 本情境的工作任务如表 4.6.1 所示。

表 4.6.1 工作任务表

能力目标	主讲内容	学生完成任务	评价标准	
进一步掌握监理资料的整理与移交	复习监理资料整理的方法，档案的移交	分组讨论本情境资料的整理与移交	优秀	熟练地对本情境需要整理与移交的资料进行总结
			良好	熟悉本情境需要整理与移交的资料，并进行总结
			合格	熟悉本情境需要整理与移交的资料

【实践练习】 学生复习并分组对本情境进行监理资料的整理、移交与归档。

【思考题】

1. 建设工程档案资料的管理涉及哪些单位？
2. 对一个建设工程而言，归档有哪三方面的含义？
3. 监理单位对建设工程文件档案资料管理的职责是什么？

学习项目5　监理综合实训

【学习目标】 学生通过在监理工地的实习，在现场听监理工程师的介绍，了解监理工作流程，了解监理的组织形式，学会记监理日记，学会写监理总结、现场学习监理用表的填写，如何记监理日记，如何写监理总结，训练学生填写监理单位用表，记监理日记，编写监理工作总结，使学生具备监理能力，能零距离上岗。

【学习项目】 根据实训时间，联系一个房屋建筑工程或道路工程在建工程，指导学生进行监理综合实训。

学习情境5.1　熟悉实训任务书监理工地实训

5.1.1　实训任务书

1. 实训目的

本次监理综合实训的目的是巩固所学知识，理论联系实践，使学生进一步了解实际工程的监理工作流程，了解实际工程的监理的组织形式，通过听取兼职教师的讲解，观摩监理人员的工作过程，自己动手练习，学会记监理日记、填写监理用表及写监理总结，使学生具备监理能力，能零距离上岗。

2. 实训内容及时间安排

(1)下发任务书，学生熟悉任务书，半天；

(2)听取兼职教师工地现场讲解，时间一天半；

(3)学生在施工现场进行旁站监理，记录施工现场的实际情况，写一份监理日记，时间一天；

(4)学生模拟训练，根据施工现场的实际情况和监理资料，分别扮演施工方、监理工程师、总监理工程师填写监理表格，时间一天；

(5)学生根据项目监理资料和工程实际情况，写一份监理总结，并写出本次实训的实训报告，时间一天。

3. 实训要求

(1)做好实训准备工作，熟悉任务单，以便做好实训。

(2)进入工程现场应按要求着装，佩带相应安全装备，严格遵守工程现场的一切规章制度和管理制度。

(3)查阅专业资料时应多加爱惜。

(4)不得迟到早退，应遵守纪律，听从实训教师的安排，独立完成实训成果并按时上交。

4. 实训分组

本实训分组进行，每组8～10人，每组一名兼职教师和一名任课老师。

5. 实训成果与要求

(1)根据实训情况写出思路清晰、通顺确切的实训报告一份。

(2)实训报告包括工程概况、工程的进度情况、质量控制、安全、文明施工情况、实训心得与体会等内容,附上一份监理日记、三张监理表格、一份监理总结。

(3)实训书格式:A4 或 16 开纸张,每页页脚要写上第×页共××页,左侧装订,表格要有表名和表号,插图要有图名和图号。

6. 成绩评定

根据学生的实训表现、实训报告,由兼职教师和实训指导老师共同给出实训成绩。

5.1.2 监理工地实训

监理工地实训内容如表 5.1.1 所列。

表 5.1.1 工作任务表

能力目标	学生完成任务	评价标准	
熟悉监理流程,监理组织形式	了解实训工程的监理组织形式	优秀	认真听讲、态度端正
		良好	态度端正
		合格	全程参加实训
学会记监理日记、学会填监理用表,学会写监理总结	听取兼职教师的讲解,结合实训工程的建设情况,掌握监理日记的写法、监理表格的填法、监理总结的写法	优秀	认真听讲、态度端正
		良好	态度端正
		合格	全程参加实训

1. 实训目的

兼职教师结合工程实际情况,现场讲解,使学生进一步了解监理工作流程、监理机构的组织形式,掌握监理日记的写法、监理表格的填法、监理总结的写法。

2. 实训场所

工程施工现场和监理项目部资料室。

3. 实训内容

(1)了解监理机构组织形式。兼职教师(监理工程师)结合实际工程,现场介绍监理工作流程,介绍监理机构的组织形式。学生根据实训工地的实际情况,分析项目监理机构所采取的组织形式的优点。

(2)监理日记的写法。兼职教师(监理工程师)结合工程的实际情况,现场介绍监理日记的重要性、监理日记的内容、监理日记的写法、监理员如何写、监理工程师如何写、区别何在,学生可在工地资料室查看工程上已写好的监理日记。

(3)监理表格的填写。兼职教师(监理工程师)结合工程的实际情况和已有的监理表格,介绍每种监理表格的填写要求,学生查看工地已填的监理表格。

(4)写监理总结。兼职教师(监理工程师)结合工程的实际情况,介绍监理总结应写的内容:工程概况、监理机构、监理人员、监理合同执行情况、工程质量控制情况、工程进度控制情况、工程投资控制情况、工程安全情况、监理成效等。学生查阅已有的监理总结。

学习情境5.2　监理日记记录实训

监理日记记录实训任务如表5.2.1所示。

表5.2.1　工作任务表

能力目标	学生完成任务	评价标准	
学生学会记监理日记	完成旁站部位的监理日记的填写	优秀	实训态度端正,监理日记内容翔实
		良好	态度端正,认真填写监理日记
		合格	监理日记符合要求

1. 实训目的

学生通过一天的旁站监理,认真记录一份监理日记。

2. 实训场所

某房屋建筑工地或道路工程施工现场。

3. 实训内容

(1)房屋建筑工地或道路工程某部位的旁站监理;

(2)认真记录:工程部位、承包商动态、质量检查、试验情况、承包商提出的问题和对承包商提出问题的答复、指示、施工过程中存在的问题、关键部位的旁站情况等;

(3)根据监理情况,填写监理日记。

4. 日记格式

监　理　日　记

(监理[　　]日记　　号)

合同名称:　　　　　　合同编号:

天气:	气温:	风力:	风向:
主要施工内容			
存在的问题			

（续表）

<table>
<tr><td>承包人处理意见及
处理措施、处理效果</td><td colspan="2"></td></tr>
<tr><td>监理机构签发的意见、通知</td><td colspan="2"></td></tr>
<tr><td>会议情况</td><td colspan="2"></td></tr>
<tr><td>发包人的要求或决定</td><td colspan="2"></td></tr>
<tr><td>其他</td><td colspan="2"></td></tr>
<tr><td colspan="2">记录人：
日期：　　年　月　日</td><td>责任监理工程师：
日期：　　年　月　日</td></tr>
</table>

5. 成果及要求

监理日记一份，要求内容翔实、完整。

学习情境 5.3 监理表格填写

监理表格填写实训工作任务如表 5.3.1 所示。

表 5.3.1 工作任务表

能力目标	学生完成任务	评价标准	
学生学会填监理表格	学生分组完成实训项目部分的监理表格的填写	优秀	实训态度端正,监理表格填写正确完整
		良好	态度端正,认真填写监理表格
		合格	监理表格符合要求

1. 实训目的

学生通过一天的模拟训练,能正确填写监理表格。

2. 实训场所

项目部资料室和专业资料室。

3. 实训内容

(1)学生分组,小组成员按施工方、监理工程师、总监理工程师等分角色组成,成员角色可以在不同实训项目中轮换担任。

(2)模拟工程材料的报审,明确工程材料的报审程序。

① 承包单位应对拟进场的工程材料(包括建设单位采购的工程材料),按有关规定对工程材料进行自检和复试,符合要求后填写《工程材料报审表》,并附上清单、质量证明资料及自检结果报项目监理机构。

② 专业监理工程师应对承包单位报送的《工程材料报审表》及其质量证明等资料进行审核,并应对进场的工程材料,按照委托监理合同的约定或有关工程质量管理文件的规定比例,进行见证取样送检(见证取样送检情况应记录在监理日志中)。

③ 经专业监理工程师审核检查合格,签认《工程材料报审表》,对未经专业监理工程师验收或验收不合格的工程材料、构配件和设备,专业监理工程师应拒绝签认,并应签发《监理通知》,书面通知承包单位限期运出现场。

(3)模拟隐蔽上程报验单的填写,明确隐蔽工程的报验程序。

① 隐蔽工程施工完毕,承包单位自检合格,填写《隐蔽工程报验单》,附《隐蔽工程验收记录》和有关分项工程质量验收及测试资料向项目监理机构报验。

② 承包单位应在隐蔽验收前 48 小时,以书面形式通知监理验收内容、验收时间和地点。

③ 专业监理工程师应准时参加隐蔽工程验收,审核其自检结果和有关资料,现场实物检查、检测,符合要求的予以签认。否则,专业监理工程师应签发《工程质量整改通知》翔实指出不符合之处,要求承包单位整改。

(4)模拟工程临时延期的报审,明确工程临时延期报审程序。

① 承包单位在施工合同规定的期限内,向项目监理机构提交对建设单位的延期(工期索赔)意向通知书。

② 总监理工程师指定专业监理工程师收集与延期有关的资料。

③ 承包单位在承包合同规定的期限内，向项目监理机构提交《工程临时延期报审表》。

④ 总监理工程师指定专业监理工程师初步审查《工程临时延期报审表》是否符合有关规定。

⑤ 总监理工程师进行延期核查，并在初步确定延期时间后，与承包单位及建设单位进行协商。

⑥ 监理工程师应在施工合同规定的期限内签署《工程临时延期报审表》，或在施工合同规定期限内，发出要求承包单位提交有关延期的进一步详细资料的通知，待收到承包单位补交的详细资料后，按上述④、⑤、⑥条程序进行。

4. 成果及要求

监理表格三份，要求格式正确，内容正确。

学习情境 5.4 监理工作总结编写

监理工作总结编写工作任务如表 5.4.1 所示。

表 5.4.1 工作任务表

能力目标	学生完成任务	评价标准	
学生学会编写监理工作总结	完成本情境要求的监理工作总结	优秀	实训态度端正，监理工作总结内容全面、翔实，有深度
		良好	态度端正，监理工作总结内容翔实
		合格	监理工作总结内容完整
学生编写监理综合实训报告	完成本次监理实训报告	优秀	实训态度端正，实训报告整洁，翔实
		良好	实训态度端正，实训报告符合要求
		合格	实训报告符合要求

1. 实训目的

学生通过查阅资料和施工现场实训情况，完成监理工作总结。

2. 实训场所

某房屋建筑工地或道路工程施工现场和项目部资料室。

3. 实训内容

(1)项目部资料室：查阅工程质量控制情况、工程进度控制情况、工程投资控制情况、工程安全情况、监理成效等。

(2)工程施工现场：工程质量控制情况，工程安全情况。

(3)完成监理工作总结，内容包括工程概况、监理机构、监理人员、监理合同执行情况、工程质量控制情况、工程进度控制情况、工程投资控制情况、工程安全情况、监理成效等。

4. 成果及要求

(1)监理工作总结一份，内容全面、翔实，有深度；

(2)监理实训报告一份，符合实训要求，装订成册。

附录 A 建筑工程施工阶段监理工作的基本表式

A1. 工程开工/复工报审表

工程名称： 编号：

<table>
<tr><td>致：____________（监理单位）
我方承担的____________工程，已完成了以下各项工作，具备了开工/复工条件，特此申请施工，请核查并签发开工/复工指令。
附：1. 开工报告
2.（证明文件）

承包单位（章）________
项目经理________
日　期________</td></tr>
<tr><td>审查意见：

项目监理机构________
总监理工程师________
日　期________</td></tr>
</table>

A2. 施工组织设计(方案)报审表

工程名称：　　　　　　　　　　　　　　　　　　　　　　　　　　　　编号：

<table>
<tr><td>
致：____________________(监理单位)
　　我方已根据施工合同的有关规定完成了____________________工程施工组织设计(方案)的编制，并经我单位上级技术负责人审查批准，请予以审查。
　　附：施工组织设计(方案)

承包单位(章)__________
项目经理__________
日　期__________
</td></tr>
<tr><td>
专业监理工程师审查意见：

专业监理工程师__________
日　期__________
</td></tr>
<tr><td>
总监理工程师审核意见：

项目监理机构__________
总监理工程师__________
日　期__________
</td></tr>
</table>

A3. 分包单位资格报审表

工程名称：　　　　　　　　　　　　　　　　　　　　　　　　　　编号：

<table>
<tr><td colspan="4">致：____________（监理单位）
经考察，我方认为拟选择的____________（分包单位）具有承担下列工程的施工资质和施工能力，可以保证本工程项目按合同的规定进行施工。分包后，我方仍承担总包单位的全部责任，请予以审查和批准。
附：1. 分包单位资质材料；
2. 分包单位业绩材料。</td></tr>
<tr><td>分包工程名称(部位)</td><td>工程数量</td><td>拟分包工程合同额</td><td>分包工程占全部工程</td></tr>
<tr><td></td><td></td><td></td><td></td></tr>
<tr><td>合计</td><td></td><td></td><td></td></tr>
<tr><td colspan="4">承包单位(章)__________
项目经理__________
日　期__________</td></tr>
<tr><td colspan="4">专业监理工程师审查意见：

专业监理工程师__________
日　期__________</td></tr>
<tr><td colspan="4">总监理工程师审核意见：

项目监理机构__________
总监理工程师__________
日　期__________</td></tr>
</table>

A4. 报验申请表

工程名称：________________ 编号：________________

<table>
<tr><td>

致：____________________（监理单位）

我单位已完成了____________________工作，现报上该工程报验申请表，请予以审查和验收。

附件：

承包单位（章）__________

项目经理__________

日　期__________

</td></tr>
<tr><td>

审查意见：

项目监理机构__________

总/专业监理工程师__________

日　期__________

</td></tr>
</table>

A5. 工程款支付申请表

工程名称：　　　　　　　　　　　　　　　　　　　　　　　　　　　　　　　　　　编号：

致：＿＿＿＿＿＿＿＿＿＿（监理单位）

我方已完成了＿＿＿＿＿＿＿＿＿＿工作，按施工合同的规定，建设单位应在＿＿＿年＿＿月＿＿日前支付该项工程款共（大写）＿＿＿＿＿＿（小写：＿＿＿＿＿），现报上工程付款申请表，请予以审查并开具工程款支付证书。

附件：

1. 工程量清单；
2. 计算方法。

承包单位（章）＿＿＿＿＿＿

项目经理＿＿＿＿＿＿＿＿

日　期＿＿＿＿＿＿＿＿＿

A6. 监理工程师通知回复单

工程名称： 编号：

<table>
<tr><td>致：____________________(监理单位)
我方接到编号为______的监理工程师通知后，已按要求完成了______工作，现报上，请予以复查。
详细内容：

承包单位(章)__________
项目经理__________
日　期__________</td></tr>
<tr><td>复查意见：

项目监理机构__________
总/专业监理工程师__________
日　期__________</td></tr>
</table>

A7. 工程临时延期申请表

工程名称：　　　　　　　　　　　　　　　　　　　　　　　　　　　　　　　　　　编号：

致：____________________(监理单位)

根据施工合同条款______条的规定，由于______原因，我方申请工程延期，请予以批准。

附件：

1. 工程延期的依据及工期计算

合同竣工日期：

申请延长竣工日期：

2. 证明材料

承包单位(章)__________

项目经理__________

日　期__________

A8. 费用索赔申请表

工程名称：　　　　　　　　　　　　　　　　　　　　　　　　　　编号：

致：＿＿＿＿＿＿＿＿＿＿(监理单位)

根据施工合同条款＿＿＿＿条的规定，由于＿＿＿＿＿的原因，我方要求索赔金额（大写）＿＿＿＿＿＿＿请予以批准。

索赔的详细理由及经过：

索赔金额的计算：

附：证明材料

承包单位(章)＿＿＿＿＿

项目经理＿＿＿＿＿＿

日　期＿＿＿＿＿＿＿

A9. 工程材料/构配件/设备报审表

工程名称：　　　　　　　　　　　　　　　　　　　　　　　　　编号：

<table>
<tr><td>

致：____________________(监理单位)

我方于______年____月____日进场的工程材料构配件/设备数量如下(见附件)。现将质量证明文件及自检结果报上，拟用于下述部位：

请予以审核。

附件：

1. 数量清单
2. 质量证明文件
3. 自检结果

承包单位(章)__________
项目经理__________
日　期__________

</td></tr>
<tr><td>

审查意见：

经检查上述工程材料/构配件/设备，符合/不符合设计文件和规范的要求，准许/不准许进场，同意/不同意使用于拟定部位。

项目监理机构__________
总/专业监理工程师__________
日　期__________

</td></tr>
</table>

A10. 工程竣工报验单

工程名称：　　　　　　　　　　　　　　　　　　　　　　　　编号：

<table>
<tr><td>
致：__________（监理单位）
我方已按合同要求完成了__________工程，经自检合格，请予以检查和验收。
附件：

承包单位(章)__________
项目经理__________
日　期__________
</td></tr>
<tr><td>
审查意见：
经初步验收，该工程
1. 符合/不符合我国现行法律、法规要求；
2. 符合/不符合我国现行工程建设标准；
3. 符合/不符合设计文件要求；
4. 符合/不符合施工合同要求。
综上所述，该工程初步验收合格/不合格，可以/不可以组织正式验收。

项目监理机构__________
总监理工程师__________
日　期__________
</td></tr>
</table>

B1. 监理工程师通知单

工程名称：＿＿＿＿＿＿＿＿　　　　　　　　编号：＿＿＿＿＿＿＿＿

致：＿＿＿＿＿＿＿＿

事由：

内容：

项目监理机构＿＿＿＿＿＿

总监理工程师＿＿＿＿＿＿

日　期＿＿＿＿＿＿

B2. 工程暂停令

工程名称：　　　　　　　　　　　　　　　　　　　　　　　　　　编号：

致：＿＿＿＿＿＿＿＿＿＿（承包单位）

由于＿＿＿＿＿＿＿＿＿＿原因，现通知你方必须于＿＿＿年＿＿月＿＿日＿＿时起，对本工程的＿＿＿＿＿部位（工序）实施暂停施工，并按下述要求做好各项工作：

项目监理机构＿＿＿＿＿

总监理工程师＿＿＿＿＿

日　期＿＿＿＿＿＿＿

B3. 工程款支付证书

工程名称：　　　　　　　　　　　　　　　　　　　　　　　　编号：

致：____________________（建设单位）

根据施工合同的规定，经审核承包单位的付款申请和报表，并扣除有关款项，同意本期支付工程款（大写）____________________（小写：____________________）。请按合同规定及时付款。

其中：

1. 承包单位申报款为：
2. 经审核承包单位应得款为：
3. 本期应扣款为：
4. 本期应付款为：

附件：

1. 承包单位的工程付款申请表及附件：
2. 项目监理机构审查记录：

项目监理机构__________

总监理工程师__________

日　期__________

B4. 工程临时延期审批表

工程名称：　　　　　　　　　　　　　　　　　　　　　　　　　　______________编号：

致：______________(承包单位)

根据施工合同条款__________条的规定，我方对你方提出的__________工程延期申请(第____号)要求延长工期____日历天的要求，经过审核评估：

□暂时同意工期延长____日历天，使竣工日期(包括指令延长的工期)从原来的____年____月____日延迟到____年____月____日。请你方执行。

□不同意延长工期，请按约定竣工日期组织施工。

说明：

项目监理机构__________

总监理工程师__________

日　期______________

B5. 工程最终延期审批表

工程名称： ____________________编号：

致：____________________（承包单位）

根据施工合同条款____________________条的规定，我方对你方提出的____________________工程延期申请（第____号）要求延长工期日历天的要求，经过审核评估：

□最终同意工期延长____日历天。使竣工日期（包括指令延长的工期）从原来的______年____月____日延迟到______年____月____日。请你方执行。

□不同意延长工期，请按约定竣工日期组织施工。

说明：

项目监理机构__________
总监理工程师__________
日　期______________

B6. 费用索赔审批表

工程名称：　　　　　　　　　　　　　　　　　　　　　　　　　　____________编号：

致：____________（承包单位）

根据施工合同条款_____条的规定，你方提出的_________费用索赔申请（第____号），索赔大写____________，经我方审核评估：

□不同意此项索赔。

□同意此项索赔，金额为（大写）__________。

同意/不同意索赔的理由：

索赔金额的计算：

项目监理机构__________

总监理工程师__________

日　期__________

C1. 监理工作联系单

工程名称：　　　　　　　　　　　　　　　　　　　　　　　　　　编号：

致：____________

事由：

内容：

单　位：____________

负责人：____________

日　期：____________

C2. 工程变更单

工程名称： ______________ 编号：

<table>
<tr><td>致：______________（监理单位）
由于______________原因，兹提出______________工程变更（内容见附件），请予以审批。
附件：

提出单位：__________
代 表 人：__________
日　　期：__________</td></tr>
<tr><td>一致意见：______________

建设单位代表　　设计单位代表　　项目监理机构
签字：　　签字：　　签字：
日期：__________　　日期：__________　　日期：__________</td></tr>
</table>

附录 B　公路工程施工阶段监理记录表式

B.1　巡视记录

________________工程项目

巡视记录

编号：________

施工单位		合同号	
巡视监理		日期	
初始时间		终止时间	
巡视范围、主要部位、工序			
施工单位主要设施项目、人员到位、工艺合规性简述			
巡视人主要巡检数据记录			
巡视人发现的问题及处理情况简述			

B.2　旁站记录

____________工程项目

旁站记录

编号：________

施工单位		合同号	
旁站监理		日期	
到场时间		离场时间	
质检人员		部位或桩号	
天气			
旁站工序或主要工作内容			
施工过程简述			
监理工程简述			
主要数据记录			
发现问题及处理结果			

B.3　监理日志

______工程项目

监理日志

编号：______

监理机构		合同号	
记录人		日期	
审核人		日期	
天气			
合同段主要施工项目简述			
监理机构主要工作简述（审批、验收、旁站、会议等）			
就有关问题与建设单位、施工单位等进行澄清或处理的情况简述			

附录C 公路工程施工阶段监理指令单

______________工程项目

监理指令单

编号：__________

施工单位		合同号	
监理单位		监理机构	
签发人		日期	

致______________

（阐述指令依据、施工单位不符合规定的事实及整改要求等）

请于______年____月____日前回复

抄报(送)：

签收人：____________________ 日期____________________

附录 D　公路工程施工阶段中间交工证书

____________________工程项目

中间交工证书

编号：______

施工单位		合同号	
监理单位		监理机构	
中间交工内容(桩号、项目划分、工程项目、工程数量)			
施工单位签字		申请日期	
监理接受人		接受日期	
监理机构对施工单位中间交工申请的评述意见及其结论			
监理机构签字		日期	
施工单位签字		日期	

参考文献

[1] 顾勇新.施工项目质量控制.北京:中国建筑工业出版社,2003.

[2] 韩明.土木建设工程监理.天津:天津大学出版社,2004.

[3] 苑敏.建设工程质量监理.北京:中国电力出版社,2008.

[4] 顾慰慈.工程监理质量控制.北京:中国建材工业出版社,2001.

[5] 罗福周.工程建设监理概论与质量控制.西安:西安地图出版社,2007

[6] 中华人民交通部.水泥混凝土路面施工及验收规范[S].北京:人民交通出版社,1987.

[7] 中华人民交通部.公路水泥混凝土路面施工技术规范[S].北京:人民交通出版社,2003.

[8] 巩天真,张泽平.建设工程监理概论.北京:北京大学出版社,2009.

[9] 初明祥,冷冬兵.建筑工程项目管理.北京:煤炭工业出版社,2004.

[10] 中国建筑监理协会.建设工程进度控制.北京:中国建筑工业出版社,2008.

[11] 姚兵.施工组织设计与进度管理(修订版).北京:中国建筑工业出版社,2001.

[12] 赵正印,张迪.建筑施工组织设计与管理.郑州:黄河水利出版社,2003.

[13] 宋春岩,付庆向主编席银花.建设工程招投标与合同管理.北京:北京大学出版社,2008.

[14] 王胜明,魏爱军.土木工程进度控制.北京:科学出版社,2007.

[15] 李建峰.建筑施工组织与进度控制.北京:中国建材工业出版社,1996.

[16] 余德池.建筑施工与项目管理.西安:陕西科学技术出版社,2002.

[17] 杨劲,李世承.建设项目进度控制.北京:地震出版社,1993.

[18] 欧震修.建筑工程施工监理手册.北京:中国建筑工业出版社,2001.

[19] 邬晓光.工程进度监理.北京:北京人民交通出版社,2000.

[20] 建筑工程施工项目管理丛书编审委员会.建筑工程项目施工组织与进度控制.北京:机械工业出版社,2003.

[21] 李仙兰.建设工程监理概论.北京:北京理工大学出版社,2008.

[22] 中国建筑监理协会.建设工程投资控制.北京:中国建筑工业出版社,2008.

[23] 中国建筑监理协会.建设工程质量控制.北京:中国建筑工业出版社,2008.

[24] 中国建筑监理协会.建设工程合同管理.北京:中国建筑工业出版社,2008.

[25] 中国建筑监理协会.建设工程信息管理.北京:中国建筑工业出版社,2008.

[26] 中国建筑监理协会.建设工程监理概论.北京:中国建筑工业出版社,2008.

[27] 朱厉欣,杨峰俊.工程建设监理概论.北京:人民交通出版社,2007.

[28] 孙锡衡.监理工程师执业资格考试案例分析题.天津:天津大学出版社,2009.

[29] 全国人民代表大会常务委员会.中华人民共和国建筑法.北京:中华人民共和国主席令第 91 号公布,1997.

[30] 全国人民代表大会常务委员会.中华人民共和国安全生产法.北京:中华人民共和国主席令第 70 号公布,2002.

[31] 国务院常务会议.建设工程安全生产管理条例.北京:中华人民共和国国务院令第 393 号公布,2003.

[32] 安徽省人民政府常务会议.安徽省建设工程监理管理办法.合肥:安徽省人民政府令第 117 号公

布,1999.

[33] 丁新国,步向义.建设工程安全监理实用手册.北京:知识产权出版社,2008.

[34] 张云明.浅谈如何控制水泥混凝土路面施工质量.黑龙江科技信息,2009,(4):192-193

[35] 崔永泽.水泥混凝土路面断板防治措施分析.山西建筑,2005,31(4):101-102.

[36] 杨传智.水泥混凝土路面面板脱空与压浆处治探讨.山西建筑,2005,31(9):128-129.

[37] 沙庆林.高速公路沥青路面早期破坏现象及预防.北京:人民交通出版社,2001.

[38] 王雪青.建设工程投资控制.北京:知识产权出版社,2008.